Python
办公好轻松

简单代码搞定自动化办公

郎宏林 丁盈 ◉ 著

人民邮电出版社

北京

图书在版编目（CIP）数据

Python办公好轻松：简单代码搞定自动化办公 / 郎宏林，丁盈著. -- 北京：人民邮电出版社，2023.3
 ISBN 978-7-115-60163-6

Ⅰ. ①P… Ⅱ. ①郎… ②丁… Ⅲ. ①软件工具－程序设计 Ⅳ. ①TP311.561

中国版本图书馆CIP数据核字(2022)第207823号

内 容 提 要

本书深入浅出地讲解了如何利用 Python 实现高效办公，包含 Python 编程的基础知识，以及 Python 在办公自动化方面的应用。

本书内容分 2 篇，共 12 章。第一篇介绍 Python 编程的基础知识，涉及 Python 编程的基本语法、流程控制、数据模型、函数式编程、程序调试与异常处理、面向对象编程等。第二篇介绍 Python 在办公自动化领域的应用，分为文件批处理、使用正则表达式对文本内容进行批处理、Excel 数据分析自动化、图片批处理、爬取互联网数据、PDF 文档处理自动化，基本涵盖了文件处理和数据分析方面的自动化办公工作。

本书提供丰富的配套资源（如教学视频、PPT、案例数据、源代码和编程练习的参考答案），读者可以参考学习并尝试将书中介绍的解决方案用于实际工作中，有助于提升办公效率，夯实编程技能。

本书不要求读者拥有 Python 或编程基础，适合想要入门 Python 编程的读者阅读，也适合想要利用 Python 实现办公自动化、提升办公效率的读者阅读。

◆ 著　　　　郎宏林　丁　盈

　　责任编辑　胡俊英

　　责任印制　王　郁　焦志炜

◆ 人民邮电出版社出版发行　　北京市丰台区成寿寺路 11 号
　　邮编　100164　电子邮件　315@ptpress.com.cn
　　网址　https://www.ptpress.com.cn
　　固安县铭成印刷有限公司印刷

◆ 开本：800×1000　1/16

　　印张：20.25　　　　　　　　　　　　2023 年 3 月第 1 版

　　字数：401 千字　　　　　　　　　　2023 年 3 月河北第 1 次印刷

定价：89.80 元

读者服务热线：(010)81055410　印装质量热线：(010)81055316
反盗版热线：(010)81055315
广告经营许可证：京东市监广登字 20170147 号

前　言

Python 是一门大众化的编程语言，不仅简单易学，而且功能强大，因此成为一门非常流行的语言，也让越来越多的学生、办公人群开始学习和使用 Python 编程。

非计算机专业的人学习一门编程语言往往有明确的目标：要么是希望掌握一门技能，提高自身的核心竞争力；要么是想通过编程解决一些工作或生活中的问题。编程是一门实践性非常强的技术，边学习边实践是学习编程最好的方式，这样既能保持学习者对编程的兴趣，也能让学习者体验到通过编程解决问题的成就感。

编程的一个典型的应用领域就是办公自动化，利用编程技术可以让办公人员摆脱大量烦琐重复的工作，提高工作效率和质量。例如，办公文档的批处理、Excel 数据的自动汇总和数据分析、网络信息的自动爬取等自动化工作都可以通过编写 Python 程序来实现。

过去，编程是专业技术人员的工作，这些技术人员被称为程序员。而 Python 语言的出现，不仅降低了编程的难度，还通过大量的开源库提高了编程效率，一个办公文档的批处理程序可能仅需要十几行代码就能实现。现在，编程不再是程序员的专职工作，越来越多的办公人员开始应用 Python 语言编写程序来解决实际问题，提高自己的工作效率。

本书旨在帮助读者边学习边实践，书中的案例与办公场景紧密相关，从而让读者在学习编程的过程中，通过编写程序解决与自己学习和工作相关的问题，提高学习兴趣和成就感。

此外，因为从实践中学习知识更符合人们的学习特点，所以本书将编程知识融入实践中。本书结合大量实际应用提出解决各类问题所需要的功能点，每个功能点又对应一个或多个编程知识点，从而让读者在解决问题的过程中主动接受新的编程知识，避免因单纯学习编程知识而感觉枯燥乏味。

全书分 2 篇，共 12 章。第一篇（第 1 章～第 6 章）介绍了 Python 编程的基础知识，对于零基础编程的人来说，该部分是入门 Python 编程的必经之路，讲述了 Python 编程的基本语法、流程控制、数据类型、函数式编程、程序调试与异常处理、面向对象编程等内容；第二篇（第 7 章～第 12 章）介绍了 Python 在办公自动化领域的应用实践，涉及文件批处理、使用正则表达式对文本内容进行批处理、Excel 数据分析自动化、图片批处理、爬取互联网数据、PDF 文档处理自动化等内容，基本涵盖了办公应用在文档和数据分析方面的自动化工作，每个编程实践都可以延伸到实际工作中，提高办公效率。

本书涵盖以下主要内容。

第 1 章 "入门 Python" 介绍 Python 基础知识，包括在计算机上安装 Python 开发工具、绘制程序流程图、编写基础 Python 代码等内容。

第 2 章 "流程控制" 介绍与流程控制相关的编程知识，包括条件判断结构、for 循环结构、

while 循环结构、循环跳出语句等内容。

第 3 章 "数据模型" 介绍 Python 提供的基本数据模型，包括列表类型、元组类型、字典类型、可迭代对象等内容。

第 4 章 "函数式编程" 介绍函数式编程的思想与实现方法，包括函数的定义和调用、常用的内置函数、列表解析表达式、lambda 表达式、生成器类型与 yield 表达式等内容。

第 5 章 "程序调试与异常处理" 介绍程序调试与异常处理的方法，包括程序的调试方法、断点设置与代码跟踪、异常处理与检测等内容。

第 6 章 "面向对象编程" 介绍面向对象编程的知识与实现方法，包括类与对象、类的封装、类的继承和多态性等内容。

第 7 章 "文件批处理" 介绍批量修改文件名称的程序设计方法，包括文件操作、文件批量命名、文件内容批量替换等程序设计内容。

第 8 章 "使用正则表达式对文本内容进行批处理" 介绍正则表达式在程序中的应用，包括应用正则表达式完成敏感词批量检测、校验通讯录的邮箱格式、批量替换指定的文本内容、批量提取符合规则的内容等。

第 9 章 "Excel 数据分析自动化" 介绍通过程序处理 Excel 文件并进行数据分析的方法。本章首先介绍了科学计算工具 NumPy 和数据分析库 pandas 的使用方法，然后通过实际的 Excel 案例，讲解了应用 Python 程序完成对 Excel 文件中数据的读取、写入、数据分析和数据可视化，最后通过泰坦尼克号沉船乘客数据分析案例，完整描述了数据分析的整个过程。

第 10 章 "图片批处理" 介绍图片处理程序的设计方法。本章首先介绍了图片处理库 Pillow 的使用方法，然后通过图片格式批量转换、图片效果处理、为图片添加文字和水印等案例，给出了图片处理程序的完整设计过程。

第 11 章 "爬取互联网数据" 介绍爬虫程序的设计方法。本章基于 Scrapy 框架，系统介绍了爬虫的原理，并通过三个具体的爬虫案例，完整描述了爬虫程序的设计过程。

第 12 章 "PDF 文档处理自动化" 介绍 PDF 文档处理程序的设计方法。本章通过批量合并 PDF 文档、拆分 PDF 文档、将 PDF 文档页面输出成图片、从 PDF 文档中提取文本内容等案例，给出了 PDF 文档处理程序的完整设计过程。

目标读者

本书主要面向大学生、办公群体以及对编程感兴趣的读者，尤其适合想要通过 Python 编程提升办公效率的读者。阅读本书不需要提前具备任何编程基础知识，适合读者用于零基础入门 Python。

配套资源

本书每个章节后面都附有练习题，用于检验学习成果，巩固所学的知识。配套的练习题答案可以在异步社区网站下载。书中所有案例对应的代码和数据集也可通过异步社区网站下载。

本书还为第二篇 "办公自动化" 的各个案例提供了配套教学视频（可扫码观看），重点介绍实践项目的编程思路、技术难点以及编程过程中容易出现的问题，帮助读者顺利完成项目编程任务。图书的配套视频也可以在异步社区网站下载。

此外，本书还为有教学需求的读者提供了 PPT 讲稿，有需求的读者可以通过异步社区网站下载。

读者在阅读过程中，如果有疑难问题需要解答或者想和作者进一步交流，可通过电子邮箱 xinchanyuan@163.com 与其联络。

服务与支持

本书由异步社区出品，社区（https://www.epubit.com）为您提供后续服务。

配套资源

本书提供配套下载资源（案例数据集、Python 源代码、PPT 讲稿、编程练习的参考答案），请在异步社区本书页面中点击 配套资源 ，跳转到下载界面，按提示进行操作即可。注意：为保证购书读者的权益，该操作会给出相关提示，要求输入提取码进行验证。

提交勘误信息息信息

作者、译者和编辑尽最大努力来确保书中内容的准确性，但难免会存在疏漏。欢迎您将发现的问题反馈给我们，帮助我们提升图书的质量。

当您发现错误时，请登录异步社区，按书名搜索，进入本书页面，单击"发表勘误"，输入错误信息，单击"提交勘误"按钮即可，如下图所示。本书的作者和编辑会对您提交的错误信息进行审核，确认并接受后，您将获赠异步社区的 100 积分。积分可用于在异步社区兑换优惠券、样书或奖品。

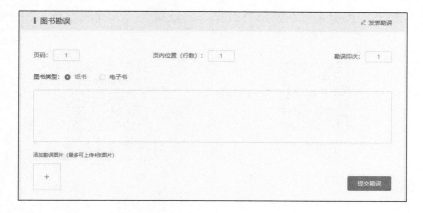

与我们联系

我们的联系邮箱是 contact@epubit.com.cn。

如果您对本书有任何疑问或建议，请您发邮件给我们，并请在邮件标题中注明本书书名，以便我们更高效地做出反馈。

如果您有兴趣出版图书、录制教学视频，或者参与图书翻译、技术审校等工作，可以发邮件给我们；有意出版图书的作者也可以到异步社区投稿（直接访问www.epubit.com/contribute 即可）。

如果您所在的学校、培训机构或企业想批量购买本书或异步社区出版的其他图书，也可以发邮件给我们。

如果您在网上发现有针对异步社区出品图书的各种形式的盗版行为，包括对图书全部或部分内容的非授权传播，请您将怀疑有侵权行为的链接通过邮件发送给我们。您的这一举动是对作者权益的保护，也是我们持续为您提供有价值的内容的动力之源。

关于异步社区和异步图书

"异步社区"是人民邮电出版社旗下 IT 专业图书社区，致力于出版精品 IT 图书和相关学习产品，为作译者提供优质出版服务。异步社区创办于 2015 年 8 月，提供大量精品 IT 图书和电子书，以及高品质技术文章和视频课程。更多详情请访问异步社区官网https://www.epubit.com。

"异步图书"是由异步社区编辑团队策划出版的精品 IT 专业图书的品牌，依托于人民邮电出版社的计算机图书出版积累和专业编辑团队，相关图书在封面上印有异步图书的LOGO。异步图书的出版领域包括软件开发、大数据、人工智能、测试、前端、网络技术等。

异步社区

微信服务号

目　录

第一篇　Python 编程基础

第二篇　办公自动化

第一篇

Python 编程基础

第 1 章

入门 Python

1.1 初识 Python

学习目标：在计算机上安装 Python，掌握 Python IDE 开发环境的使用，编写简单的 Python 代码。

1.1.1 下载和安装 Python

Python 为 Windows 用户准备了安装程序，下载后执行该文件即可安装 Python。安装步骤如下。

（1）进入 Python 官网 Windows 下载页，选择 Python 3.9.6。若网站有更新的版本，请下载新的版本，如图 1-1 所示。

Python 3.9.6 版本不支持 Windows 7 或早期的 Windows 操作系统，如 XP 系统。若运行 Python 的计算

Python Releases for Windows

- Latest Python 3 Release - Python 3.9.6
- Latest Python 2 Release - Python 2.7.18

图 1-1　Python 下载页面

机操作系统为 Windows 7 或早期的 Windows 操作系统，建议读者下载 Python 3.8 版本。

（2）在下载列表中，选择操作系统为 Windows 的安装包下载。操作系统为 32 位请选择 "Windows installer(32-bit)" 安装包，操作系统为 64 位请选择 "Windows installer(64-bit)" 安装包，如图 1-2 所示。

（3）安装包下载完成后，用鼠标双击安装包，进入 Python 安装向导首页。注意勾选【Add Python 3.9 to PATH】选项，该选项允许 Python 安装程序自动注册 Path 环境变量。Python 的默认安装目录是 Windows 用户目录，选择【Customize installation】按钮可以进入自定义安装模式，自行选择安装目录，如图 1-3 所示。

（4）图 1-4 所示为选择所需的安装项。安装项包括 Python 文档、IDLE 集成开发环境、Python 标准测试库、PIP 工具（用于下载和安装 Python 的第三方库）。这些安装项都很重要，选择全部选项，单击【Next】按钮进入下一步。

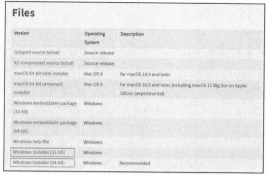

图 1-2　Python 下载文件列表

图 1-3　Python 安装向导首页

（5）图 1-5 所示为 Python 高级安装选项，包括安装目录的设定、关联文件选项、将 Python 添加到系统环境变量等选项。接受默认选项，选择【Install】按钮即可开始安装。本次安装将 Python 安装到 D 盘的 python 目录下，也可以安装到默认目录。

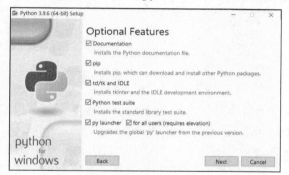

图 1-4　Python 安装项

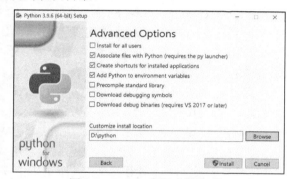

图 1-5　Python 高级安装选项

（6）安装完成后，需要验证 Python 是否安装成功，进入 Windows 命令行窗口，在命令行窗口输入【Python】命令。如果出现图 1-6 所示的内容，则说明 Python 安装成功。

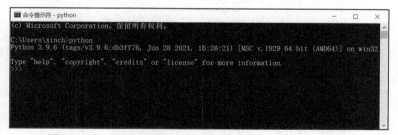

图 1-6　在 Windows 命令行窗口验证 Python 是否安装成功

如果出现"python 不是内部或外部命令，也不是可运行的程序或批处理文件。"的提示，则说明没有将 Python 执行文件所在路径配置到 Path 环境变量。因为 Windows 会根据 Path 环境变量设定的路径去查找 python.exe，查找无果则会出现上述提示。解决方案是重新运行安装程序，重新安装时必须勾选【Add Python 3.9 to PATH】选项。

1.1.2 了解 Python 的交互环境

初学者在学习 Python 编程时，比较简单好用的开发工具是 Python 自带的 IDLE（Python 集成开发环境），IDLE 包含在 Python 安装包中，Python 安装完成后，IDLE 自动完成安装。

不同操作系统启动 IDLE 的方法基本相同，下面主要介绍 Windows 10 系统启动 IDLE 的方法。

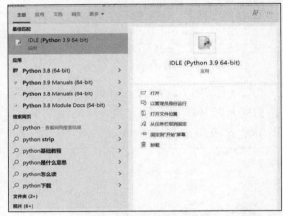

启动 IDLE 开发工具主要有两种方法：第一种方法是在系统搜索框中搜索 Python；第二种方法是进入 Python 安装目录，启动 IDLE 开发工具。

第一种方法：在 Windows 10 操作系统的搜索框中输入"Python"，在弹出的程序列表中选择"IDLE (Python 3.9 64-bit)"，见图 1-7。由于各计算机安装的 Python 版本可能不同，因此显示的程序名称可能不一致，但名称前缀必须是 IDLE。

第二种方法：进入 Python 的安装目录，找

图 1-7　Python 程序列表

到 IDLE 主程序来启动 IDLE 开发工具。Python 安装目录是指安装 Python 时设置的安装目录，在前面的安装程序中，设置的安装目录是"d: \\python"，进入"d: \\python"目录，再进入"Lib"目录，再进入"idlelib"目录，使用鼠标双击"idlelib"目录下的 idle.pyw 文件。系统会启动 IDLE 开发工具（由于操作比较复杂，因此不建议采用这种启动方式）。如图 1-8 所示。

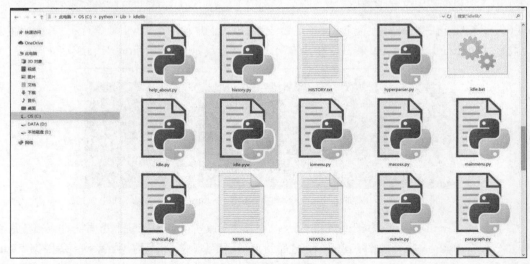

图 1-8　启动 IDLE 开发工具

IDLE 是一个工具包，包含 Shell 程序、代码编辑器、Python 帮助文档等工具。

Shell 程序是 IDLE 开发工具的主要工作窗口（见图 1-9），也称为 Shell 窗口，在 Shell 窗口中可以直接执行 Python 代码。

另外，通过 Shell 程序可以实现创建、运行、测试和调试 Python 程序等功能，这些功能大多是通过菜单命令实现的。例如，如果我们希望打开代码编辑器来编写 Python 程序，可以通过 Shell 程序中【File】菜单下的【New File】菜单项来打开 Python 代码编辑器，如图 1-10 所示。

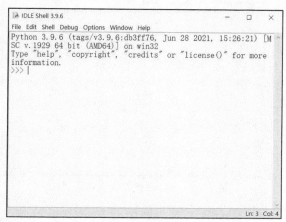

图 1-9 Shell 窗口

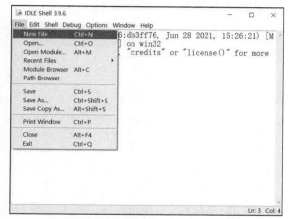

图 1-10 通过 Shell 程序打开 Python 代码编辑器

代码编辑器用来编写 Python 代码，它可以保存和修改文本文件。Python 代码是文本文件，因此可以直接用 Windows 记事本打开。

Python 文档提供了入门教程、语言参考、安装和使用 Python 等内容，是学习 Python 编程非常重要的工具。在 Shell 窗口，可以按下 F1 键或通过【Help】菜单下的【Python Docs】菜单项来打开 Python 文档。

1.1.3 算式

算式是在进行数（或代数式）的计算时列出的，包括数（或代替数的字母）和运算符号，运算符号主要有加、减、乘、除、乘方、开方等。在 Shell 窗口输入的算式属于非常基础的 Python 代码，Shell 窗口在执行算式时，会解释并执行用户输入的 Python 代码，并在 Shell 窗口输出执行结果。

例如：

```
3+5
6+10*2/5
(2+8)/2
(a+b)/2
```

3+5 是比较简单的算式，算式的操作数是 3 和 5，运算符号是 "+"，该算式的运算结果是 8。如图 1-11 所示。

在算式 "6+10*2/5" 中，乘号运算符用的是 "*" 符号，除号运算符用的是 "/" 符号。在 Python 编程语言中，"*" 符号表示乘号，"/" 符号表示除号。

这个算式涉及运算符号的优先级和运算顺序。算式是先计算 10 与 2 的乘积，得出结果是 20，然后再计算 20 除以 5，得出结果是 4，组合计算 6 与 4 的和，结果是 10，如图 1-12 所示。

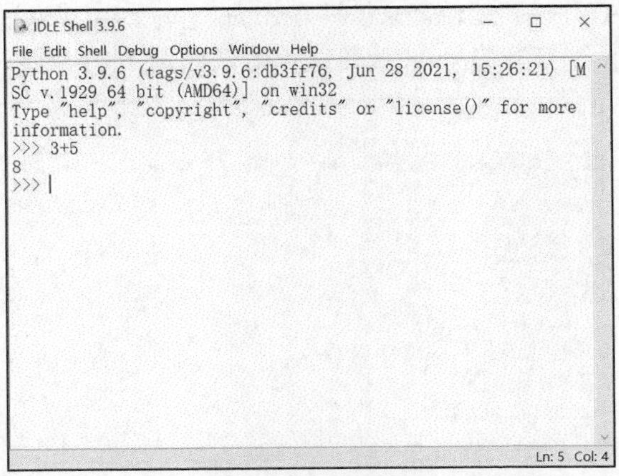

图 1-11　在 Shell 窗口中执行算式并输出结果 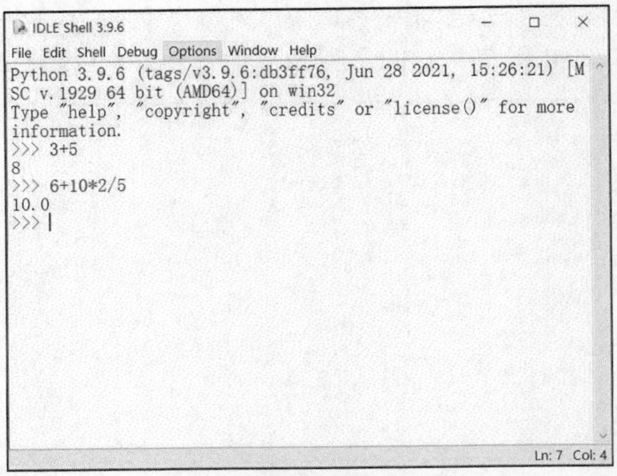　　　　图 1-12　执行算式并输出结果（1）

算式 "(2+8)/2" 是先计算 2 与 8 的和，得出结果 10，然后 10 再除以 2，最后得出结果 5。如图 1-13 所示。

算式 "(a+b)/2" 是一个代数式，算式中的字母 a 和 b 分别表示不同的数，数可以是整数，也可以是小数。要计算出这个代数式的结果，首先需要确定 a 和 b 的值。

例如：当 a=5，b=7 时，注意这里的等号和数学算式中的等号的意义不同。在编程语言中等号是赋值运算符，赋值运算符用于值运算，a=5 表示将 5 赋值给 a，b=7 表示将 7 赋值给 b，经过赋值后 a 的值是 5，b 的值是 7。将 a 和 b 的值代入算式，算式变换为 "（5+7）/2"，算式的计算结果为 6。如图 1-14 所示。

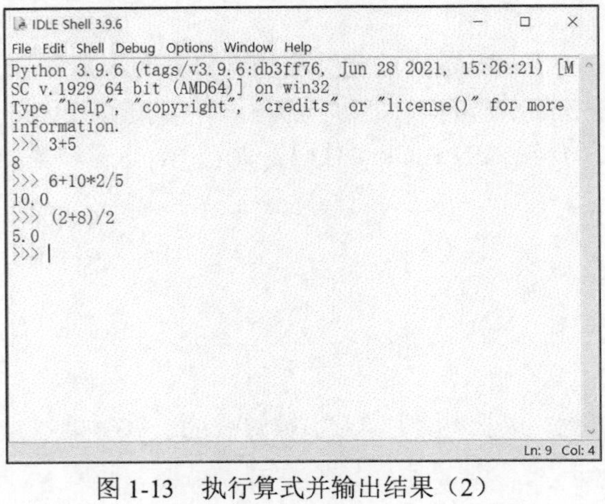

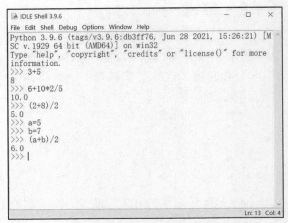

图 1-13　执行算式并输出结果（2）　　　　图 1-14　执行算式并输出结果（3）

在 Shell 窗口执行代数式计算时，需要输入三条语句：第一条语句 a=5 是把 5 赋值给 a；第二条语句 b=7 是把 7 赋值给 b；第三条语句用于计算代数式的结果。

1.2　变量与常量

学习目标：变量是程序中非常重要的一个概念，程序使用的数据都以变量的方式存储。本节主要介绍变量、常量、输入与输出函数。

1.2.1　变量的定义

在代数式中字母表示的数是不确定的，当需要求出代数式运算结果时，就需要为代数式的字母赋予一个数，该数参与代数式的运算。

长方形的面积公式 $a*b$ 就是一个代数式，字母 a 表示长方形的长，字母 b 表示长方形的宽，当确定了长方形的长和宽时，即可确定 a 和 b 表示的数，代数式的计算结果也可以确定。

代数式的字母在 Python 中称为变量，变量和代数式的字母有很大不同。变量不是表示一个数而是存储一个数值（在编程语言中数也称为数值），变量不但可以存储数值，也可以存储文字等内容。

变量就像一个快递盒，可以存放数值、文字等内容，但它每次只能存放一种内容。图 1-15 描述了一个变量，该变量存放了数值 80.5，不能再同时存放其他数值。它可以重复存放内容，后面存放的内容会把前面存放的内容覆盖掉。

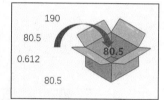

图 1-15　变量

每个变量都有一个名称，用于区分不同的变量。图 1-16 中名称为 *width* 的变量存储了数值 80.5，名称为 *height* 的变量存储了数值 26。变量有了名称，即可在表达式中使用。图 1-17 描述了变量的使用方式。

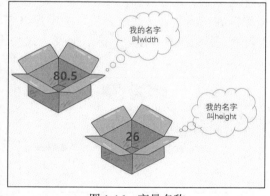

图 1-16　变量名称

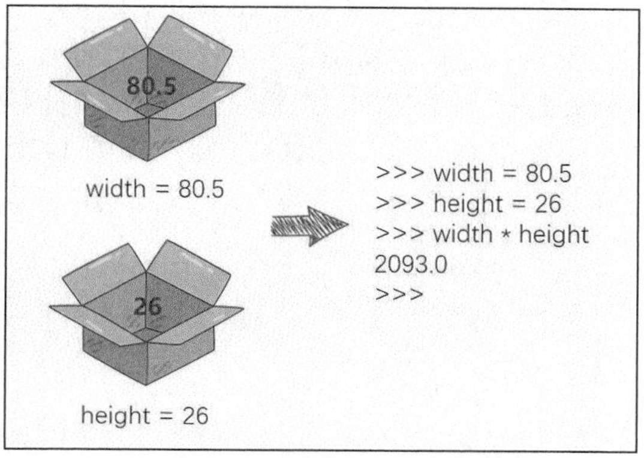

图 1-17　变量的使用方式

1.2.2　变量的命名

创建变量时，需要为变量命名。

Python 为变量的命名制定了一些规则，这些规则是必须要遵守的：

（1）变量由字母（大写 A～Z 或小写 a～z）、数字（0～9）和_（下划线）组合而成，但不能由数字开头；

（2）变量名称区分大小写，num 和 Num 是两个不同的变量；

（3）不能使用 Python 语言的关键字作为变量名称，例如 class、import、int 等关键字；

（4）变量的名称要有意义，要让人一看到变量名称就知道这个变量表示什么意义。

图 1-18 中列出了 Python 语言的关键字，这些关键字不能用于命名变量。

图 1-19 中列出了变量命名示例，图形左侧是正确的变量命名，图形右侧是错误的变量命名。

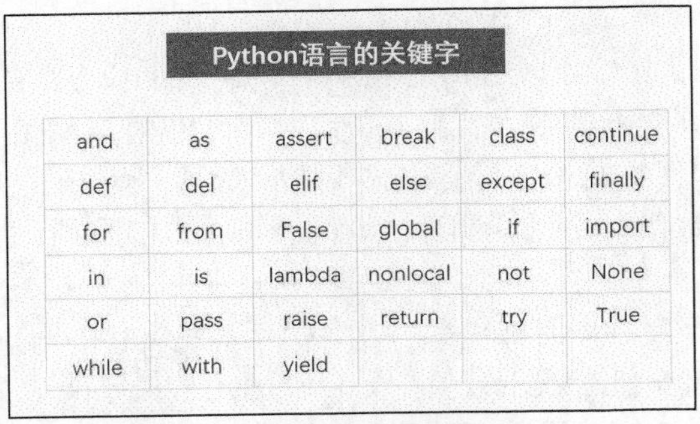

Python语言的关键字					
and	as	assert	break	class	continue
def	del	elif	else	except	finally
for	from	False	global	if	import
in	is	lambda	nonlocal	not	None
or	pass	raise	return	try	True
while	with	yield			

图 1-18　Python 语言的关键字

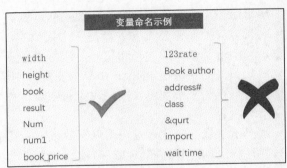

图 1-19　变量命名示例

1.2.3　变量的赋值

在 Python 中创建一个变量非常容易，直接在代码中写入变量的名称，同时将变量要存储的内容赋值给变量即可，如图 1-20 所示。

例如图 1-16 中的 width=80.5，就是将 80.5 赋值给 width 变量，此时 width 的值是 80.5。

带有赋值运算符的语句称为赋值语句，赋值运算符的右侧是表达式、数值、文字等内容，左侧是待赋值的变量。当赋值运算符的右侧是表达式时，则先计算表达式，然后把表达式的计算结果赋值给运算符左侧的变量。如图 1-21 所示。

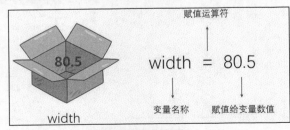

图 1-20　赋值变量

图 1-21　赋值语句

变量可以在赋值语句和表达式中直接使用，在使用过程直接引用变量的名称即可。

我们可以在一行赋值语句中创建多个变量，语法规则是：

变量名称 1,变量名称 2,……,变量名称 n = 值 1,值 2,……值 n

每个变量名称之间用英文逗号分隔。

例如，下面的语句创建了两个变量 num1 和 num2，num1 的值是 20，num2 的值是 30。

```
num1,num2 = 20,30
```

除了 "=" 赋值运算符外，还有复合赋值运算符，复合赋值运算符是使用赋值运算符和算术运算符合并成一个新的运算符，该运算符称为复合赋值运算符。使用复合赋值运算符时，首先使用算术运算符与右侧的数值或算术表达式进行运算，然后将运算结果赋值给变量，如图 1-22 所示。

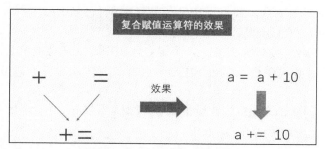

图 1-22　复合运算符的效果

在表 1-1 中，"例子" 一栏中 a 是变量。运算顺序是先执行算术运算，再执行赋值运算。运算符右侧的操作数可以是数值，也可以是算术表达式，算术表达式的运算顺序与数学运算顺序一致。

表 1-1　复合赋值运算符

运算符	描述	示例
+=	执行加法后再赋值	a+=10 等同于 a=a+10
-=	执行减法运算后再赋值	a-=10 等同于 a=a-10
*=	执行乘法运算后再赋值	a*=10 等同于 a=a*10
/=	执行除法运算后再赋值	a/=10 等同于 a=a/10
%=	执行取模运算后再赋值	a%=10 等同于 a=a%10
**=	执行幂运算后再赋值	a**=10 等同于 a=a**10
//=	执行取整除运算后再赋值	a//=10 等同于 a=a//10

1.2.4　常量

变量的值在程序运行过程中可以改变，但有些变量的值需要保持不变。例如，在基于数学运算的程序中，圆周率是固定不变的值。类似圆周率等在程序运行过程中固定不变的值可以定义为常量，便于使用。

Python 并没有提供定义常量的语法，一般通过约定俗成的变量名全大写的形式表示常量。

例如：

```
PI = 3.14
```

当变量名称 PI 全部是大写时，约定这是一个常量，该常量值不能在程序中修改。

1.2.5 输入与输出函数

1. 输出函数

创建变量后，如何输出变量内容呢？输出变量的内容可以使用 print 函数，函数是一段已经编写好的 Python 代码，它可以实现确定的功能。print 函数的功能是输出内容到 Shell 窗口。

可以把函数看作一个黑盒，我们不需要了解函数的代码实现，只需要明确函数的功能及调用方法即可。如图 1-23 所示。

在 Python 中，调用函数非常简单，只需要在代码中写入函数的名称，在函数名称后面添加一对小括号，如果函数需要传入参数，在括号内写入要传入的参数即可，变量名称、数值都可以传入给函数。

例如下面的代码创建了变量 a，并赋值为 30，然后使用 print 函数输出变量 a 的内容。

```
>>> a = 30
>>> print(a)
30
>>>
```

2. 输入函数

Python 提供的 input 函数用来获取用户的输入，称为输入函数，Python 提供的函数也称为内置函数。

input 是函数的名称，obj 是函数传入的参数，该参数不是必需的。参数是字符串类型，可以是需要用户输入的提示信息。例如："请输入一个整数：""请输入三角形的底：""请输入你所在的城市："等。如果用户非常确定要输入的内容，也可以省略参数。图 1-24 形象地说明了 input 函数。

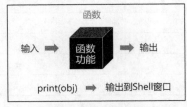

图 1-23　函数的输入与输出

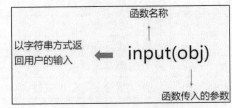

图 1-24　input 函数

下面的代码段演示了如何使用 input 函数获取用户的输入：

```
>>> s = input("请输入你所在的城市：")
请输入你所在的城市：北京
>>> print(s)
北京
>>>
```

上面的代码使用 Python 的内置函数 input，要求用户输入所在的城市，input 函数执行后，程序会等待用户的输入，用户输入完成后，input 函数将用户的输入以字符串方式返回。

在程序运行过程中，有时需要获取用户输入的数值。例如在计算三角形面积的程序中，需要获取用户输入的三角形的底和高，底和高都是数值，数值又分为整数和小数。

（1）获取用户输入的整数

下面的代码段演示了如何获取用户输入的整数。

```
>>> num = input("请输入三角形的底：")
请输入三角形的底：30
>>> num = int(num)
>>> print(num)
30
>>>
```

上面的代码使用 input 函数将用户的输入赋值给 num，再通过 int 函数将变量 num 的内容转换为整数，然后赋值给 num，此时 num 存储的是整数。

前面的代码也可以写作以下形式：

```
>>> num = int(input("请输入三角形的底："))
请输入三角形的底：30
>>> print(num)
30
>>>
```

上面的代码使用 int 函数，将 input 函数返回的字符串转换为整数。

（2）获取用户输入的小数

使用 input 函数获取用户输入的小数与获取整数的过程基本相同，不同的是要使用 float 函数将用户的输入转换为浮点数，浮点数是小数在计算机中的一种存储方式。

```
>>> num = float(input("请输入三角形的底："))
请输入三角形的底：36.15
>>> print(num)
36.15
>>>
```

在上面的代码块中，使用 float 函数将用户的输入转换为小数。

1.3 数据类型

学习目标：了解 Python 的基础数据类型，包括整型、浮点型、布尔型和复数类型。通过本节的学习，可以掌握数字类型的使用。

1.3.1 认识数据类型

数值型数据的数字类型包括整数类型、浮点类型、布尔类型和复数类型。数值型数据用于表示数量，并可以进行数值运算。数值型数据由整数、小数、布尔值和复数组成，分别对应整型类型、浮点类型、布尔类型和复数类型，如图 1-25 所示。

1．创建数字对象并对其赋值

创建数字对象与创建变量语法相同，在创建数字对象的同时，可以直接为数字对象赋值。图 1-26 所示为创建数字对象的代码。

2．更改数字对象的值

通过为已创建的数字对象赋予一个新值，可以"变更"一个数字对象。这里的"变更"并没有更新该对象的原始数值，而是生成了一个新的数字对象，并返回这个数字对象的内存地址。数字对象是不可改变的对象，当程序更新一个数字对象时，Python 会创建一个新的数字对象，并将该数字对象的内存地址返回给变量。图 1-27 所示为变更数字对象的值的代码。

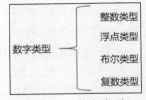

图 1-25　数字类型

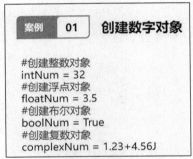

图 1-26　创建数字对象代码

```
案例  02   变更数字对象的值
>>> # 创建一个数字对象
>>> intNum = 32
>>> id(intNum)
140705045027456
>>> # 变更数字对象的值
>>> intNum = 16
>>> id(intNum)
140705045026944
>>>
```

图 1-27　变更数字对象的值

3．用于处理数字对象的内置函数

数字对象可以参与所有算术运算符的运算。同时，Python 也提供了一些内置函数对数字对象进行运算，如表 1-2 所示。

表 1-2　用于数字对象运算的内置函数

运算	结果
abs(x)	获取 x 的绝对值或大小
int(x)	将 x 转换为整数对象
float(x)	将 x 转换为浮点对象
divmod(a,b)	将两个（非复数）数字作为传入的参数，并在执行整数除法时返回一对商和余数。例如 a//b 的商和余数，返回类型是元组
pow(x,y)	计算 x 的 y 次幂
complex(re,im)	创建一个带有实部 re 和虚部 im 的复数

1.3.2　整数类型

Python 的整数类型与另外一些编程语言表示的整数类型不太相同，一些编程语言整数的取值范围与系统位数有关。例如，在 32 位系统中，整数的取值范围约是$-2^{31}\sim2^{31}$，在 64 位系统中整数的取值范围约$-2^{63}\sim2^{63}$。而 Python 的整数能表示的数值仅与系统支持的内存大小有关，也就是说 Python 可以表示很大的数，可以超过系统位数所能表示的数值范围。

图 1-28 所示为创建整数对象的代码，代码创建了整数对象 a、b、c、d、e，并分别进行了赋值。

案例	03	创建整数对象

```
>>> a,b,c,d,e=39,789002989689999229,0x80,-32,-0x92
>>> print(a,b,c,d,e)
39 789002989689999229 128 -32 -146
>>>
```

图 1-28　创建整数对象

整数类型还提供了其他几个方法，主要方法介绍如下。

方法声明：`bit_length()`

返回值以二进制表示一个整数所需的位数，不包括符号位和前面的零。

案例代码如下：

```
>>> num = -37
>>> bin(num)
'-0b100101'
>>> num.bit_length()
6
>>>
```

方法声明：`to_bytes(length, byteorder,*, signed=False)`

返回表示一个整数的字节数组。如果整数不能使用给定的字节数表示则会引发 OverflowError 异常。

参数 `length` 表示需要返回字节数组的长度；参数 `byteorder` 用于表示整数的字节顺序，如果 `byteorder` 为"big"，则最高位字节放在字节数组的开头，如果 `byteorder` 为"little"，则最高位字节放在字节数组的末尾；参数 `signed` 采用默认值即可。

案例代码：

```
>>> num = 12
>>> num.to_bytes(3,"big")
b'\x00\x00\x0c'
>>>
```

1.3.3　浮点类型

Python 中的浮点类型类似 Java 语言中的 double 类型，是双精度浮点型，可以直接使用十进制或科学记数法表示。十进制数由数字和小数点组成，且必须有小数点，如 0.123、12.85、26.98 等；科学记数法形式如：2.1E5、3.7e-2 等。其中 e 或 E 之前必须有数字，且 e 或 E 后面的指数必须为整数。

精度用来描述一个数值的准确程度，数学运算中经常会用到近似数，近似数与原数值非常相近，但又不完全与原数值相等，只是在一定程度上近似。精度与近似数相似，也是用一个与原数值非常相近的数代替原来的数值。

图 1-29 分别创建了浮点对象 a、b、c、d、e。

浮点类型还提供了其他几个方法，主要方法介绍如下。

方法声明：as_integer_ratio()

返回一对整数，其比率正好等于原浮点数并且分母为正数。

```
>>> pi = 2.0
>>> pi.as_integer_ratio()
(2, 1)
>>>
```

方法声明：is_integer()

如果浮点对象的值可以用有限位整数表示则返回 True，否则返回 False。

```
>>> pi = 3.14
>>> pi.is_integer()
False
>>> num = 2.0
>>> num.is_integer()
True
>>>
```

案例　04　创建浮点对象

```
>>> a,b = 39.899,0.789002989689999229
>>> print(a,b)
39.899 0.7890029896899993
>>> c,d,e = 4.1E-10,3.1416,-1.609E-19
>>> print(c,d,e)
4.1e-10 3.1416 -1.609e-19
>>>
```

图 1-29　创建浮点对象

1.3.4　布尔类型

布尔类型属于整数类型的子类型，用于表示逻辑状态，逻辑状态只有真和假两个值，True 表示真值，False 表示假值，任何非 0 数字都为 True。所以，在一定意义上可以把布尔类型看成整数类型。

图 1-30 分别创建了 bOK、bSucess、bCancel 布尔对象。

Python 判断一个值或对象的真假时，若值或对象为 0、None、False，则这个值或对象为假，否则为真。

None 是 Python 预定义的关键字，也是 Python 定义的内置常量，它表示一个空值。

案例　05　创建布尔对象

```
>>> bOk,bSucess,bCancel=True,True,False
>>> print(bOk,bSucess,bCancel)
True True False
>>>
```

图 1-30　创建布尔对象

1.3.5　复数类型

复数是一个实数和虚数的组合，一个复数是一对有序浮点型（x, y），表示为 $x+yj$，其中 x 是实数部分，y 是虚数部分。

复数在科学计算中得到广泛应用。Python 语言支持复数类型，下面是 Python 语言有关复数的几个概念。

（1）虚数不能单独存在，它总是和一个值为 0.0 的实数部分构成一个复数；

（2）复数由实数部分和虚数部分构成；

（3）实数部分和虚数部分都是浮点型；

（4）虚数部分的数字后面必须有 j 或 J。

图 1-31 所示为复数对象的创建及其加法运算。

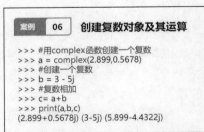

案例　06　创建复数对象及其运算

```
>>> #用complex函数创建一个复数
>>> a = complex(2.899,0.5678)
>>> #创建一个复数
>>> b = 3 - 5j
>>> #复数相加
>>> c = a+b
>>> print(a,b,c)
(2.899+0.5678j) (3-5j) (5.899-4.4322j)
```

图 1-31　创建复数对象及其运算

1.4 字符串

学习目标：字符串是程序中常用的数据类型。通过本节的学习，读者将掌握字符串的构成和基本使用方法。

1.4.1 认识字符串

字符串是有限个字符的有序集合。对汉语来说，一个字符就是一个汉字；对英语来说，一个字符就是一个英文字母或符号。我们使用的计算机键盘上的所有按键都是字符，有英文字母字符，有数字字符，还有一些特殊符号（如@%#&等），这些字符的组合称为字符串。

在 Python 中，字符串必须使用单引号、或者双引号、或者三引号引起来。引号必须是英文引号，不能是中文引号。图 1-32 所示为一些合法的 Python 字符串示例。

```
"Hello Python"
"123abcd&*%"
"123+789"
'''268'''
"我正在学习Python语言"
'3+5=8'
'I am learning python'
```

图 1-32　字符串示例

1.4.2 字符串的拼接

字符串的拼接是指把两个或多个字符串连接在一起，形成一个字符串。如图 1-33 所示。

Python 的算术运算符"+"既可以完成两个数值的和运算，也可以将两个字符串或字符串类型的变量连接为一个字符串。

print 函数输出字符串时，可以将多个字符串通过"+"运算符拼接在一起，如果需要拼接多个字符串，可以连续使用"+"运算符进行拼接。如图 1-34 所示。

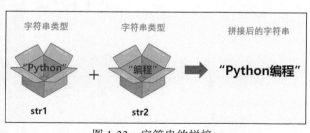

图 1-33　字符串的拼接

图 1-34　字符串拼接示例

多个字符串类型的变量也可以通过"+"运算符拼接在一起，形成一个字符串。案例 03 首先创建了 str1 和 str2 两个字符串类型变量，并分别赋值"Python"和"编程"，然后使用"+"运算符将 str1 和 str2 拼接成一个字符串，并赋值给 str3 变量。如图 1-35 所示。

字符串类型的变量可以和字符串混合拼接。案例 4 演示了变量 str1 和"编程"通过"+"运算符拼接为一个字符串，并通过 `print` 函数输出到 Shell 窗口。如图 1-36 所示。

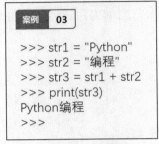

图 1-35　字符串变量的拼接　　　　　　　图 1-36　字符串变量同字符串值的混合拼接

1.4.3　字符串的访问

Python 提供了访问运算符"[ ]"，该运算符可以访问字符串的单个字符或多个字符。例如图 1-38 中的代码可以输出字符串的第一个字符。

在图 1-37 中，`a1[0]`是访问 a1 字符串的第一个字符，访问运算符"[ ]"里面的 0 是 a1 字符串的索引值。

索引是一个整数序号，从 0 开始。索引的长度是字符串的长度，通过索引序号，我们可以定位字符串的任意一个字符。

图 1-38 中字符串 a 的值是"think"，a 的索引序号从 0 开始到 4 结束。字符串"think"共有 5 个字符，索引范围应该是 0~4，因为索引序号是从 0 开始的，从 0 到 4 正好是 5 个字符。

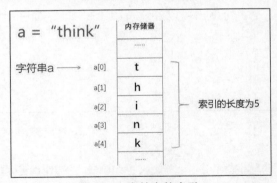

图 1-37　访问字符串指定的字符　　　　　　　　图 1-38　字符串的索引

图 1-39 中的代码分别输出 a2 字符串中的"P""t""n"字符。

现在我们已经学会了使用访问运算符"[ ]"访问字符串的任意一个字符。但是有时可能需要访问字符串的一个子串，子串就是字符串中一组任意连续的字符，如图 1-40 所示。

要访问字符串的子串，可以使用访问运算符"[:]"，该运算符在一对中括号里有一个英文符号"："，用于标识子串的起始索引和终止索引，在"："左侧是子串的起始索引，在"："右侧是子串的终止索引。该运算符能够访问包括起始索引到终止索引（不包括终止索引）的所有字符。如图 1-41 所示。

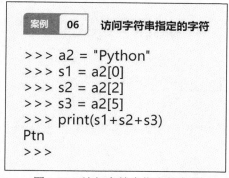

图 1-39　访问字符串指定的字符

图 1-40　字符串与子串

例如，a1 字符串的值是"Hello World!"，现在需要访问子串"World"，该如何处理呢？
要访问 a1 字符串的子串"World"，可以编写下面的代码：

```
a1[6:11]
```

其中":"左侧的数字 6 是字符"W"在 a1 字符串的索引，":"右侧的数字 11 是字符"d"
在 a1 字符串的索引加 1，由于终止索引不包含在截取的子串内，因此字符"d"的索引需要加
上 1。a1[6:11]将会截取 a1 字符串中起始索引为 6，终止索引为 11 的子串，如图 1-42 所示。

图 1-41　子串的访问

图 1-42　访问字符串的子串

1.4.4　字符串的判断

还有一种比较重要的字符串操作就是判断一个子串是否在已知的字符串中。
例如：

```
s1 = "张明，赵虎，马汉，李云龙，王义"
```

字符串 s1 的值包含 5 位同学的名称，现在要求判断子串"赵虎"是否在 s1 中。
要判断一个子串是否包含在已知的字符串中，可以使用成员运算符"in"和"not in"
来判断。成员操作符"in"（见图 1-43）和"not in"（见图 1-44）用于判断一个子串是否包含
或不包含在已知的字符串中，若包含则返回 True，否则返回 False。

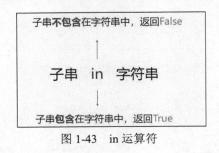

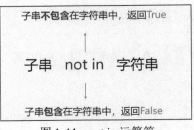

图 1-43　in 运算符　　　　　　　　　　图 1-44　not in 运算符

运算符 "`in`" 用于判断一个子串是否包含在已知字符串中。前面要求判断字符串 "赵虎"是否在 `s1` 中，实现代码如图 1-46 所示。

在图 1-45 的代码中，语句：

`"赵虎" in s1`

使用了成员运算符 "`in`"，运算结果是布尔型。用于判断运算符左边的字符串，是否包含在运算符右边的字符串中，如果包含，则运算结果返回 `True`，否则返回 `False`。

运算符 "`not in`" 用于判断一个子串是否不包含在已知的字符串中，如图 1-46 所示。

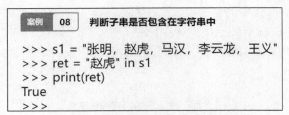

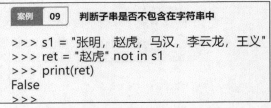

图 1-45　判断子串是否包含在字符串中　　　　图 1-46　判断子串是否不包含在字符串中

1.4.5　字符串相等判断

判断两个字符串的内容是否相同，在编程中也经常遇到。使用关系运算符 "=="可以判断两个字符串的内容是否相同，如图 1-47 所示。

在图 1-47 的关系表达式中，如果字符串 1 和字符串 2 的内容相同，则该关系表达式返回True，否则返回 False。

在图 1-48 中，因为 `s1` 和 `s2` 的内容不相同，因此 Shell 窗口会输出 `False`。

```
字符串1 == 字符串2
```

```
案例 10  字符串相等判断
>>> s1 = "Python"
>>> s2 = "Java"
>>> ret = s1 == s2
>>> print(ret)
False
>>>
```

图 1-47　判断字符串相等运算符　　　　　　图 1-48　字符串相等判断

1.5 格式化输出

学习目标：使用 print 函数输出字符串时，对字符串进行格式化输出。

使用 print 函数可以向 Shell 窗口输出字符串和数值，满足程序信息的输出要求。在实际应用中，要求字符串和数值必须按照一定的格式输出字符串和数值。如输出的数值要求小数点后保留 2 位有效数字、按照规定的格式对字符串和数值混合输出等。

1.5.1 格式化输出案例

下面的案例代码输出圆的面积，如图 1-49 所示。

格式化输出就是把要输出的内容按照预定义的格式输出。例如输出"圆的面积为：78"就是把字符串和变量的内容按照指定格式输出。

对输出格式进行修改，在输出的内容中添加半径及半径的值。输出格式为"半径为 5.0 的圆的面积为：78"，使用 print 函数可做如下格式化输出，如图 1-50 所示。

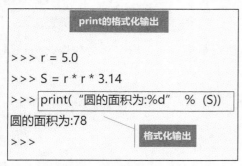

图 1-49 print 的格式化输出

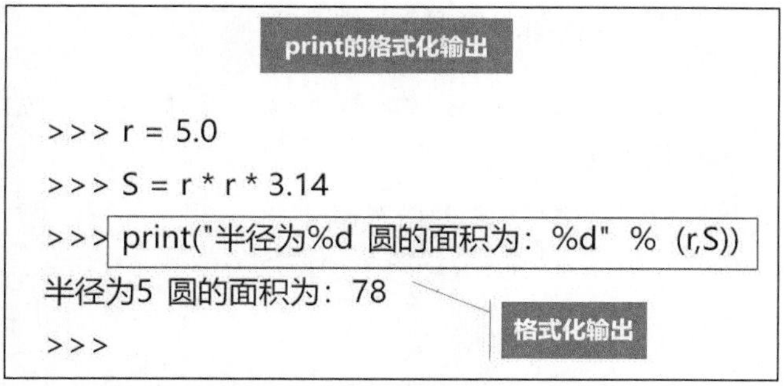

图 1-50 print 的格式化输出

前面输出圆面积的数值是整数，现在要求输出浮点数，并保留 2 位小数。再次修改输出格式，如图 1-51 所示。

可见 print 函数的格式化输出功能非常强大，允许用户按照一定的格式来输出内容，如字符串和变量按照一定格式输出，设置小数保留的位数等。

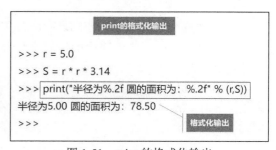

图 1-51 print 的格式化输出

1.5.2 print 函数的格式化输出功能

在图 1-52 中，标记符"%"左侧的字符串是格式化字符串，格式化字符串由字符串和占位符组成，占位符的作用是在字符串中占据一个固定位置，内容由标记符"%"右侧的参数列表中的参数来填充，参数就是一个变量或一个数值。

　　格式字符串中可以包含多个占位符，占位符在字符串中的位置可以任意设置。需要注意格式字符串中的占位符和参数列表中的参数是一一对应的，格式字符串中有多少个占位符，参数列表中就有多少个参数对应。

　　参数列表中的每个参数之间使用英文逗号分隔，参数列表中的参数顺序与格式字符串中的占位符顺序要保持一致。例如图 1-52 中的格式字符串有两个占位符"%.2f"，因此参数列表中有两个参数。图 1-53 所示为占位符的替换顺序。

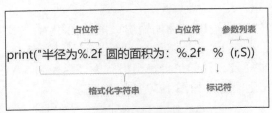

图 1-52　print 格式化说明

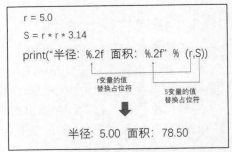

图 1-53　占位符的替换顺序

　　占位符也称为格式说明符，由标记符"%"起始，然后是格式符，用于对待替换的参数进行格式化处理。

```
print 函数常用格式说明符列表
%c          单个字符
%d          十进制整数
%f          十进制浮点数
%o          八进制数
%s          字符串
%x          十六进制数
%%          输出百分号%
```

　　在格式符前面可以添加控制域"0m.n"，例如%09.2f。

　　0 表示指定 m 后，若输出的位数不足 m，在前面空位添加字符 0；若省略，在前面的空位默认添加空格。

　　m 用于指定输出的位数，即输出项所包含的字符数。n 指精度，用于指定输出的小数位数。未指定 n 时，隐含的精度为 n=6 位。例如：%.2f，m 位默认位数，小数保留 2 位；%9.2f，表示位数为 9 位，小数保留 2 位；%09.2f，表示位数为 9 位，小数保留 2 位，位数不足的用 0 补齐。

1.5.3　占位符"%d"的使用

　　"%d"用于对整数进行格式化，对应的参数类型必须是整数或小数。可以指定输出的整数位数，当输出的整数位数不能填满指定的位数时，可以指定字符 0 填充，默认填充字符是英文空格。

　　图 1-54 所示为格式化整数输出的代码，参数列表中的参数可以是数值，也可以是变量。

　　图 1-55 所示的代码格式化整数时，要求输出 3 位数字，如果输出的整数位数不足 3 位，在整数前面填充字符，默认填充字符是空格。

案例 **01** 输出整数

```
>>> print("整数: %d" % (20))
整数: 20
>>>
```

图 1-54 格式化整数输出

案例 **02** 输出3位数字的整数

```
>>> print("整数: %3d" % (20))
整数: 20
>>>
```

图 1-55 格式化输出 3 位数字的整数

如图 1-56 所示，当输出的整数位数不足 3 位时，在整数前面填充字符 0。

案例 **03** 输出3位数字，整数位数不足用0填充

```
>>> print("整数: %03d" % (20))
整数: 020
>>>
```

图 1-56 格式化整数输出示例

1.5.4 占位符 "%s" 的使用

"%s" 用于对字符串进行格式化，对应的参数类型可以是数值，也可以是变量。

图 1-57 和图 1-58 所示为格式化输出字符串的示例。

案例 **04** 参数内容为字符串和数值

```
>>> print("%s:%d" % ("圆的面积",78))
圆的面积:78
>>>
```

图 1-57 格式化字符串输出示例

案例 **05** 参数内容为变量

```
>>> str1 = "圆的面积"
>>> print("%s:%d" % (str1,78))
圆的面积:78
>>>
```

图 1-58 格式化字符串输出示例

1.5.5 占位符 "%f" 的使用

"%f" 用于对浮点数进行格式化，对应的参数类型是整数和小数，可以指定保留的小数位数。

如图 1-59 所示，占位符 "%.2f" 要求保留 2 位小数，如果需要保留 3 位小数，可以使用占位符 "%.3f"。

如图 1-60 所示，如果要输出百分号 "%"，可以使用 "%%" 来表示输出一个百分号 "%"。

案例 **06** 格式化浮点数保留2位小数

```
>>> print("%s:%.2f" % ("圆的面积",78.5))
圆的面积:78.50
>>>
```

图 1-59 格式化输出浮点数示例

案例 **02** 输出百分号%

```
>>> print("今天下雨的概率: %.1f%%" % (31.2))
今天下雨的概率: 31.2%
>>>
```

图 1-60 输出百分号示例

1.6   编辑代码

学习目标：在 Shell 窗口中编写的代码不能保存，不能再次编辑。这显然不是编写程序的理想方式。本节学习使用代码编辑器编写代码。

1.6.1   使用代码编辑器

使用代码编辑器可以保存我们编写的代码，代码保存后可以随时打开并重新编辑代码。如图 1-61 所示。

图 1-61   代码编辑与保存

代码编辑器类似记事本，用户可以直接在代码编辑器的窗口编写代码，需要保存代码时，可以将代码保存到文件，当需要再次编辑代码时，可以使用代码编辑器打开前面保存的代码文件。Python 代码文件的扩展名是 py。

使用代码编辑器编写 Python 代码，首先要做的是在 Shell 窗口打开编辑器并新建一个代码文件，如图 1-62 所示。

第一个步骤是使用鼠标单击【File】菜单，Shell 窗口会弹出 File 菜单项列表，然后使用鼠标选择并单击【New File】菜单项。也可以使用快捷键 Ctrl+N 来打开编辑器并新建一个代码文件。

在打开的代码编辑窗口输入下面的代码：

```
# 求矩形的面积
width = 12
height = 5
S = width * height
print(S)
```

在代码编辑窗口编写 Python 代码，与在 Shell 窗口编写代码有所不同：代码编辑窗口没有命令提示符，可以直接编写代码；一条语句写完后，按下【Enter】键，代码编辑窗口并不执行这条语句，而是开始编写一条新的语句，如图 1-63 所示。

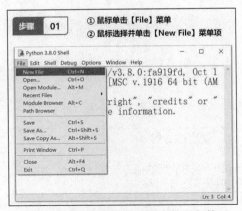

图 1-62   在 Shell 窗口新建代码文件

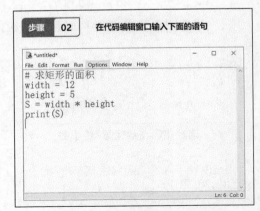

图 1-63   在代码编辑窗口编辑代码

编写完代码，下一步要做的是将编写的代码保存到文件。

用鼠标单击【File】菜单，然后在弹出的菜单项列表选择并单击【Save】菜单项。也可以使用快捷键 Ctrl+S 来保存代码文件，如图 1-64 所示。

编写的代码保存到文件后，代码编辑窗口的标题会分别列出代码的文件名称和代码文件的保存路径，如图 1-65 所示。

图 1-64　保存代码

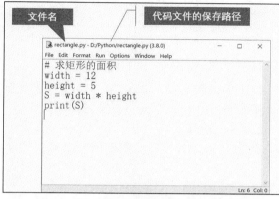

图 1-65　查看代码文件的保存路径

代码保存完成后，下一步要运行编写的代码，查看代码运行结果。

用鼠标单击【Run】菜单，Shell 窗口弹出 Run 菜单项，在弹出的菜单项列表选择并单击【Run Module】菜单项，或者按下 F5 快捷键，如图 1-66 所示。

编写的代码会在 Shell 窗口运行，并输出代码的运行结果，如图 1-67 所示。

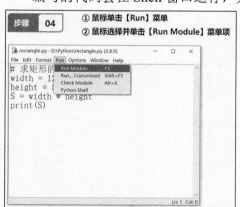

图 1-66　运行代码文件

图 1-67　查看代码运行结果

注意：运行代码是指代码由 Python 解释器解释并执行的过程。

1.6.2　代码注释

代码的注释对开发者编写的代码进行解释，借助于代码注释使其他开发者更容易理解代码结构，也有助于在很长时间后重新编辑代码。

1．单行注释

Python 使用"#"符号表示单行注释，以"#"符号开始的语句为注释语句，解释器不会解释执行该条语句。

```
>>> #创建 num 变量
>>> num = input("请输入一个数值")
请输入一个数值 30
>>> #输出 num
>>> print(num)
30
>>>
```

在上面的代码中，以符号"#"开始的语句为代码的注释。以符号"#"开始的代码注释只能进行单行注释，不能进行多行注释。

2．多行注释

在 Python 中，多行注释使用三个单引号（'''）或三个双引号（"""）表示。

```
>>> '''
    这是多行注释，用 3 个单引号
    这是多行注释，用 3 个单引号
    这是多行注释，用 3 个单引号
'''
>>> """
    这是多行注释，用 3 个双引号
    这是多行注释，用 3 个双引号
    这是多行注释，用 3 个双引号
"""
>>>
```

1.6.3　代码缩进

在 Python 语言中，Python 代码使用缩进对齐来表示代码逻辑。缩进是指相同层次语句通过缩进相同的空格数量来区分，对齐就是同一层次的语句要对齐，即每条语句缩进的空格数量要相同。

图 1-68 的代码结构被分为两个层次（注释语句除外），第 02、03、06、08 行语句为第一层次，第 07、09 行语句为第二层次。层次的划分通过缩进英文空格来表示，缩进空格可以使用 Tab 键，也可以直接输入空格，缩进建议为四个空格。

图 1-69 的条件结构中有 4 条语句，共分为两个层次，if 和 else 语句是第一层次，if 语句和 else 语句要左端对齐，print 语句是第二层次，因此 print 语句要缩进相应的空格。

建议在代码块的每个缩进层次使用单个制表符或两个（或四个）空格，切记不能混用。

```
01 # 比较两个数的大小
02 a=input("请输入第一个数a：")
03 b=input("请输入第二个数b：")
04 # 如果a>b，输出a大于b
05 # 否则输出a小于b
06 if a > b:
07     print("a大于b")
08 else:
09     print("a小于b")
```

图 1-68　代码缩进对齐示例

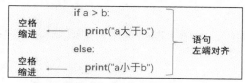

图 1-69 语句左端对齐

1.6.4 编写多行语句

Python 语句一般以新的一行作为前面语句的结束。但是有时一条语句可能会占用多行，例如当语句过长导致编辑器的窗口宽度不能完全显示内容时，可以使用 "\\" 符号将一行语句分为多行。

```
print('Hello World')
bookbrief='课程阐述 Python 的核心内容，\
包括基本的概念和语句、Python 对象、映射和集合类型、\
  文件的输入和输出、函数和函数式编程等内容。'
print(bookbrief)
```

在上面的代码中，变量 bookbrief 存储的文字内容过长，需要使用 "\\" 将一行语句分为多行。

1.6.5 转义符

在编程语言中，定义一些符号为转义符，定义的转义符有特殊的含义，与符号自身表示的含义不同。转义符以 "\\" 开始，后面跟一个或几个字符。表 1-3 列出了在编写代码时，经常使用的转义符。

表 1-3 常用的转义符及其介绍

转义符	描述	示例	结果
\	输入多行	s="a\ b\ c" print(s)	abc
\\	输出反斜杠	print("\\")	\
\n	输出换行	print("a\nb")	a b
\t	输出一个制表符	print("a\tb")	a b
\'	输出单引号	print("\'喜鹊\'")	'喜鹊'
\"	输出双引号	print("\"喜鹊\"")	"喜鹊"

1.6.6 编码规范

编码规范，主要是指命名规范和编码格式要求。

1. 命名规范

开发 Python 程序需要对变量、函数、模块等对象命名，在命名时需要遵循一定的规范。

（1）命名基本要求

命名含义清晰、不易混淆，使用标准的英文单词或缩写，若使用特殊约定或缩写，则要进行注释说明。

（2）模块命名

Python 中的模块应全部以小写字母命名，如果名称中包含多个单词，则需要使用下划线分隔单词。

（3）函数命名

函数一般采用小写字母命名，如名称中包含多个单词，则需要使用下划线分隔单词。

（4）函数参数与变量命名

参数与变量的命名应尽量采用小写形式，如名称中包含多个单词，则需要使用下划线分隔单词。对于变量命名，禁止使用单个字符（如 i、j、k……），但 i、j、k 允许作为局部循环变量使用。

2．编码格式要求

编码格式要求即代码的排版要求，规范的代码排版可以提高程序的易读性，也容易暴露代码存在的问题。下面给出了具体的排版规范要求。

（1）代码行的长度

单行不应超过 80 个字符，较长的语句要分成多行书写。

（2）空行

相对独立的代码块之间、变量说明之后应加空行。

代码应具有良好的可读性。除注释和命名外，排版格式对提高可读性也非常重要。排版要点是要利用缩进、空行和空格，使代码结构清晰。

1.7　流程图

学习目标：流程图主要用来描述程序的执行步骤，同时也是用来与其他开发者交流和沟通的工具。本节的学习目标是掌握流程图的阅读和绘制方法。

1.7.1　使用流程图描述程序步骤

在与他人沟通或交流程序时，快速阅读和理解程序步骤是非常重要的，当步骤过多或比较复杂时，文字描述会增加沟通交流方面的困难。

在这种情况下，使用图形描述程序步骤是一种比较好的思路，可以帮助他人快速理解程序执行的过程。

因此在描述程序步骤时，除使用文字描述外，还需要学会使用图形来描述，并且还要学会阅读他人使用图形描述的程序步骤。人们为了统一程序步骤的图形描述，预定义了一组图形符号来描述程序步骤，在图形符号上可以添加文字解释，说明该图形符号表示的意义。多个图形符号及其中的文字解释构成了程序步骤流程图,用图形符号描述程序步骤的绘制过程也称为绘制流程图。

图 1-70 所示为计算长方形面积步骤的流程图。

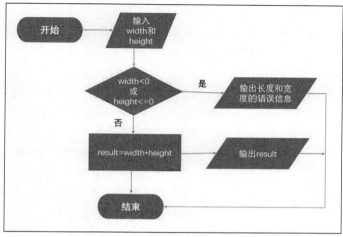

图 1-70　计算长方形面积流程图

为了方便理解计算长方形面积步骤的流程图，下面列出了用文字描述的步骤。

第一步：输入长方形的长度和宽度。

第二步：判断输入长方形的长度和宽度是否小于或等于 0，如果长度或宽度小于或等于 0，执行第三个步骤，否则执行第四个步骤。

第三步：提示用户输入的长度和宽度有错误，程序结束。

第四步：计算长度和宽度的乘积。

第五步：输出长方形的面积。

1.7.2　认识流程图

流程图中的图形符号都是预先定义好的，每个图形符号在流程图中都表示一个确定的意义。这些符号已经被标准化，用标准化的图形符号绘制流程图的意义在于方便所有人理解。

标准化的流程图有六个图形符号，绘制流程图时也只能使用这六个图形符号。这六个图形符号分别是开始/结束、过程、输入/输出、子过程、判断、流线符号，如图 1-71 所示。

1．开始/结束图形符号

如图 1-72 所示为开始/结束符号，用一个圆角矩形表示。在绘制流程图时，首先要绘制开始符号，最后绘制结束符号。

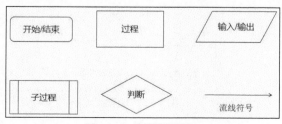

图 1-71　流程图符号

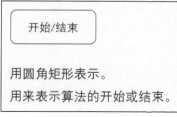

图 1-72　流程图开始结束符号

2．过程符号

图 1-73 所示为过程符号，算法的每一个步骤（输入和输出步骤、判断步骤除外）都可以使用"过程"符号来表示，矩形内可以添加过程的简要说明。

3．输入/输出符号

图 1-74 所示为输入输出符号，算法的输入和输出步骤可以使用"输入/输出"符号，"输入/输出"符号用平行四边形来表示。例如从键盘获取用户输入，输出内容到显示器等这些需要输入和输出的步骤，都可以使用"输入/输出"符号来表示。

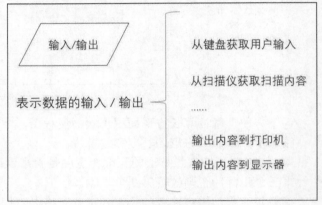

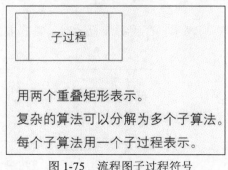

图 1-73　过程符号　　　　　　　　　　图 1-74　输入输出符号

4．子过程符号

图 1-75 所示为子过程符号，当一个程序步骤较多时，需要绘制的流程图会非常复杂，在一个页面中不能完全展现。这时需要把步骤分为多个子步骤，分别进行绘制。在整体算法流程图中，用"子过程"符号来表示一个分解后的子步骤。

5．判断符号

图 1-76 所示为判断符号，算法中的条件判断步骤可以使用"判断"符号来表示。在条件判断情况下，算法的流程并不是按既定的顺序执行，而是根据不同条件选择不同的执行路径。

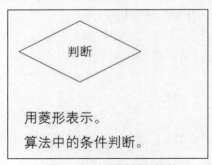

图 1-75　流程图子过程符号　　　　　　图 1-76　流程图判断符号

图 1-77 描述了判断条件为真或假的程序执行路径。

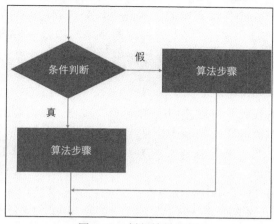

图 1-77 判断符号示例

6. 流线符号

图 1-78 所示为流线符号，在流程图中，每个步骤之间用"流线"符号连接，箭头指向表示步骤的流程方向。例如输入步骤（使用输入/输出符号）的下一个步骤是计算步骤（使用过程符号），用"流线"符号连接两个步骤，流线符号的箭尾指向输入步骤，流线符号的箭头指向计算步骤。

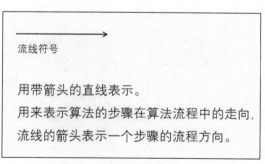

图 1-78 流程图流线符号

图 1-79 描述了流线符号的使用方法。

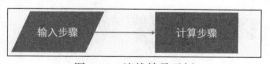

图 1-79 流线符号示例

另外，在绘制流程图时，要严格遵循图形符号的形状，但图像符号的大小、颜色、外观不受限制。

现在我们已经了解了流程图中六个图形符号的意义，再来看图 1-73 所示的计算长方形面积流程图，就很容易理解。

查看流程图时，从"开始"符号顺着"流线"符号观察程序的每个步骤，遇到"判断"符号（判断步骤），会有两条"流线"符号（连接两个不同步骤），分别查看这两个不同步骤的流程，依此类推。流程图最后的图形符号是"结束"符号。

1.7.3 如何绘制流程图

绘制流程图的方式有很多，可以使用绘图工具，Word、PowerPoint 等软件来绘制流程图，也可以在纸张上手工绘制流程图。下面介绍使用 PowerPoint 软件来绘制流程图的方法。

第一步：绘制"开始"符号，在【形状】选项卡中选择圆角矩形图形绘制到页面，在矩形符号内输入"开始"文字。如图 1-80 所示。

第二步：在【形状】选项卡中选择平行四边形图形绘制到页面，在平行四边形符号内输入说明文字，并使用"流线"符号连接"开始"符号和"输入/输出"符号，如图 1-81 所示。

图 1-80　绘制计算长方形面积流程图步骤 1

图 1-81　绘制计算长方形面积流程图步骤 2

第三步：在【形状】选项卡中选择菱形图形绘制到页面，输入文字说明，并使用"流线"符号连接"输入/输出"符号和"判断"符号，如图 1-82 所示。

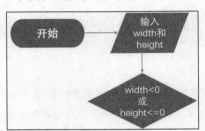

图 1-82　绘制计算长方形面积流程图步骤 3

第四步：该步骤输出"长度和宽度错误"信息，如图 1-83 所示。

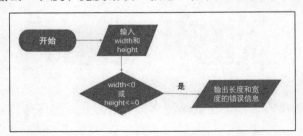

图 1-83　绘制计算长方形面积流程图步骤 4

第五步：该步骤用于计算长方形的面积，如图 1-84 所示。

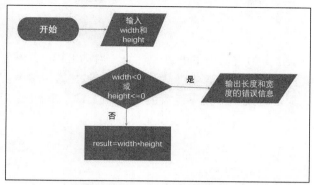

图 1-84 绘制计算长方形面积流程图步骤 5

第六步：该步骤输出长方形的面积，如图 1-85 所示。

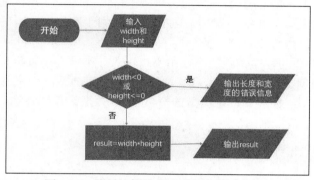

图 1-85 绘制计算长方形面积流程图步骤 6

第七步：绘制流程图的"结束"符号，并使用"流线"符号连接算法的第三个步骤和第五个步骤到"结束"符号，如图 1-86 所示。

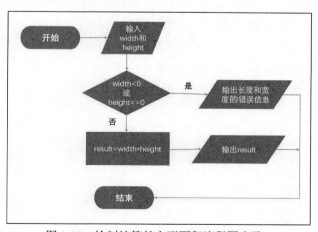

图 1-86 绘制计算长方形面积流程图步骤 7

1.8 编程练习

1．使用 IDLE 的 Shell 窗口进行简单的算式计算。启动 IDLE 开发工具，在 IDLE 的 Shell 窗口中输入下面的算式，执行算式并查看计算结果。在 Shell 窗口输入算式时，需要将输入法切换到英文模式。算式输入完成后，按下键盘的【Enter】键，Shell 窗口会执行输入的算式，并输出计算结果。

```
(12-9)*6/8
(a+b)/a
15+30*2-29
```

2．计算三角形的面积，三角形的面积公式为：

```
S = 1/2ah
```

其中，公式中 a 为三角形的底，h 为底所对应的高，S 为三角形的面积。

编写要求：创建变量 a 和 h 并赋值，创建变量 S 用于存储三角形的面积，计算三角形的面积，并使用 print 函数输出计算结果。

3．编写计算圆面积的程序，圆的半径由用户输入，半径为小数类型。

4．在 Shell 窗口创建两个变量 a1 和 a2，a1 用字符串赋值（字符串由数字构成），a2 用整数赋值，计算 a1 和 a2 的和（注意类型的一致性），并把计算结果输出到 Shell 窗口。

5．已知字符串：

```
s1 = "我要学习 Python 编程"
s2 = "学习编程需要数学知识吗？"
```

请按下面的要求编写程序：

（1）拼接 s1 和 s2，并用 **print** 函数输出拼接后的新字符串；

（2）用 print 函数输出 s1 的子串"Python"；

（3）判断子串"编程"是否在 s1 中。

6．在 shell 窗口执行下面的语句：

（1）输出字符串

```
print("圆的面积公式：%s"  %  ("半径的平方与圆周率的积"))
#输出效果：
圆的面积公式： 半径的平方与圆周率的积
```

（2）输出整数

```
print("今天是%d 号" % (20))
#输出效果：
今天是 20 号
```

（3）输出小数，保留 3 位小数

```
print("圆周率：%.3f" % (3.14))
#输出效果
圆周率：3.140
```

7．新建一个 Python 代码文件，并在新建的代码编辑窗口输入下面的代码：

```
# 求圆的面积
radius = 3.2
pi = 3.14
S = pi * radius * radius
print(S)
```

将编写的代码文件保存到磁盘目录，文件名称为 circle.py，在代码编辑窗口运行代码文件，查看程序运行结果。并说明代码文件中每行代码的作用。

8．绘制计算圆面积的程序流程图。

9．思考求三个数中最大值的算法，使用流程图绘制算法步骤。

10．已知一个学生的语文成绩为 89，数学成绩为 96，外语成绩为 99，绘制计算三门成绩的总分和平均分的流程图。

第 2 章

流程控制

2.1 条件判断结构

学习目标：掌握简单条件、多重条件和嵌套条件代码结构，能够处理不同条件下程序的流程控制。

2.1.1 关系表达式

条件判断结构离不开关系表达式，关系表达式可以比较两个数值的大小，也可以比较两个字符串的大小。若用于比较字符串，关系表达式会按照字符串的字典顺序来比较，关系表达式运算结果为布尔值。

两个数值或两个字符串之间的大小主要存在六种关系：大于、大于或等于、小于、小于或等于、等于、不等于。

关系表达式使用的运算符为关系运算符，用来判断两个数值或字符串的大小关系。关系运算符和要比较的两个操作数构成了关系表达式，操作数可以是数值或字符串，也可以是子表达式。

表 2-1 列出了 Python 的关系运算符，假设变量 A 和 B 的值不相等，并且变量 A 的值小于变量 B 的值。

从表 2-1 可以看到，关系表达式的运算结果是布尔值，布尔值只有 True 或 False 两个值，True 表示"真"，False 表示"假"。关系运算返回的结果只有成立或不成立两种情况，成立时返回的布尔值为"真"，不成立时返回的布尔值为"假"。

表 2-1 关系运算符表

运算符	描述	例子
==	判断 A 和 B 是否相等，若相等，则运算结果为 True，否则为 False	A==B（False）
!=	判断 A 和 B 是否不相等，若不相等，则运算结果为 True，否则为 False	A!=B（True）
>	判断 A 是否大于 B，若大于 B，则运算结果为 True，否则为 False	A>B（False）
<	判断 A 是否小于 B，若小于 B，则运算结果为 True，否则为 False	A<B（True）
>=	判断 A 是否大于或等于 B，若大于或等于 B，则运算结果为 True，否则为 False	A>=B（False）
<=	判断 A 是否小于或等于 B，若小于或等于 B，则运算结果为 True，否则为 False	A<=B（True）

2.1.2 简单条件结构

在生活中常常会遇到需要多加判断的情况，根据一些条件做出决定和选择。例如，当你打算出门时，需要判断天气怎么样，如果下雨，需要带上雨伞；当外出旅行时，需要根据不同情况，选择不同的交通工具，如图 2-1 所示。

前面编写的程序都是"顺序流程"，每条 Python 语句按顺序执行。但是在很多情况下，程序并不是按既定的顺序执行，而是根据不同情况进行判断，然后执行不同的操作，这种流程称为"条件分支流程"，其结构也称为"条件判断结构"，如图 2-2 所示。

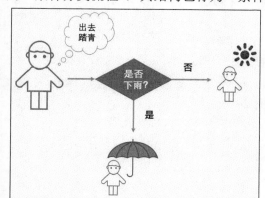

图 2-1 生活中的条件判断

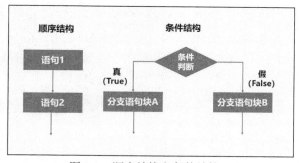

图 2-2 顺序结构和条件结构

条件判断结构的核心是条件判断，条件判断是一个表达式或变量：若表达式返回的结果是数值，当数值非 0 时为真值，否则为假值；若变量的数据类型是数值，当数值非 0 时为真值，否则为假值。

语句块是指由一条或多条语句组成的代码。

与顺序结构相比，条件结构是根据条件判断情况有选择地执行语句，并不是执行全部语句。Python 条件结构语法如图 2-3 所示。

if 和 else 是条件结构的关键字，if 和 else 也可以全部大写。if 关键字后面是表达式，表达式与 if 关键字间使用一个或多个英文空格隔开，表达式后面是"："符号，表达式和"："符号之间没有空格。

条件结构也称为 if-else 结构，包含 if 关键字的语句称为 if 语句，包含 else 关键字的语句称为 else 语句，分支语句块 A 属于 if 语句范围内，分支语句块 B 属于 else 语句范围内。

在某种情况下，可能只需要执行条件满足的分支语句块 A，并不需要执行条件不满足的分支语句块 B。在这种情况下，分支语句块 B 可以省略，如图 2-4 所示。

分支语句块 A 或分支语句块 B 由一条或多条 Python 语句组成，语句块内的代码要缩进对齐。

【例 2-1】 比较两个数的大小

程序清单如下（代码文件见图书资源 unit2\例 2-1.py，其余案例代码文件的路径类似，后文不再赘述）。

```python
# 比较两个数的大小
a = int(input("请输入第一个数 a:"))
b = int(input("请输入第一个数 b:"))
# 比较 a 和 b
if a > b:
    print("a>b")
else:
    print("a<b")
```

在例 2-1 的代码中，if 和 else 内的语句属于同一层，因此要缩进对齐，如图 2-5 所示。

图 2-3 条件结构语法　　图 2-4 省略分支语句块 B 的语法　　图 2-5 条件结构的缩进和对齐

例如，要测试两个整数类型的变量值 num1 和 num2 是否相等，可以编写关系式 num1==num2，然后将其放入一个 if 语句中，参见例 2-2。

【例 2-2】 判断两个整数是否相等

程序清单如下。

```python
num1 = 30
num2 = 16
if num1 == num2:
    print("num1 等于 num2")
else:
    print("num1 不等于 num2")
```

如果 num1 和 num2 的数值相等，则条件为真，执行 if 后面的分支语句；否则条件为假，执行 else 后面的分支语句。

2.1.3 逻辑表达式

有时需要判断一个数值是否在一个区间范围内，例如，判断学生的考试成绩是否在 90～100 分范围内，使用单个关系表达式很难判断。这种情况可以使用逻辑运算符连接两个关系表达式来完成条件判断。

Python 语言常用的逻辑运算符有 and 和 or，可以连接两个关系表达式，并返回布尔值，使用逻辑运算符的表达式也称为逻辑表达式。

and 是逻辑与运算符，它的运算规则是当 and 连接的两个关系表达式都为真（True）时，and 运算返回的结果是真（True），否则 and 运算返回的结果是假（False）。如图 2-6 所示。

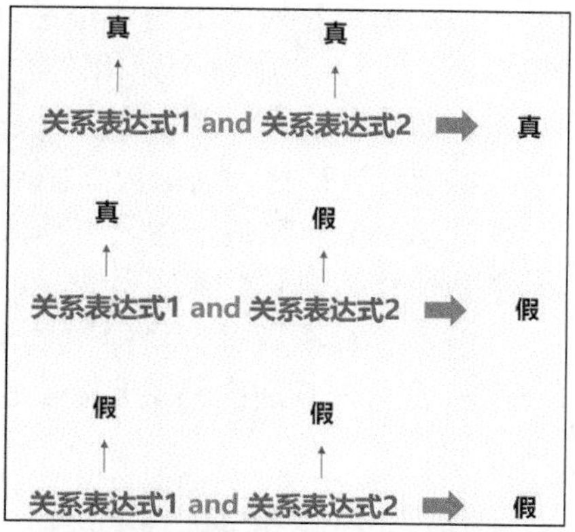

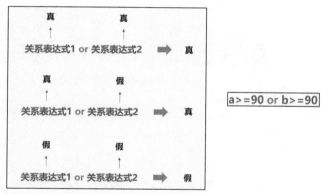

图 2-6　逻辑运算符 and 的运算规则

例如，要判断学生的考试成绩是否在 90～100 分范围内，可以使用 and 逻辑与运算符连接两个关系表达式来完成条件判断。

假如考试成绩用变量 score 表示，图 2-7 所示的语句可以判断 score 是否在 90～100 分范围内。

or 是逻辑或运算符，它的运算规则是：只要两个关系表达式有一个为真（True），or 运算返回的结果就是真（True），否则 or 运算返回的结果是假（False），如图 2-8 所示。

例如语文和数学成绩只要有一门成绩大于或等于 90 分，就可以评选为“学习小标兵”，可以使用 or 逻辑或运算符连接两个关系表达式来完成条件判断。假如语文成绩用变量 *a* 表示，数学成绩用变量 *b* 表示，图 2-9 所示的语句可以判断一个学生是否可以评选为“学习小标兵”。

```
90<=score and score<=100
```

图 2-7　逻辑运算符 and 的运算示例

图 2-8　逻辑运算符 or 的运算规则

```
a>=90 or b>=90
```

图 2-9　逻辑运算符 or 的运算示例

表 2-2 列出了 Python 的逻辑运算符。

表 2-2　逻辑运算符

运算符	逻辑表达式	描述
`and`	`x and y`	逻辑与，如果 x 为 `False`，`x and y` 返回 `False`，否则返回 y 的计算值
`or`	`x or y`	逻辑或，如果 x 是非 0，返回 x 的值，否则返回 y 的计算值
`not`	`not x`	逻辑非，对 x 进行取反操作，x 为 `True`，返回 `False`

and 运算符对两个操作数进行逻辑与操作。当两个操作数 x 和 y 都返回逻辑值时：若 x 和 y 都为 True，则整个逻辑表达式返回 True，否则返回 False；当两个操作数 x 和 y 返回的不全是逻辑值时：如果 x 为 False，x and y 返回 False，否则它返回 y 的计算值。

or 运算符对两个操作数进行逻辑或操作。当两个操作数 x 和 y 都返回逻辑值时：若 x 和 y 都为 False，则整个逻辑表达式返回 False，否则返回 True；当两个操作数 x 和 y 返回的不全是逻辑值时：如果 x 为非 0，它返回 x 的值，否则它返回 y 的计算值。

not 运算符只有一个操作数，即对该操作数进行取反操作。如果该操作数是 True，则整个逻辑表达式返回的结果是 False，否则返回 True。如果该操作数为非 0，返回 False，否则返回 True。

2.1.4 多重条件的判断

在进行条件判断时，常常会遇到以下情况，如果条件的值为真，则执行某些操作，否则，进一步进行条件判断，执行其他操作。

例如：分段输出学生成绩，如图 2-10 所示。

根据学生的考试分数分别输出优（90～100 分）、良（80～90 分）、中（60～80 分）、差（小于 60 分）四个等级，需要逐级判断学生的考试分数在哪个分数段内，并输出相应的等级。在编程时遇到这种情况，可以使用多重条件结构解决，如图 2-11 所示。

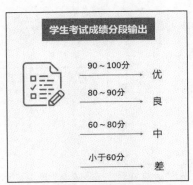

图 2-10　将学生考试成绩分段输出

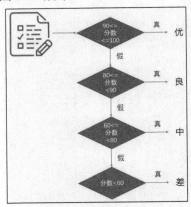

图 2-11　多重条件结构

多重条件结构实际上是 if-else 结构的另一种形式 if-elif-else，这种形式也称为阶梯式，当有多个分支选择时，可采用多重条件结构。语法结构如图 2-12 所示。

多重 if 结构从上到下依次对条件进行判断，当条件满足时就执行该条件后面的分支语句块，并跳过其他的条件判断；若没有条件满足，则执行最后的 else 分支语句；如果没有 else 分支语句，则直接执行该结构后面的语句。

【例 2-3】 编写一个程序，根据用户输入的考试成绩，输出相应的成绩评定信息。成绩大于或等于 90 分，输出"优"；成绩大于或等于 80 分，小于 90 分输出"良"；成绩大于或等于 60 分小于 80 分输出"中"；成绩小于 60 分输出"差"。

　　当用户输入考试成绩后，程序需要对考试成绩进行多次判断，如果考试成绩在 90 分至 100 分之间，则使用 print 函数输出"优"；如果考试成绩在 80 分至 90 分之间，则使用 print 函数输出"良"；如果考试成绩在 60 分至 80 分之间，则使用 print 函数输出"中"；如果考试成绩在 60 分以下，则使用 print 函数输出"差"。

　　根据问题分析过程绘制流程图，如图 2-13 所示。

图 2-12　多重条件结构语法

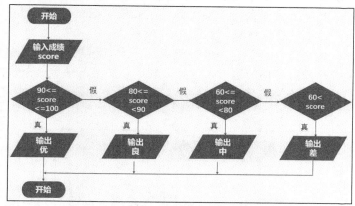

图 2-13　例 2-3 程序流程图

　　流程图用到了多个条件判断，需要逐级判断输入的考试成绩在哪个分数段内，并输出相应的成绩等级。

　　程序清单如下。

```
# 输入考试成绩
score = input("请输入考试成绩：")
# 输入转换为整数
score = int(score)
# 判断成绩
if 90 <= score and score <= 100:
    print("优")
elif 80 <= score and score < 90:
    print("良")
elif 60 <= score and score < 80:
    print("中")
else:
    print("差")
```

　　在上面的代码中，如果用户输入 80，即 score 变量的值为 80。程序会先判断 score 的值是否在 90～100 范围内，如果不在，程序会继续向下判断 score 的值是否在 80～90 范围内，因为当前 score 的值为 80，80 包含在 80～90 范围内，因此此条件满足，故程序执行下面的语句：

```
print('良')
```

　　后面的 elif 以及 else 语句不再执行。

　　如果用户输入 50，即 score 变量的值为 50。因为 50 不在条件判断的任何数值范围内，即所有条件判断都不满足。在这种情况下，程序执行 else 代码块中的语句：

```
print('差')
```

2.1.5 嵌套条件的判断

简单条件结构和多重条件结构可以解决很多条件判断问题。还存在一种嵌套的判断情况，即只有当前提条件满足时，才可以判断后续条件是否满足。

例如：星期天去青岛玩，前提条件是如果星期日天气晴朗，且能买到去青岛的高铁票就去青岛玩，否则就在家休息，如图 2-14 所示。

这里有两个条件：第一个条件是星期日天气晴朗；第二个条件是买到去青岛的高铁票。第一个条件是前提条件，这个条件必须满足，如果不满足这个条件，第二个条件就不用考虑。因此第二个条件嵌套在第一个条件内，第一个条件是外层条件，第二个条件是内层条件，如图 2-15 所示。

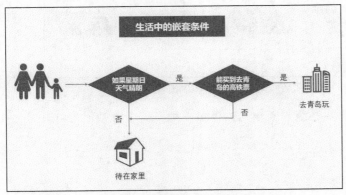

图 2-14 生活中的嵌套条件

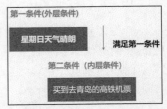

图 2-15 嵌套条件示例

使用 Python 语言来实现嵌套条件结构，可以在已有 if 或 else 语句中插入另一个 if-else 条件结构，实现条件的嵌套判断。

嵌套条件结构通过缩进来表示嵌套层次，内层条件结构的 if 和 else 语句要比外层的 if 和 else 语句缩进相等数量的空格（也可以直接使用 Tab 键缩进），内层条件结构的 else 语句也可以省略，如图 2-16 所示。

另外，外层 else 语句内的内层条件结构如无必要，可以省略。

【例 2-4】 编写一个程序，要求用户输入两个整数，首先判断用户输入的两个整数是否相等，若不相等，再判断哪个数大，并输出较大的数；若相等，则输出两个数相等。

判断用户输入的两个整数是否相等，可以使用 if-else 条件结构来判断 a 和 b 是否相等，根据判断结果，程序分成两种情况进

图 2-16 嵌套条件结构语法

行处理，如图 2-17 所示。

当 a 和 b 不相等时，属于不相等情况，这时需要判断出 a 和 b 的较大值。在这种情况下，需要在原有的 if 语句内，嵌套简单条件结构来判断 a 和 b 的大小，如图 2-18 所示。

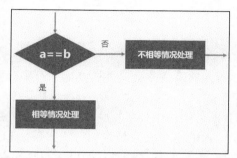

图 2-17　例 2-4 中 a 和 b 是否相等的两种情况

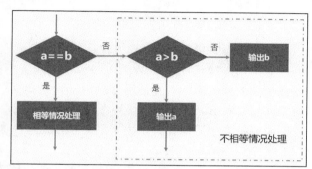

图 2-18　例 2-4 中 a 不等于 b 时的处理流程

此时，原有的 if 语句称为外层 if 语句，用来判断 a 和 b 大小的 if 语句称为内层 if 语句，也可以说内层 if 语句是嵌套在外层 if 语句之内的。理论上 if 语句可以多层嵌套，但多层嵌套会导致代码过于复杂，代码结构也不清晰，因此嵌套条件结构一般以两层为主。

当 a 和 b 相等时，属于相等情况处理，这种情况程序处理比较简单，程序直接使用 print 函数输出 a 和 b 相等即可，如图 2-19 所示。

根据问题分析过程绘制流程图，如图 2-20 所示。

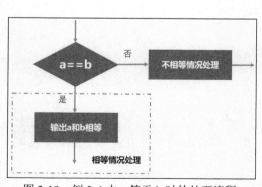

图 2-19　例 2-4 中 a 等于 b 时的处理流程

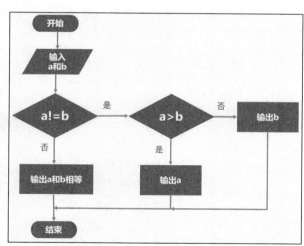

图 2-20　例 2-4 的程序流程图

流程图有两个条件判断框，第一个判断框用于判断变量 a 和 b 是否相等，属于外层条件判断，第二个判断框在 a 不等于 b 的条件下，判断出 a 和 b 的较大值，属于内层条件判断。

程序清单如下。

```
# 输入两个整数，并赋值给变量 a 和 b
a = int(input("请输入第一个数:"))
b = int(input("请输入第二个数:"))
# 外层 if-else 结构
if a != b:
    # 内层 if-else 结构
    if a > b:
        print(a)
    else:
        print(b)
else:
    print("%d等于%d" % (a,b))
```

在上面的代码中，首先使用 input 函数获取用户输入的两个整数，并转换为字符串分别赋值给变量 a 和 b。

两个整数大小判断代码使用了嵌套条件结构，嵌套条件结构由外层 if-else 结构和内层 if-else 结构组成。外层 if-else 结构用于判断用户输入的两个整数是否相等：如果 a 和 b 不相等，则使用内层 if-else 结构判断两个数值的大小，并输出较大的数；如果 a 和 b 相等，则使用 print 函数输出两数相等。

2.2 计算自然数 1～100 的累加和

学习目标：掌握 for 循环代码结构，能够处理重复操作的执行流程。

2.2.1 使用推土机算法

这是一道很简单的数学题，求自然数 1～100 的累加和。

推土机算法是一种比较笨拙的算法，却是最直接的算法，即从 1 开始逐步累加到 100，完成从自然数 1～100 求累加和的整个计算过程。

2.2.2 使用简便算法

将以下算式：

1+2+3+……+99+100

利用加法结合律，写成如下算式：

（1+100）+（2+99）+……+（49+52）+（50+51）

在图 2-21 的算法中，利用加法结合律，可以将 1 与 100、2 与 99、3 与 98……49 与 52、50 与 51 进行两两组合相加，这样的组合一共有 50 对。再仔细观察，发现每个组合中的两个数的和都等于 101，如图 2-22 所示。

基于上面的观察结果，可以把上面的算式改写为：

（1+100）* 50 = 5050

这个算式就是从 1 累加到 100 的简便算法，计算效率比推土机算法高得多，如图 2-23 所示。

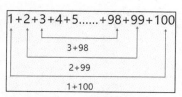

图 2-21 简便算法

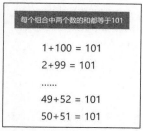

图 2-22 简便算法分析

图 2-23 简便算法 VS 推土机算法

2.2.3 使用 Python 计算自然数 1～100 的累加和

使用 Python 语言来求自然数 1～100 的累加和，也涉及使用推土机算法还是简便算法的问题。如果使用简便算法，程序代码非常简单。

计算自然数 1～100 的累加和简便算法：

```
sum = (1+100)*50
print("自然数 1 到 100 的累加和: %d" % (sum))
```

计算自然数 1 到 100 的累加和的笨拙算法：

```
sum = 1+2+3+......+99+100
print("自然数 1 到 100 的累加和: %d" % (sum))
```

代码中的省略号表示从 4 累加到 98。在 Python 代码中，编写上述算式，显然不是理想方式。一行代码过长，既不方便阅读，代码结构也不清晰。

可以声明一个 sum 变量，sum 变量的初始值为 0，使 sum 变量从 1 开始，一直加到 100。加法算式可以使用 "+=" 运算符，"+=" 运算符将运算符左边的操作数与右边操作数的值相加后，再赋值给运算符左边的操作数。

```
计算自然数 1 到 2 的累加和
sum = 0
sum += 1
sum += 2
print("自然数 1 到 100 的累加和: %d" % (sum))
```

上述语句执行后，sum 的值为 3。执行过程为：

（1）sum 初始值为 0；

（2）执行 sum+=1 语句，sum 自身的值加上 1 再赋值给 sum，此时 sum 的值为 1；

（3）执行 sum+=2 语句，sum 自身的值加上 2 再赋值给 sum，此时 sum 的值为 3。

计算从 1 累加到 100 的推土机算法流程如图 2-24 所示。

流程图的计算过程并没有完整地绘制出来，仅绘制了 sum+1 和 sum+100 的过程步骤，用省略号 "……" 表示了 sum 从 2 加到 99 的过程，但是这些步骤在代码中不能忽略，需要像下面这样写

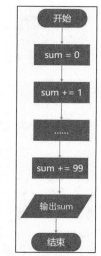

图 2-24 推土机算法流程图

100 条语句：

```
sum = 0
sum +=1
sum += 2
......
sum += 98
sum += 99
sum += 100
```

2.2.4 认识 for 循环结构

Python 语言提供了一种循环结构，可以快速有效地执行重复性操作，使用循环结构可以解决重复编写 100 条语句的问题。

循环结构是程序设计中非常重要的结构。其特点是，在给定条件成立时，重复执行语句块（一个语句块包含多条语句，也可以是一条语句），直到条件不成立为止。如图 2-25 所示，给定的条件称为循环条件，反复执行的语句块称为循环体。

Python 提供了 for 循环和 while 循环两种循环结构体（见图 2-26），本节主要讲述 for 循环结构体，并使用 for 循环结构求自然数 1 到 100 的累加和。

如图 2-27 所示，设 sum 变量的初始值为 0，求自然数 1～100 的累加和，需要循环执行 100 条下面的语句：

```
sum += n
```

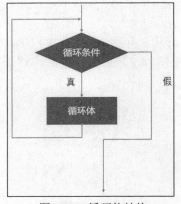

图 2-25　循环体结构

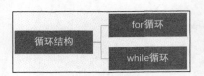

图 2-26　循环结构分类

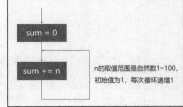

图 2-27　循环流程示意

其中，sum 是存储累加和的变量，n 的取值范围是自然数 1～100，初始值为 1，每次循环递增 1。例如：

第 1 次循环时，n 的值为 1。

第 2 次循环时，n 的值为 2。

......

第 100 次循环时，n 的值为 100。

Python 的 for 循环结构通过一个序列（sequence）来控制循环，循环次数由序列的元素数目

决定。一个序列是有序排列的多个元素，可以通过元素所在序列的
位置（索引）来访问每个元素。

```
for iterating_var in sequence:
    语句块
```

图 2-28　for 循环结构语法

for 循环结构的语法如图 2-28 所示。

其中，for—in 是 for 循环结构语句，for 和 in 之间的
iterating_var 为循环变量，用来接收序列对象的元素。in 后面是序列对象，一个序列在 Python
中也称为序列对象。例如，前面学过的字符串就是一个序列对象，字符串中的每个字符就是序
列中的元素，这些字符在字符串中有序排列。后面将要学习的列表、元组等都是序列对象。

sequence 内的元素数目决定了循环次数，如果 sequence 是一个空序列，for 循环不会
被执行，循环体内的语句也不会被执行。

如果 sequence 是非空序列，for 循环在初始化时会把 sequence 的第一个元素赋值给
iterating_var。然后执行条件判断，判断 iterating_var 是否在 sequence 内，如果是，
则执行循环体内的语句，否则退出循环。

循环体内的语句块执行完成后，for 循环会把 sequence 的下一个元素赋值给
iterating_var，如果 sequence 的下一个元素为 None（None 是 Python 定义的关键字，表
示空值），此时 iterating_var 也为 None。进入下一轮循环条件判断，因为 iterating_var
的值为 None，循环终止。

要实现求 100 以内累加和的循环算法，需要创建一个整数序列，即一组有序的整数，如 1、
2、3、4、5、6 是包括 6 个数的整数序列；1、5、10、15、20 是包括 5 个数的整数序列。在这
个案例程序中，需要创建一个 1~100 的整数序列。

2.2.5　认识 range 函数

range 函数可以产生一个整数序列，与前面介绍的 print 函数相似，在使用 range 函数
时需要传入一些值。print 函数传入的是要输出的字符串，range 函数要传入的是待生成整数
序列的起始值、结束值以及步长。整数序列如图 2-29 所示。

步长是指整数序列中相邻元素的间隔值。例如，如果要生成 1、5、10、15、20 的整数序
列，要传入 range 函数的起始值是 1，结束值是 25，步长是 5，如图 2-30 所示。

range 函数的语法如图 2-31 所示。

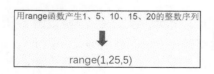

`range(start, end, step=1)`

图 2-29　range 函数产生的整数序列　　　图 2-30　range 函数使用示例　　图 2-31　range 函数语法

其中，start、end、step 为要传入的值，这些值也称为函数参数，range 函数需要传入

三个参数,分别是 start、end、step。start 为整数序列的起始值,end 为整数序列的结束值,在生成的整数序列中,不包含结束值。step 为整数序列中递增的步长,默认为 1,如果采用默认值,step 参数可以省略。

2.2.6 用 for 循环计算 1~100 的累加和

下面采用 for 循环结构来实现自然数 1~100 的累加和,程序流程如图 2-32 所示。

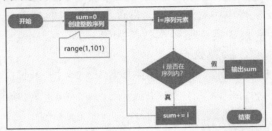

图 2-32 用 for 循环计算自然数 1~100 的累加和流程图

流程图中的 sum 变量用于存储自然数 1~100 的累加和,创建的整数序列元素范围为 1~100,相邻元素的间隔值为 1。

初始值 i 为 range 函数生成的整数序列的第一个值。条件判断用于确认 i 的值是否在整数序列内:如果 i 的值在整数序列内,就执行循环体中的语句,即 sum+=i;如果 i 的值不在整数序列内,程序就退出 for 循环结构,并输出 sum 变量。

【例 2-5】 计算自然数 1~100 的累加和

程序清单如下。

```
# 创建 sum 变量
sum = 0
# 创建 1~100 范围内的整数序列
list = range(1,101)
# 计算自然数 1~100 的累加和
for i in list:
    sum += i
# 输出 sum
print("自然数 1 至 100 的累加和为: %d" % (sum))
```

在上面的代码中,首先声明 sum 变量并初始化为 0,然后使用 range 函数创建 1~100 范围内的整数序列。

range 函数产生 1~100 的整数序列,range 函数的 start 参数值为 1,end 参数值为 101,因为 range 函数在生成的整数序列中不包含 end,因此 end 的值要比预定循环结束的值大一个步长,step 参数值采用默认的 1,因此无须传入 step 参数。

在 for 语句中,i 为接收整数序列 list 元素的变量,i 的初始值为整数序列中的第一个值,即数值 1。以后的每次循环 i 都会被赋值为 list 的下一个元素,当 i 为 None 时,for 循环结束,最后输出 sum 的值。

2.3 while 循环结构

学习目标：掌握 while 循环代码结构，能够使用 while 结构处理重复操作的执行流程。

2.3.1 如何保持程序运行

前面编写的程序有一个问题，例如在计算三角形面积的程序中，运行程序后，输入三角形的底和高，计算出三角形的面积后程序自动结束。如果需要再次计算三角形的面积，需要重新启动程序，如图 2-33 所示。

但在有些情况下，我们希望程序能够一直保持运行，直到用户选择退出程序。例如，我们经常使用的 QQ、微信等程序，这些程序启动后一直保持运行状态，直到我们关闭它，程序才会退出。

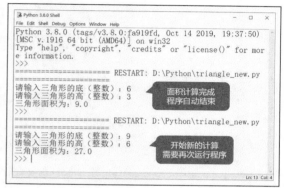

图 2-33　面积计算程序运行过程

在图 2-34 所示的用户登录流程图中，用户登录成功或登录失败都会退出程序。现在对这个流程图增加一个需求：如果用户登录成功，则程序退出。如果用户登录失败，则要求用户重新输入用户名和登录密码，直至用户输入正确的用户名和登录密码。

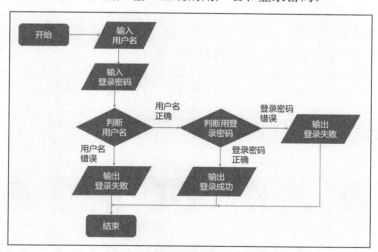

图 2-34　用户登录流程图

要实现新增加的需求，即当用户输入错误的用户名或密码时，程序不能退出，要一直保持运行状态，如图 2-35 所示。

for 循环结构可以在一个整数序列范围内重复执行循环体内的语句，那么使用 for 循环可以保持程序一直在运行状态吗？答案是否定的，因为无论这个整数序列范围有多大，它包含的数是有限的、可数的，因此 for 循环结构的循环次数也是可数的、有限的，它不能保持程序一直处于运行状态。

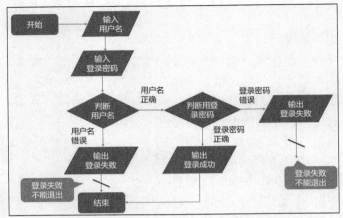

图 2-35　保持运行状态的用户登录流程图

在前面的章节已经提起过，Python 提供了 for 循环和 while 循环两种循环结构体。下面先来认识 while 循环结构，然后再探讨 while 循环结构是否能满足使程序一直保持运行状态的需求。

2.3.2　认识 while 循环结构

先来看一个编程案例。

【例 2-6】　输出自然数 1 至 5 分别乘以 10 的乘法表。

程序功能非常简单，就是求 1 和 10、2 和 10、3 和 10、4 和 10、5 和 10 的乘积，并输出乘积结果。先使用以前学过的知识来编写这个程序，程序流程如图 2-36 所示。

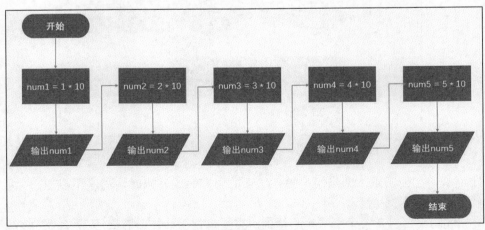

图 2-36　例 2-6 流程图

在上面的流程图中，相同的操作重复执行了 5 次。如果要求输出 1～100 分别乘以 10 的乘法表，流程中相同的操作就要重复执行 100 次。在实际编程中，使用 while 循环结构能够轻松解决这个问题。

根据前面的流程图编写代码如下。

```
# 输出自然数 1 至 5 分别乘以 10 的乘方表
num1 = 1 * 10
print("1*10=%d" % num1)
num2 = 2 * 10
print("2*10=%d" % num2)
num3 = 3 * 10
print("3*10=%d" % num3)
num4 = 4 * 10
print("4*10=%d" % num4)
num5 = 5 * 10
print("5*10=%d" % num5)
```

从上面的程序代码可以看出，程序先计算乘积，再输出乘积结果，先后重复了 5 次上述操作。如果要求程序输出自然数 1～100 分别乘以 10 的乘法表，需要重复 100 次相同的操作，编写 200 条语句，既费时又费力。因此，我们需要一种方法可以快速有效地执行重复性操作，for 和 while 循环结构就是用来解决这类问题的。

下面重点介绍 while 循环结构。

while 循环结构的语法如图 2-37 所示。其中，表达式是循环执行的条件，每次循环执行前，都要对表达式进行计算，表达式返回逻辑值。当表达式返回结果为真时执行循环体，否则退出循环；如果表达式返回结果在循环开始时就为假，则不执行循环体，直接退出循环；循环体包含一条或多条语句，如图 2-38 所示。

```
while 表达式:
    循环体
```

图 2-37　while 循环结构语法

单个的变量、布尔值、数值也是表达式。Python 规定，当表达式需要返回布尔值时，非 0 的数值为真值，0 值为假值。

了解了 while 循环结构，就可以使用 while 循环结构来编写例 2-6 的程序，使用 while 循环结构的流程如图 2-39 所示。

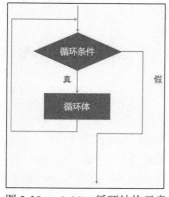

图 2-38　while 循环结构示意

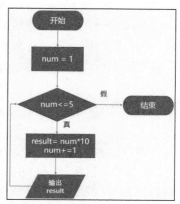

图 2-39　使用 while 循环的案例 1 流程图

流程图用到了循环控制。其中，菱形符号为条件判断，用于判断循环条件是否满足，当 `num<=5` 时，执行循环体中的计算和输出语句，并在循环体中对 `num` 进行自加 1 操作。循环体执行完毕，进入下一轮循环，直至 `num` 大于 5 时退出循环，程序结束。

程序清单如下。

```
# 使用循环输出自然数 1~5 分别乘以 10 的乘法表
num = 1
while( num < = 5 ):
    print("%d * 10 = %d" % (num,num*10))
    num += 1
```

使用 `while` 循环结构后，代码简洁多了。`while` 关键字后面是一对小括号（也可以省略括号），关系表达式在小括号内（若省略括号，关系表达式与 `while` 关键字之间需要用一个或若干空格分隔），包含 `while` 关键字的语句也称为条件语句，条件语句后面是循环体语句，循环体语句要比条件语句缩进同等数量的空格，建议是 4 个英文空格。

2.3.3 保持程序的运行

`while` 每次循环前，都要先执行关系表达式，对条件进行判断，当条件为真时执行循环体语句，否则退出循环。如果关系表达式返回的结果一直为真，则 `while` 循环会一直执行下去，程序也一直处于运行状态，如图 2-40 所示。

但是这样会产生死循环，`while` 循环会一直执行。例如下面的代码就会产生死循环的问题：

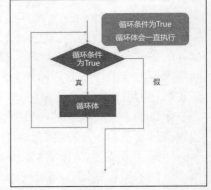

```
num = 1
while( num < = 5 ):
    print("%d * 10 = %d" % (num+1,(num+1)*10))
```

在上面的代码中，因为变量 `num` 的值一直为 1，所以 `num< =5` 返回的结果一直为真，循环条件永远满足，程序将会无休止地执行 `print` 语句，陷入死循环。程序陷入死循环的结果就是程序一直占用计算机 CPU 的资源，使计算机运行得更慢，在极端情况下，计算机可能会出现死机现象。

图 2-40 保持程序运行的 while 循环

在循环体中加入修改循环变量 `num` 的语句，可以避免上面的代码进入无限循环。

```
num = 1
while( num < = 5 ):
    print("%d * 10 = %d" % (num+1,(num+1)*10))
    num += 1
```

上面的代码循环体将执行 5 次，因为每执行一次循环体，`num` 的值就加 1，当执行到第 5 次时，`num` 的值为 5，自增后变为 6，进入下次循环时不满足循环条件，退出循环。

从上面的讨论可以看出，要使程序一直保持运行状态，可以使用 `while` 循环语句，并设置 `while` 的循环条件一直为真，如下面的代码：

```
while(True):
    语句 1
    ......
    退出循环语句
    ......
语句 n
```

在上面的代码中，循环条件一直为真，因此循环体必须要包含退出循环的语句，否则程序就会陷入死循环。

找到了使程序一直保持运行状态的方法，就可以编写前面改进的用户登录程序，并满足新增加的需求。

程序流程如图 2-41 所示。

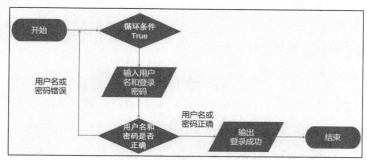

图 2-41 保持程序运行的用户登录流程图

【例 2-7】 保持程序的运行与 while 循环

```
'''
title: 保持程序的运行与 while 循环
description: 改进的用户登录程序
'''

# 用户登录程序
# 开始循环
while(True):
    # 要求用户输入登录名
    name = input("请输入登录名：")
    # 要求用户输入登录密码
    psw = input("请输入登录密码：")
    # 判断登录名是否正确
    if name == "admin":
        # 判断登录密码是否正确
        if psw == "888888":
            print("登录成功")
            break;
        else:
            print("登录密码输入不正确")
    else:
        print("登录名输入不正确")
```

上述代码使用了 while 循环结构，循环条件为逻辑值 True，即循环条件一直满足，该循环结构是无限循环（死循环），程序也会一直运行下去。在循环条件一直满足的情况下，循环体内的语句块中必须有退出循环的语句。代码中 break 语句用于退出当前循环，后面会讲到 break 语句。

循环结构体内使用了嵌套条件结构，外层条件判断用户输入的用户名是否与程序设置的用户名一致，内层条件判断用户输入的登录密码是否与程序设置的登录密码一致。如果用户输入的用户名和登录密码，都与程序设置的用户名和登录密码一致，程序输出“登录成功”信息给用户，并使用 break 语句退出循环，程序结束。否则程序输出用户名或登录密码输入错误信息，要求用户重新输入。

在编写程序时，如果要使用 while 循环结构，一定要注意循环条件的设置与改变，防止出现无限循环的情况（死循环）。在循环条件一直为真的情况下，循环体内的语句必须包含 break 语句，并且 break 语句在符合条件的情况下能够执行，即程序能够在满足一定的条件下退出无限循环。

2.4 嵌套循环与循环退出

学习目标：掌握 for 和 while 的嵌套循环结构，并能够使用 break 和 continue 语句控制循环过程。

2.4.1 for 嵌套循环

for 循环嵌套结构是指在一个 for 循环结构中，再嵌入一个 for 循环结构，如图 2-42 所示。

```
for iterating_var in sequence:
    for iterating_var in sequence:
        循环体
    循环体
```

图 2-42 for 嵌套循环结构

在 for 循环嵌套语法结构中，第一层循环称为外循环，第二层循环称为内循环。首先外循环的第一轮触发内循环，内循环将一直执行到完成为止，然后，外循环的第二轮再次触发内循环，此过程不断重复直到外循环结束。使用嵌套循环时，只有在内循环完全结束后，外循环才会执行下一轮循环。

【例 2-8】 输出九九乘法表，如图 2-43 所示。

```
1 * 1 = 1
1 * 2 = 2 2 * 2 = 4
1 * 3 = 3 2 * 3 = 6 3 * 3 = 9
1 * 4 = 4 2 * 4 = 8 3 * 4 = 12 4 * 4 = 16
1 * 5 = 5 2 * 5 = 10 3 * 5 = 15 4 * 5 = 20 5 * 5 = 25
1 * 6 = 6 2 * 6 = 12 3 * 6 = 18 4 * 6 = 24 5 * 6 = 30 6 * 6 = 36
1 * 7 = 7 2 * 7 = 14 3 * 7 = 21 4 * 7 = 28 5 * 7 = 35 6 * 7 = 42 7 * 7 = 49
1 * 8 = 8 2 * 8 = 16 3 * 8 = 24 4 * 8 = 32 5 * 8 = 40 6 * 8 = 48 7 * 8 = 56 8 * 8 = 64
1 * 9 = 9 2 * 9 = 18 3 * 9 = 27 4 * 9 = 36 5 * 9 = 45 6 * 9 = 54 7 * 9 = 63 8 * 9 = 72 9 * 9 = 81
```

图 2-43 九九乘法表

九九乘法表共有 9 行，每行的列数等于行数，每列的输出是行数与列号的乘积。

程序使用两层循环，外层循环范围为 1～9，循环变量为 i；内层循环范围为 1 至外层循环变量的值，循环变量为 j。在内层循环体，输出外层循环变量 i 和内层循环变量 j 的乘积。内层循环结束后，在外层循环体中输出一个换行。

程序流程图如图 2-44 所示。

在绘制流程图时，当程序流程步骤复杂时，可以使用子流程图来分解流程图。在本案例程序中，涉及两个 for 循环，将内层的循环作为子流程单独绘制（见图 2-45）。

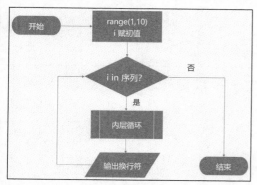

图 2-44　例 2-8 程序的主流程图

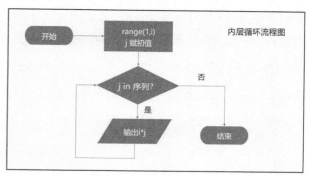

图 2-45　例 2-8 程序的内层循环流程图

主流程图使用 range 函数创建 1 至 9 范围内的整数序列，循环变量为 i，i 的初始值为整数序列的第一个元素 1，如果 i 的值在整数序列内，则执行循环体内的语句。

内层循环使用 range 函数创建 1 至 i 的整数序列，循环变量为 j，j 的初值为整数序列的第一个元素 1，如果 j 在整数序列内，则执行内层循环体内的语句，输出 i 与 j 的乘积。

程序清单如下。

```
# 外层循环，循环范围为 1~9
for i in range(1,10):
    # 内层循环，循环范围为 1~i
    for j in range(1,i+1):
        # 内层循环体输出 i*j
        print("%d * %d = %d" % (j,i,i*j),end=" ")
    # 外层循环体输出换行符
    print("\n")
```

2.4.2　break 和 continue 语句

前面学习了 for 循环结构和 while 循环结构。这里提出两个问题：（1）在 for 和 while 循环结构中，当循环条件满足时，程序会一直循环，如果想中途退出循环，该怎样做？（2）如果想停止本次循环，而不终止整个循环，该怎样做？

1. break 语句

先解决第一个问题，在循环结构中，如果想中途退出循环该怎么办？

如图 2-46 所示，Python 提供了 break 语句可以在循环体内退出循环结构，直接执行循环结构后面的语句。使用 break 语句时，一般会设置触发条件，当设置的条件满足时，执行 break 语句退出循环结构。

【**例 2-9**】 求一个自然数除自身之外的最大约数（也叫最大因数）。

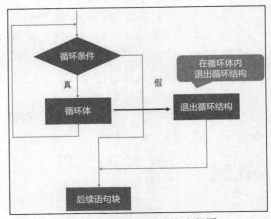

用程序求一个小于该自然数的最大约数，可以使用循环结构按从大到小顺序计算所有可能的约数（不包括该自然数本身），第一个能整除该数的数就是小于该自然数的最大约数。

程序清单如下。

图 2-46　退出循环结构流程图

```
# 输入一个数值
num = int(input("请输入一个数："))
# 初始化约数
count = num - 1
# 顺序计算 num 的约数
while count > 0:
    if num % count == 0:
        print("%d 的最大约数为（整数自身除外）:%d" % (num,count))
        break
    count = count -1
```

程序开始要求用户输入 num，然后把 num 减去 1 赋值给 count 变量，用 count 作为循环变量，顺序计算所有可能的约数。在约数的计算过程中，num 与 count 做取余操作，如果操作结果为 0，则说明 count 是 num 的约数，而且是小于 num 的最大约数，后面即可使用 break 语句直接退出循环。

2．continue 语句

再来看一个问题，如果想停止本次循环，而不终止整个循环，该怎么办？

Python 语言提供了 continue 语句用于结束本次循环，并开始下一轮循环。continue 语句只能用在循环中，当循环执行到 continue 语句时，程序会终止本次循环，并忽略剩余的语句，开始新一轮循环，如图 2-47 所示。

要注意 continue 语句和 break 语句的差别，break 语句导致循环终止，使程序控制流转向这个循环结构之后的语句块；而 continue 引起的则是循环内部的一次控制转移，使程序

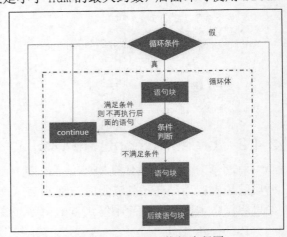

图 2-47　continue 执行流程图

控制流跳转到循环体的最后，相当于跳过循环体中该语句后面的那些语句，继续下一次循环，图 2-48 说明了 break 语句和 continue 语句引起的控制转移的情况。

从图 2-48 可以看出：break 语句是程序控制跳出整个循环，并执行循环后面的语句；continue 语句是结束本次循环，循环体中 continue 后面的语句不再执行，而是开始下一轮循环。

图 2-48　break 和 continue 语句的对比

图 2-49 虚线框内是循环体，在循环体内有退出循环条件判断，如果满足退出循环条件，就执行 break 语句，否则执行循环体内后续的语句。

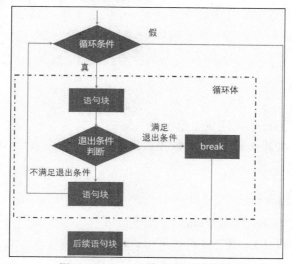

图 2-49　break 语句的执行流程图

【例 2-10】　计算 100 以内个位数不为 3 的自然数累加和。

用程序求 100 以内个位数不为 3 的整数累加和，可以使用循环结构从 1 到 100 累计求和，在循环求和过程中增加一个判断，如果该数个位是 3 则忽略不计。判断 100 以内整数的个位数是否为 3，可以使用取余运算符，将一个正整数除以 10 以后余数是 3，就说明这个数的个位为 3。

根据程序分析，绘制流程图（见图 2-50）。

程序清单如下。

```
# sum 存储累加和
sum = 0
for i in range(1,100):
    # 判断 i 的个位数是否为 3
    if i % 10 == 3:
        print(i)
        continue
    sum += i
# 输出 sum
print("100 以内个位数不为 3 的自然数类加和为: %d" % (sum))
```

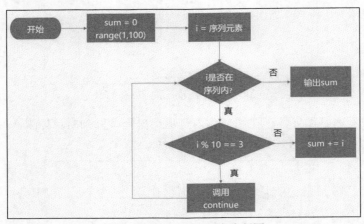

图 2-50 例 2-10 的程序流程图

程序开始创建变量 sum，并创建范围为 1 至 100（不含 100）内的整数序列，for 循环在初始化时将整数序列的第一个元素赋值给循环变量 i。

如果 i 在序列内，判断 i 与 10 的余数是否为 3，是则调用 continue 语句结束本轮循环，不是则将 i 加到 sum 变量上。

2.4.3 while 嵌套循环

while 循环嵌套结构是指在一个 while 循环结构中，再嵌入一个 while 循环结构。

图 2-51 为嵌套循环结构，其循环机制同 for 嵌套循环机制相同。

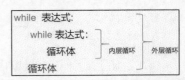

图 2-51 while 嵌套循环结构

【例 2-11】 输出 100 以内的所有素数。

素数只能被 1 和自身两个数整除，1 不是素数，因为 1 只能被 1 个数整除，2 是素数，2 可以被 1 和 2 两个数整除。

如何判断一个数是素数？可以使用该数去除以小于该数的所有自然数（1 和自身除外），如果该数能被其他数整除，就说明该数不是素数，否则该数是素数。

程序结构为 while 嵌套循环，外层循环控制要判断的数，循环范围为 2 至 100（1 不是素数）；内层循环判断该数是否是素数，循环范围为 2 至小于该数的所有自然数。在循环范围内，如果该数能被其他数整除，则该数不是素数。

程序流程图如图 2-52 所示。在流程图中，首先创建循环变量 i，i 的初始化值为 2（因为 1 不是素数）；然后建立外层 while 循环，循环条件是 $i < 100$，在外层循环体内创建循环变量 j，j 的初始值为 $j-1$；然后建立内层 while 循环，创建循环变量 j 和用于素数判断的变量 prime，j 的值为 $i-1$，prime 的值为 True，默认 i 是素数，循环条件是 $j >= 2$，在内层循环体判断 i 能否被 j 整除，如果 i 能被 j 整除，说明 i 不是素数，设置 prime 为 False，并调用 break 语句退出循环；当内层循环结束后，在外层循环体内判断 prime 是否为 True，如果为 True，输出 i。

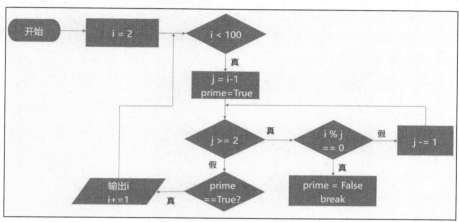

图 2-52　例 2-11 的程序流程图

程序清单如下。

```
# 创建外层循环变量 i
i = 2
# 循环范围为 i 至 100（不含 100）
while i <  100:
    # 创建变量 prime
    # prime 用于素数判断，默认 i 是素数
    prime = True
    # 创建内存循环变量 j
    j = i - 1
    # 循环范围为 j 至 2
    while j >= 2:
        # 判断 i 能否被 j 整除
        if i % j == 0:
            # i 不是素数
            prime = False
            # 退出循环
            break
        j -= 1
    # 如果 prime 为 True, 说明 i 是素数
    if prime == True:
        print(i)
    i += 1
```

2.5 编程练习

1. 在 Shell 窗口创建变量 *w* 和 *h*，变量 *w* 的值为 15，变量 *h* 的值为 9。分别连续输入下面的关系表达式，执行并查看结果。

（1）w > h + 20

（2）h > 30

（3）w == h

（4）w != h + 6

（5）35 > 26

（6）w -10 > h

2. 在 Shell 窗口创建变量 a、b、c，变量 a 的值为 True，变量 b 的值为 False，变量 c 的值为 20。分别输入下面的逻辑表达式，执行并查看结果。

（1）a and b

（2）a or b

（3）not a

（4）not b

（5）a and c

（6）b and c

3. 编写一个程序，要求用户输入一个整数，判断该数是奇数还是偶数。

提示：能被 2 整除的整数为偶数，即该数除以 2 后余数为 0，否则该数为奇数，因此可以采用取余运算判断数的奇偶性。考虑使用 if-else 结构，如果 if 中的条件 num % 2 ==0 为真，则输出该数是一个偶数；如果为假，则输出该数是一个奇数。

4. 编写一个程序，从键盘输入一个英文字母或数字字符，输出该字符的类别。使用多重条件结构判别键盘输入字符的类别。

提示：类别可根据 ASCII 表来判断，ASCII 值大于或等于 48 并且小于或等于 57 时，为数字字符；ASCII 值大于或等于 65 并且小于或等于 90 时，为大写字母字符；ASCII 值大于或等于 97 并且小于或等于 122 时，为小写字母字符。

5. 编写一个程序，要求用嵌套条件结构实现。提示用户输入用户名，然后再提示输入登录密码。如果用户名是"admin"并且密码是"888888"，则提示用户登录成功，否则提示用户登录失败。

提示：程序模拟用户登录情况的处理，可以先创建两个变量用于存储程序预定义的用户名和登录密码。用户输入用户名和登录密码后，程序首先判断用户输入的用户名和程序预定义的用户名是否一致，如果用户输入的用户名正确，再判断用户输入的登录密码和程序预定义的密码是否一致。因此对用户登录情况的处理，可以使用嵌套条件结构来实现。

6. 编写一个程序，使用 for 循环结构计算从自然数 1 到 20 的乘积。即

1*2*3*……*20

7．编写一个程序，用 for 循环输出自然数 1～100 之间的所有偶数。

提示：能被 2 整除的数为偶数，在 Python 语言中可以用取余运算符%来判断某个数值是否为偶数。例如，如果 a%2 的运算结果是 0，则 a 为偶数。

8．编写一个程序，要求用户输入两个数值，求这两个数的最大公约数和最小公倍数。

9．编写一个程序，要求从 0℃ 到 250℃，每隔 20℃ 为一项，输出一个摄氏温度与华氏温度的对照表，同时要求对照表中的条目不超过 10 条。

输出结果参照如下结构：

```
4:   c=60    f=140.00
5:   c=80    f=176
……
10:  c=180   f=356
```

计算华氏温度的公式为：$f = c * 9 / 5.0 + 32.0$，其中 c 为摄氏度，f 为华氏温度。

10．编写一个程序，不断接收用户输入的字符串，并将结果输出到屏幕上，当用户输入"quit"时，程序停止接收用户的输入，并退出程序。

提示：使用 while 循环保持程序一直在运行状态。

11．小明将 10000 元钱存入银行，银行的年利率为 10%，若一直不取出，那么按照复利的计算方法，至少经过多少年小明才能拿到 150000 元。

提示：

第一年本金带利息的计算公式为：$S_1 = 10000 \times (1+0.1)$

第二年本金带利息的计算公式为：$S_2 = S_1 \times (1+0.1)$

第三年本金带利息的计算公式为：$S_3 = S_2 \times (1+0.1)$

………

第 n 年本金带利息的计算公式为：$S_n = S_{n-1} \times (1+0.1)$

根据上述公式可知，应用 while 结构可以求出 n 年后的应收本金和利息，循环条件为 n 年后的应收本金和利息小于 150000 元，当 n 年后的应收本金和利息大于 150000 时，n 就是应求的年数。

12．编写一个程序，用 "*" 输出一个菱形图案，图案如下：

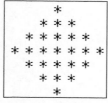

13．编写一个程序，输出 100 至 200 之间的全部素数。

提示：素数是指只能被 1 和它本身整除的数。算法比较简单，先将这个数被 2 除，如果能整除，且该数又不等于 2，则该数不是素数。如果该数不能被 2 整除，再看是否能被 3 整除，如果能整除，并且该数不等于 3，则该数不是素数。否则再判断是否能被 4 整除，依此类推，该数只要能被小于其本身的某个数整除时，就不是素数。

14．编写一个程序，要求用户循环输入玩家的年龄，如果年龄为负则停止输入，提示输入错误，此时通过 break 语句跳出循环。

提示：

（1）定义玩家的年龄变量；

（2）循环输入年龄，设置循环次数，也可以设置为无限循环；

（3）用户输入完成需要判断年龄的值；

（4）若用户输入负数，则通过 break 语句退出循环。

第 3 章

数据模型

3.1 类与对象

学习目标：理解 Python 语言的类和对象及其关系，并掌握序列对象的使用和操作方法。

3.1.1 类和对象的关系

在 Python 语言中，数据都被抽象为类，类的实例称为对象，如图 3-1 所示。

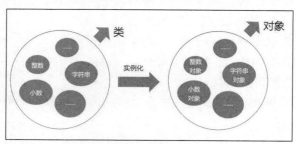

图 3-1 类和对象的关系

下面的案例演示了类和对象的关系。

```
num = 12
```

这是一条变量赋值语句，表示创建变量 num，将数值 12 赋值给 num。我们来看用 Python 执行这条语句的过程。

因为 12 是一个整数，整数对应数据类 int 类。Python 解释器会加载 int 类到内存并初始化为 12。int 类初始化的过程也称为类的实例化，实例化的类被称为对象，对象的内存地址赋值给变量 num，此时变量 num 指向了实例化后的 int 对象，变量名称 num 也可以称为对象 num，如图 3-2 所示。

每个对象都有各自的编号、类型和值。一个对象被创建后，编号不会改变，也可以把编

号理解为该对象在内存的地址。通过内置函数
type 可以查看对象的类型,通过内置函数 id 可
以查看对象的编号(对象的编号也称为对象的
id 值),对象的值可以使用内置函数 print 查看。

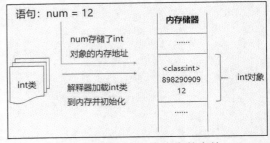

图 3-2　变量 num 在内存的存储

```
>>> num = 10
>>> id(num)
1359857728
>>> type(num)
<class 'int'>
>>> print(num)
10
>>>
```

<class'int'>表示 num 的类型是 int 类。在后面的内容中,整数类型是指 int 类,整数
对象是指 int 类的实例化对象。

3.1.2 认识类

类是对事物的抽象,抽象是从众多的同类事物中抽取出具有共同特征的过程及方法。

例如,苹果、香蕉、葡萄等都属于水果类别,假如我们要给水果找出共同特点,就需要抽取(抽
象)苹果、香蕉、葡萄的共同特征,舍弃其不同的
特征。如图 3-3 所示,一般说来,苹果、香蕉、葡
萄都具有糖分多、并且还含有挥发性芳香物质、可
以生食等特点。具备上述特点的一般都可以归类为
水果。

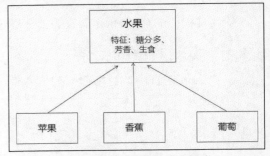

图 3-3　苹果等抽象为水果类

抽象就是对同类事物的概括和归纳,前面提
到的苹果、香蕉、葡萄是现实中的事物,人们在
品尝的同时,抽取它们共有的特点,并起了一个
新名称"水果",以此概括和归纳具有苹果、香
蕉、葡萄共同特点的所有事物。例如,梨和桃子也具备苹果、香蕉、葡萄的共同特点,那么梨
和桃子也可以归类为水果。

因此,水果可以称为类,而苹果、香蕉、葡萄可以称为类实例化的对象。类是抽象出来
的事物,例如水果是人们赋予具有苹果、香蕉、葡萄等共同特点的名称,不单指某一事物;对
象是指具体的实物或概念,例如苹果、香蕉、葡萄等对象是实物,如图 3-4 所示。

由于类是对同类事物的概括和归纳,因此具有同类事物的属性和行为。

属性是事物的特征,例如,水果类有汁液多、糖分多、含有挥发性芳香物质等属性;Python
提供的 int 类有编号、类型、值等属性。

在类中,事物的行为也称为方法。例如,水果类的开花、落果、膨大、成熟等方法;Python
提供的 int 类有 bit_length()、to_bytes()等方法,如图 3-5 所示。

在 Python 中,类被实例化为对象后,就可以调用类的方法。因为对象是类的实例,也可
以称为调用对象的方法。

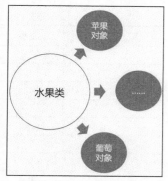

图 3-4　水果类的实例化

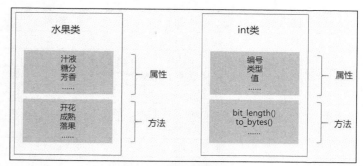

图 3-5　类的属性和方法

调用对象方法的语法如下：

```
对象名.方法名(参数)
调用整数对象的方法
>>> num = 12
>>> num.bit_length()
4
>>> bin(num)
'0b1100'
>>>
```

整数对象的 `bit_length()` 方法，返回 int 对象的值以二进制表示所需要的位数。内置函数 bin 返回一个字符串，该函数将一个整数转变为一个前缀为"0b"的二进制字符串。

bin 函数声明如下：

```
bin(x)
```

其中，bin 是函数名称，x 是传入的参数，类型是整数类型。使用 bin 函数输出了整数对象 num 值的二进制字符串"0b1100"，"0b"是前缀字符，num 值的二进制位数是 4 位，然后调用整数对象 num 的 `bit_length()` 方法获取 num 值的二进制位数。

3.1.3　序列对象

序列类型（序列类）实例化后称为序列对象。序列类型是指有序排列的多个元素，可以通过元素所在序列的位置（索引）来访问每个元素。

基本的序列类型有 list（列表）、tuple（元组）、range（数字序列）。序列类型支持如下通用操作，有些操作在前面已经介绍过。表 3-1 中的 s 和 t 是具有相同类型的序列，i、j 和 k 是整数，而 x 是任何满足 s 所规定的类型和值限制的任意对象。

表 3-1　序列类型的通用操作

运算	结果	注释
x in s	如果 s 中的某项等于 x 则结果为 True，否则为 False	（1）
x not in s	如果 s 中的某项等于 x 则结果为 False，否则为 True	（1）

续表

运算	结果	注释
s+t	s 与 t 相拼接	（2）
s*n 或 n*s	相当于 s 与自身进行 n 次拼接	（3）
s[i]	s 的第 i 项，起始为 0	（4）
s[i:j]	s 从 i 到 j 的切片	（5）
s[i:j:k]	s 从 i 到 j 步长为 k 的切片	（6）
len(s)	s 的长度	（7）
min(s)	s 的最小项	（8）
max(s)	s 的最大项	（9）
s.index(x)	x 在 s 中首次出现的索引号	（10）
s.count(x)	x 在 s 中出现的总次数	（11）

注释

（1）in 和 not in 是成员运算符，用于判断 x 是否在序列 s 内。对 in 运算符来说，如果 x 和序列内的某一元素内容相同，则结果为 True；对 not in 运算符来说，如果 x 和序列内的某一元素内容相同，则结果为 False。

（2）s+t 用于将两个序列对象拼接成一个新的序列对象。

（3）s * n 或 n * s 用于将序列对象 s 自身拼接 n 次，该操作会创建一个新的序列对象。

（4）s[i]用于访问索引为 i 的序列对象 s 的元素，也就是序列对象 s 的第 i 项（起始为 0）。

（5）s[i:j]用于切片（也称为截取）序列对象 s，切片范围为从索引 i 到索引 j-1 的元素（不含索引 j 的元素）。

（6）s[i:j:k]用于切片序列对象 s，切片范围为索引号 i、i+k、i+2*k、i+3*k，依此类推，当索引号到达 j 时停止，但一定不包括 j。

（7）len 是内置函数，用于求序列对象 s 的长度。

（8）min 是内置函数，用于求序列对象 s 的最小项。

（9）max 是内置函数，用于求序列对象 s 的最大项。

（10）index()是序列对象 s 的方法，s.index(x)返回 x 在序列对象 s 的索引号，如果序列对象 s 不包含 x，则会引发 ValueError 异常。

（11）count()是序列对象 s 的方法，s.count(x)返回 x 在序列对象 s 中出现的总次数。

3.2 列表类型

学习目标：列表是 Python 中非常重要的数据类型，本节学习列表的创建、赋值及其相关运算，以及列表的使用方法。

3.2.1 列表结构

本章编程练习的第 5 题要求编写一个存储电话号码的程序，并能进行简单查询。对于这个编程任务，要用什么数据类型来存储电话号码呢？在程序中电话号码要求动态增加，数量不能确定，因此通过创建多个变量来存储电话号码的方式显然行不通。

　　在日常生活中有大量的现象类似于存储电话号码的问题，它们有相同的数据类型，处理方法也一致，为了实现对这些数据的统一表达和处理，Python 语言提供了列表数据结构，英文名称是 list。列表可以把不同类型的数据进行有序排列，并进行统一存储和操作。列表结构如图 3-6 所示。

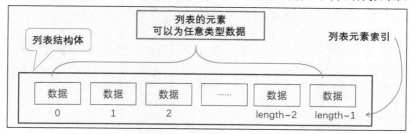

图 3-6　列表类型存储结构

　　列表是有序数据的集合，其结构特征是通过有序编号固定集合内每个数据的位置。有序编号被称为索引，被固定的每个数据称为元素。列表内所包含元素的数据类型没有限制，可以是任意类型的数据，如数字类型、字符串、布尔型、结构化数据（如列表）。

　　索引是一个从 0 开始的连续正整数。图 3-6 中的 0、1、2、length−2、length−1 为列表元素的索引，其中 length 是列表包含元素的个数，length−2 为列表的倒数第二个元素，length−1 为列表的最后一个元素。

　　由此可见，程序使用列表数据结构可以动态存储电话号码，列表数据结构也称为列表对象。

3.2.2　可变序列

　　列表是可变序列类型。可变序列类型是指可以添加元素到序列对象，也可以从序列对象中删除元素，还可以更新序列对象内元素的值。

　　可变序列对象提供了更新序列对象和对象内元素值的操作，这些操作对所有可变序列对象是通用的，表 3-2 中列出了这些操作。

表 3-2　可变序列对象元素的更新

运算	结果	注释
s[i]=x	将 s 的第 i 项替换为 x	（1）
s[i:j]=t	将 s 从 i 到 j 的切片替换为可迭代对象 t 的内容	（2）
del s[i:j]	等同于 s[i:j]=[]	（3）
s[i:j:k]=t	将 s[i:j:k] 的元素替换为 t 的元素	（4）
del s[i:j:k]	从列表中移除 s[i:j:k] 的元素	（5）

　　表 3-2 中的 s 是可变序列类型的实例对象，t 是任意可迭代对象（可迭代对象将在后面进行介绍，在这里可以认为是序列对象），而 x 是符合对 s 所规定的类型与值限制的任何对象。

注释

（1）将序列对象 s 索引为 i 的元素更新为对象 x。

示例代码如下：

```
>>> s = [20,18,16,12,10]
>>> s[1] = 19
>>> print(s)
[20, 19, 16, 12, 10]
>>>
```

（2）将序列对象 s 索引从 i 到 j（不包含 j）的切片，替换为可迭代对象 t 的内容。

示例代码如下：

```
>>> s = [20,18,16,12,10]
>>> t = [9,8,7]
>>> s[0:3] = t
>>> print(s)
[9, 8, 7, 12, 10]
>>>
```

（3）del 是 Python 的删除语句，使用 del 语句可以删除序列对象 s 指定索引的单个元素，也可以删除序列对象的切片。

示例代码如下：

```
>>> s = [20,18,16,12,10]
>>> del s[0]
>>> print(s)
[18, 16, 12, 10]
>>> del s[1:3]
>>> print(s)
[18, 10]
>>>
```

（4）将序列对象 s 索引从 i 到 j（不包含 j）且步长为 k 的切片，替换为可迭代对象 t 的内容。

示例代码如下：

```
>>> s = [20,18,16,12,10]
>>> t = [0.5,1.9]
>>> s[0:3:2] = t
>>> print(s)
[0.5, 18, 1.9, 12, 10]
>>>
```

（5）从序列对象 s 删除索引从 i 到 j（不包含 j）且步长为 k 的切片。

示例代码如下：

```
>>> s = [20,18,16,12,10]
>>> del s[0:3:2]
>>> print(s)
[18, 12, 10]
>>>
```

表 3-3 中列出了可变序列类型访问其元素的操作。

表 3-3 可变序列类型元素的操作

运算	结果	注释
s.append(x)	将 x 添加到序列的末尾（等同于 s[len(s):len(s)] = [x]）	（1）
s.clear()	从 s 中移除所有项（等同于 del s[:]）	（2）
s.copy0	创建 s 的浅拷贝（等同于 s[:]）	（3）
s.extend(t)或 s+=t	用 t 的内容扩展 s（基本上等同于 s[len(s):len(s)] = t）	（4）
s*= n	使用 s 的内容重复 n 次来对其进行更新	（5）
s.insert(i,x)	在由 i 给出的索引位置将 x 插入 s（等同于 s[i:i]=[x]）	（6）
s.pop(i)	提取在 i 位置上的项，并将其从 s 中移除	（7）
s.remove(x)	删除 s 中第一个 s[i]等于 x 的项目	（8）
s.remove()	就地将列表中的元素逆序	（9）

注释

（1）append()是序列对象 s 的方法，将元素 x 添加到序列对象 s 的末尾。

示例代码如下：

```
>>> s = [0.1,12,30.5,11,9]
>>> print(s)
[0.1, 12, 30.5, 11, 9]
>>> s.append(0.001)
>>> print(s)
[0.1, 12, 30.5, 11, 9, 0.001]
>>>
```

（2）clear()是序列对象 s 的方法，该方法可移除序列对象 s 的所有元素。

示例代码如下：

```
>>> s = [0.1,12,30.5,11,9]
>>> print(s)
[0.1, 12, 30.5, 11, 9]
>>> s.clear()
>>> print(s)
[]
>>>
```

（3）copy()是序列对象 s 的方法，该方法用于复制序列对象 s。

示例代码如下：

```
>>> s = [0.1,12,30.5,11,9]
>>> t = s.copy()
>>> print(t)
[0.1, 12, 30.5, 11, 9]
>>>
```

（4）extend(t)是序列对象 s 的方法，该方法扩展可迭代对象 t 到序列对象 s。

示例代码如下：

```
>>> s = [0.1,12,30.5,11,9]
>>> print(s)
```

```
[0.1, 12, 30.5, 11, 9]
>>> t = [0.21,0.31]
>>> s.extend(t)
>>> print(s)
[0.1, 12, 30.5, 11, 9, 0.21, 0.31]
>>>
```

（5）使用序列对象 s 的内容，重复 n 次来更新序列对象 s。

示例代码如下：

```
>>> s = [0.1,12,30.5,11,9]
>>> s *= 2
>>> print(s)
[0.1, 12, 30.5, 11, 9, 0.1, 12, 30.5, 11, 9]
>>> s = ["*"]
>>> s *= 8
>>> print(s)
['*', '*', '*', '*', '*', '*', '*', '*']
>>>
```

（6）insert(i,x) 是序列对象 s 的方法，该方法在序列对象 s 指定的索引位置 i 插入 x 对象。

示例代码如下：

```
>>> s = [0.1,12,30.5,11,9]
>>> s.insert(0,0.09)
>>> print(s)
[0.09, 0.1, 12, 30.5, 11, 9]
>>> s.insert(2,10)
>>> print(s)
[0.09, 0.1, 10, 12, 30.5, 11, 9]
>>>
```

（7）pop(i) 是序列对象 s 的方法，该方法从序列对象 s 提取索引为 i 的元素，并从 s 序列中移除该元素。

示例代码如下：

```
>>> s = [0.1,12,30.5,11,9]
>>> s.pop(1)
12
>>> print(s)
[0.1, 30.5, 11, 9]
>>>
```

（8）remove(x) 是序列对象 s 的方法，该方法从序列对象 s 移除第一个与 x 内容相同的元素。

示例代码如下：

```
>>> s = [0.1,12,30.5,11,9]
>>> s.remove(30.5)
>>> print(s)
[0.1, 12, 11, 9]
>>>
```

（9）reverse() 是序列对象 s 的方法，该方法对 s 的元素逆序排列。

示例代码如下：

```
>>> s = [0.1,12,30.5,11,9]
>>> print(s)
[0.1, 12, 30.5, 11, 9]
>>> s.reverse()
```

```
>>> print(s)
[9, 11, 30.5, 12, 0.1]
>>>
```

3.2.3 列表排序

在实际应用中，经常需要对列表内的元素进行排序。Python 提供了内置函数 `sorted` 对可迭代对象（序列对象都是可迭代对象）进行排序。

`sorted` 函数声明如下：

```
sorted(iterable, *, key=None, reverse=False)
```

参数 `iterable` 是可迭代对象。

参数 `key` 指定带有单个参数的函数，用于从 `iterable` 的每个元素中提取用于比较的键（例如 key=str.lower）。默认值为 None（直接比较元素）。

`reverse` 是一个布尔值，如果设为 True，则每个列表元素将按反向顺序比较进行排序。通常情况下，该参数默认值是 False。

注意：`sorted` 函数会返回一个已排序的可迭代对象，传入的 `iterable` 元素的顺序没有变化。

示例代码如下：

```
>>> s = [0.1,12,30.5,11,9]
>>> t = sorted(s)
>>> print(t)
[0.1, 9, 11, 12, 30.5]
>>> print(s)
[0.1, 12, 30.5, 11, 9]
>>>
```

列表类型也提供了 `sort()` 方法，用于对列表内的元素进行排序。

`sort()` 方法声明如下：

```
sort(*, key=None, reverse=False)
```

参数 `key` 指定带有一个参数的函数，用于从每个列表元素中提取比较键（例如 key=str.lower）。对应于列表中每一项的键会被计算一次，然后在整个排序过程中使用。默认值 None 表示直接对列表项排序而不计算单独的键值。

参数 `reverse` 是一个布尔值。如果设为 True，则每个列表元素将按反向顺序进行排序。

示例代码如下：

```
>>> s = [0.1,12,30.5,11,9]
>>> s.sort()
>>> print(s)
[0.1, 9, 11, 12, 30.5]
>>>
```

3.2.4 列表遍历

顺序访问列表的所有元素，称为列表的遍历或遍历列表。

遍历列表一般使用 `for` 循环语句，根据取值方式的不同，可分为两种遍历方式。

1．按列表元素遍历

列表元素作为循环变量，列表对象作为循环序列。示例代码如下：

```
#创建存储字符串类型的列表
student = ['张明',"赵虎","马汉","李云龙","王义"]
#按列表元素遍历
for st in student:
    print("序号: %s    值: %s" % (student.index(st) + 1, st))
```

2．按列表索引遍历

把列表索引作为循环变量，使用内置 range 函数创建循环范围为 0 至列表长度的整数序列。示例代码如下：

```
#创建列表对象
s = [9,12,20,15,35,21]
#按列表索引遍历
for i in range(len(s)):
    print ("序号: %s 值: %s" % (i+1, s[i]))
```

3.3 元组类型

学习目标：掌握元组对象的创建、赋值及其相关运算，元组的使用方法。

3.3.1 元组结构

本章编程练习的第 6 题要求编写一个班级通讯录程序，班级通讯录的数据结构可以采用三个列表，三个列表分别存储每位同学的姓名、电话和年龄。这种数据结构虽然能够解决通讯录存储数据的问题，但并不是理想的数据结构：缺点一是程序需要同时处理三个列表数据，增加了程序代码的复杂度；缺点二是数据的组织非常松散，不够紧凑。

班级通讯录的每个数据项由多个数据构成，该如何设计数据的存储结构呢？

Python 提供了元组数据结构，英文名称是 tuple。元组和列表一样，也可以把不同类型的数据进行有序排列，并进行统一存储和操作。

与列表不同的是，元组赋值后所存储的数据不能被程序修改，因此我们可以将元组看作只能读取数据不能修改数据的列表。元组的这个特点正好用于存储通讯录的数据项，当通讯录生成后，数据项一般是固定不变的，如图 3-7 所示。

3.3.2 元组的创建

元组（tuple）是不可变的序列类型，不支持可变序列类型的更新操作。元组和列表都属于序列对象。

如图 3-8 所示，创建一个元组并赋值的语法与列表相同，不同之处是元组使用小括号，列表使用方括号，元素之间都是使用英文逗号分隔。需要注意的是，当元组只有一个元素时，需要在元素的后面添加一个英文逗号分隔符，以防止与表达式中的小括号混淆。这是因为小括号既可以表示元组，又可以表示表达式中的优先级算符，容易产生歧义。

图 3-7 通讯录数据的存储结构

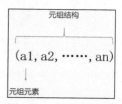

图 3-8 元组类型结构

下面的示例演示了如何创建元组对象：

```
>>> # 创建一个空的元组
>>> s = ()
>>> # 创建只有一个元素的元组
>>> s = ('Python',)
>>> # 创建一个存储字符串的元组
>>> s = ("Python","Java","C++")
>>> # 创建一个存储混合类型的元组
>>> s = ("Python",392.89,True)
>>> # 创建嵌套元组
>>> s = ("张明",(96,85,92),"赵虎",(98,89,100))
```

注意事项：

（1）创建空元组时，小括号内可以不填写任何内容；

（2）创建只有一个元素的元组时，需要在元素的后面加一个英文逗号分隔符；

（3）创建包含多个元素的元组时，每个元素之间使用英文逗号分隔；

（4）创建嵌套元组时，嵌套的元素为元组类型。

3.3.3 元组的访问

元组的访问方式与列表相同，可以直接使用索引访问元组中的单个数据项，也可以使用切片运算符（也称为截取运算符）"[:]"访问子元组。

访问运算符包括"[]"和"[:]"运算符，用于访问元组中的单个数据项，或者一个子元组。

【例 3-1】 访问元组元素

```
程序清单
# 创建一个元组对象
student = ("张明","赵虎","马汉","李云龙","王义")
# 访问值为张明和马汉的元素
print(student[0] + ":" + student[2])
# 创建一个元组对象
sealdata = (128.92,65.90,13809.1,76.689,0.23,127.00)
# 访问值为 76.689 和 127.00 的元素
print("%.2f:%.2f" % (sealdata[3],sealdata[5]))
# 创建一个元组对象
s = ("张明",(96,85,92),"赵虎",(98,89,100))
# 访问张明的成绩单
print("语文:%d 数学:%d 英语:%d" % (s[1][0],s[1][1],s[1][2]))
```

例 3-1 的代码演示了如何访问元组的元素。变量名称为 s 的元组里面也包含元组元素，当访问内嵌元组元素时，就需要两个索引来访问元组里面的元素。例如 s[1][0]，s 的第一个索引 1 是确定 s 元组的第一个元组元素的位置，s 的第二个索引 0 是确定元组元素的第一个元素

96.85。因此 s[1][0]访问的是 96.85 这个元素。

3.3.4　元组的遍历

元组的遍历方式与列表相同,都是使用 for 循环语句遍历元组的元素。

【例 3-2】　元组的遍历

```
程序清单
# 创建一个元组
student = ("张明","赵虎","马汉","李云龙","王义")
# 使用 for 循环遍历元组
for index,st in enumerate(student):
    print("序号: %s　值: %s" % (index,st))
```

3.4　字典类型

学习目标:讨论字典中的映射关系,字典的声明、赋值及其相关运算,掌握映射类型及字典的使用方法。

3.4.1　字典结构

本章编程练习的第 7 题要求编写一个关于知识条目的简单问答程序,使用什么数据结构可以建立关键词和知识条目的对应关系呢?这种对应关系实际是两个事物间的对应关系,在实际生活中大量存在。

例如,居民身份证号对应唯一的一个居民、公司内的员工编号对应唯一的一个员工,类似居民身份证和居民、员工编号和员工的这种对应关系是两个事物间一对一的对应关系,如图 3-9 所示。

除了一对一的对应关系外,还有一对多的对应关系。例如,一个人的身份证号可能对应多张银行卡、同一个姓名可能会对应多个人,如图 3-10 所示。

图 3-9　居民身份证和居民是一对一的关系

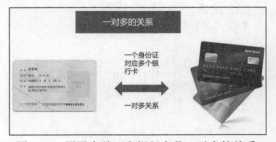

图 3-10　居民身份证和银行卡是一对多的关系

Python 的字典类型是用来存储事物间对应关系的数据结构。字典是 Python 语言中唯一的映射类型。字典有两个属性,一个属性是 key(也称为键),另一个属性是 value(也称为值),key 和 value 统称为键值对,一个 key 可以对应一个值,也可以对应多个值。通过 key 可以获取到 value。例如,可以把关键词和知识条目以字典方式存储起来,把关键词存储到 key 中,把知识条目存储到 value 中,这样就可以通过关键词定位到对应的知识条目。

3.4.2 如何创建一个字典对象

字典元素放置在一对大括号"{}"内,字典的英文名称是 dictionary。字典中的键值对 key 和 value 使用英文冒号分隔,键值对之间使用英文逗号分隔,一个键值对中 key 必须唯一,value 允许有多个值,如图 3-11 所示。

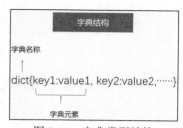

value 可以取任何数据类型,但 key 必须是不可变的类型,如字符串、元组、数字等类型。

【例 3-3】 创建字典

程序清单如下。

图 3-11 字典类型结构

```
#创建字典#
# key 为字符串的字典
dic_student = {"0001":"张**","0002":"王**","0003":"李**"}
print(dic_student)
# key 为数值的字典
dic_num = {1:"张**",2:"王**",3:"李**"}
print(dic_num)
# value 为列表的字典
dic_trup = {"合格":["张**","王**","李**"]}
print(dic_trup)
```

例 3-3 创建了三个字典数据,dic_student 字典的 key 和 value 都是字符串类型;dic_num 字典的 key 是数字类型,value 是字符串类型;dic_trup 字典的 key 是字符串类型,value 是列表数据。

Python 也提供了创建字典的函数 dict(),利用 dict() 可以动态创建一个字典,例 3-4 演示了使用 dict() 函数动态创建一个字典。

【例 3-4】 使用 dict() 函数创建字典

程序清单如下。

```
# 使用 dict() 函数创建字典
dic_student = dict((["0001","张**"],["0002","王**"]))
print(dic_student)
# 使用 dict() 函数创建字典
dic_num = dict(one='这是数字 1',two='这是数字 2')
print(dic_num)
```

例 3-4 代码使用 dict 函数动态创建了字典 dic_student 和 dic_num。dict 函数传入的参数为元组或多个键值对。

3.4.3 字典更新与删除

在使用过程中,你可能需要对字典数据进行更新操作。例如,添加 key、修改 key 对应的 value 等。在已有字典中添加一个 key 可以使用直接赋值的方法,图 3-12 描述了为字典添加元素的语法。

dict 是字典的变量名称,key 是待添加元素的键,value 是待添加元素的值。当待添加的 key 已经存在时,该语句用于更新

图 3-12 字典添加元素的语法

键值内容。

【例 3-5】 更新字典

程序清单如下。

```
# 键值为字符串的字典
dic_student = {"0001":"张**","0002":"王**","0003":"李**"}
# 添加 key=0004,value=赵**的元素
dic_student["0004"] = "赵**"
# 更新 key=0002 的 value 为吴**
dic_student["0002"] = "吴**"
print(dic_studen)
```

例 3-5 代码演示了如何在已创建的字典数据中添加元素或更新元素的内容。

当需要删除字典元素和字典时，可以使用 del 语句。del 语句可以删除字典元素，也可以删除整个字典。

不过，程序一般不需要删除整个字典，因为当字典不在作用域时（例如，程序结束或函数调用完成等），Python 会自动删除该字典。

【例 3-6】 删除字典元素及字典

程序清单如下。

```
# 键值为字符串的字典
dic_student = {"0001":"张**","0002":"王**","0003":"李**"}
# 删除 key=0001 的元素
del dic_student["0001"]
# 删除字典
del dic_student
```

3.4.4 字典的访问

访问字典的值有两种方式，一种方式是访问单个 key 的 value，另一种方式是访问所有 key 的 value。

访问单个 key 的值，可以使用访问运算符"[]"，图 3-13 描述了使用 key 获取 value 的语法。

我们也可以使用字典内置的 get(key,default=None) 函数来访问 key 的 value，该函数返回指定 key 的 value，如果 value 不在字典中，则返回默认值。

图 3-13　使用 key 获取 value 的语法

【例 3-7】 字典的访问

程序清单如下。

```
# 键值为字符串的字典
dic_student = {"0001":"张**","0002":"王**","0003":"李**"}
# 访问 key=0001 的 value
print(dic_student["0001"])
# key 为数值的字典
dic_num = {1:"张**",2:"王**",3:"李**"}
# 访问 key=2 的 value
print(dic_num.get(2))
```

```
# value 为列表的字典
dic_trup = {"合格":["张**","王**","李**"]}
print(dic_trup.get("合格"))
```

如果需要访问字典中所有 key 的 value，可以使用 for 循环来访问，for 循环从字典的第一个 key 开始访问，直到所有的 key 被访问后，for 循环结束。

【例 3-8】 字典的遍历

程序清单如下。

```
# 键值为字符串的字典
dic_student = {"0001":"张**","0002":"王**","0003":"李**"}
# 遍历字典的 key
for key in dic_student:
    print("key=%s value=%s" % (key,dic_student[key]))
```

3.4.5 判断 key 是否在字典中

要获取字典 key 的 value，一个前提是这个 key 要在字典中存在，当访问一个字典中不存在的 key 时，程序会出错。

当程序不确定要访问的 key 是否在字典中时，可以使用 in 或 not in 运算符来判断 key 是否在字典中。in 或 not in 运算符返回一个布尔变量，in 返回 True 时，表示 key 在字典中；not in 返回 True 时，表示 key 不在字典中。示例代码如下。

```
>>> dic_student = {"0001":"张**","0002":"王**","0003":"李**"}
>>> "0001" in dic_student
True
>>> "0001" not in dic_student
False
>>>
```

3.5 可迭代对象

学习目标：Python 的列表、字符串、元组、字典等都是可迭代对象。本节的学习目标就是掌握可迭代对象的原理。

3.5.1 迭代器协议

可迭代对象是迭代器类型，当一个容器类型实现了迭代器协议，这个类型也称为迭代器类型，该类型的实例化对象就是可迭代对象，可迭代对象的英文名称是 iterable。

存储数据项集合的数据结构称为容器类型，如序列类型、映射类型都是容器类型，如图 3-14 所示。

迭代器协议规定，容器类型要提供迭代支持，必须定义一个方法__iter__()：

图 3-14 容器类型

```
container.__iter__()
```

container 是指一个容器类型，该方法会返回容器支持的一个迭代器（iterator），返回的迭代器需要支持下文所述的迭代器协议。

返回的迭代器自身需要支持以下两个方法：

```
iterator.__iter__()
```

返回一个可迭代器对象，这是允许容器和迭代器配合 for 和 in 语句同时使用所必需的。

```
iterator.__next__()
```

__next__() 方法从容器中返回下一项。如果已经没有项可返回，则会引发 StopIteration 异常。前面学过的字符串（str）、列表（list）、元组（tuple）都是可迭代对象。

示例代码如下：

```
>>> # 创建一个列表对象
>>> s = ["Python","java","C++"]
>>> # 调用列表对象的_iter_方法返回一个迭代器
>>> iterlist = s.__iter__()
>>> # 输出 iterlist 的类型
>>> type(iterlist)
<class 'list_iterator'>
>>> # 调用迭代器的__next__迭代列表的元素
>>> print(iterlist.__next__())
Python
>>> print(iterlist.__next__())
java
>>> print(iterlist.__next__())
C++
>>> print(iterlist.__next__())
Traceback (most recent call last):
  File "<pyshell#12>", line 1, in <module>
    print(iterlist.__next__())
StopIteration
>>>
```

从示例代码可以看出，列表类型实现了迭代器协议规定的__iter__()方法和__next__()方法。列表对象 s 调用__iter__()方法会返回一个 list_iterator 类型的可迭代器对象，调用该对象的__next__方法可迭代列表对象 s 的元素，当可迭代对象没有项可返回时，会抛出 StopIteration 异常。

3.5.2 用迭代器遍历序列对象

前面在使用 for 循环遍历对象的过程中，已经使用了序列对象的迭代器。在 while 循环中，也可以使用序列对象的迭代器来遍历对象元素。

Python 提供了内置函数 iter 从 object 对象返回一个迭代器，iter 函数声明如下：

```
iter(object[, sentinel])
```

函数返回 object 对象的一个迭代器，如果没有给出可选参数 sentinel，object 对象必须实现迭代器协议。

Python 的内置函数 next，调用迭代器的 __next__() 方法获取可迭代对象的下一个元素。如果可迭代对象没有元素返回，会抛出 StopIteration 异常。next 函数声明如下：

```
next(iterator[, default])
```

该函数通过调用 iterator 的 __next__() 方法获取对象的下一个元素。default 是可选参数。如果对象无元素返回，若给出 default，则返回 default，否则抛出 StopIteration 异常。

因为迭代器在迭代完可迭代对象所有元素后，会引发 StopIteration 异常，因此需要把迭代代码放入 try-except 块中（异常处理语句会在后面介绍）。

【例 3-9】 查找一个词是否在给出的词组中

词组是多个词的组合，在词组中查找一个词，查找的词为查询词。最好的处理方法就是遍历整个词组，依次与查询词进行匹配，匹配成功说明查询词存在于词组中。程序流程如图 3-15 所示。

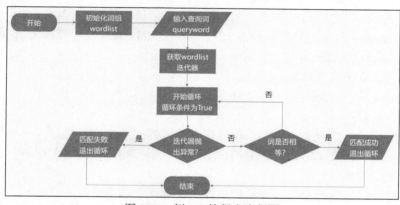

图 3-15 例 3-9 的程序流程图

程序首先初始化词组列表，然后要求用户输入查询词，再使用迭代器迭代词组列表，在词组列表的迭代过程中，获取每个词对象，并与查询词进行匹配。若匹配成功，输出匹配成功信息并执行 break 语句跳出迭代，程序结束；若匹配失败则进入下一轮迭代。当迭代器抛出 StopIteration 异常，说明词组中没有与查询词相匹配的词，输出匹配失败信息，程序结束。

程序清单如下。

```
#初始化词组列表
word_list = ['Java','Python','PHP','C++','Basic','Fortran'];
#要求用户输入查询词
query_word = input("请输入查询词：");
#迭代 word_list
#获得 word_list 迭代器
iterword = iter(word_list);
while True:
    try:
        # 获取迭代器的下一个数据项
        # 若迭代器无法返回数据项，抛出 StopIteration 异常
        temp_word = next(iterword);
```

```
        if temp_word == query_word:
            print("%s 匹配成功" % query_word);
            break;
    except StopIteration:
        print("%s 匹配失败" % query_word);
        break;
```

　　try-except 是 Python 的异常处理语句，当需要 Python 捕获异常代码时，需要把认为可能会出现异常的代码包括在 try 语句块中。在程序执行时，如果 try 内语句发生错误就会抛出异常，except 语句会捕获异常，except 语句块内的代码将会执行，并处理异常错误。

3.6　编程练习

　　1．创建一个空列表，列表名称为 names，动态添加张三、李四、王五、赵二元素。

　　2．创建一个 score 列表，列表元素为 89.3、78、96.1、88、92，遍历列表并求列表元素的累加和。

　　3．创建一个 num 列表，列表元素为 30、12、89、31、69、95，完成如下操作：

　　（1）使用 print 函数输出列表索引 3～5 的元素；

　　（2）修改索引 2 的元素内容为 69.5；

　　（3）使用 remove 方法删除内容为 31 的元素。

　　4．搜索文本内容

　　（1）要求用户输入一段文本内容，程序存储输入的文本内容，然后提示用户输入关键词，程序判断关键词是否在文本中，若关键词在文本中，程序输出关键词在文本内容的起始索引，否则输出-1，表示搜索失败；

　　（2）要求程序保持运行状态，等待用户输入关键词，若用户输入"quit"，程序退出运行。

　　5．电话簿

　　（1）要求程序能够存储一定数量的电话号码，并允许用户动态添加电话号码，并将用户输入电话号码的顺序作为查询序号（例如，输入的第 1 个号码序号为 1，输入的第 2 个号码序号为 2……）；

　　（2）程序根据用户输入的序号，输出对应的电话号码；

　　（3）要求程序保持运行状态，等待用户添加电话号码或输入序号，若用户输入"quit"，程序退出运行。

　　6．班级通讯录

　　（1）要求程序存储班级每位同学的姓名、电话号码和年龄；

　　（2）程序根据用户输入的姓名，输出姓名对应的通讯录；

　　（3）要求程序保持运行状态，等待用户添加通讯录或输入查询姓名，若用户输入"quit"，程序退出运行。

　　7．简单问答程序

　　编写一个程序，要求程序能够存储知识条目，每个知识条目对应一个关键词，用户通过输入关键词可以获取知识条目。

表 3-4 列出了案例程序存储的关键词和对应的知识条目。

表 3-4　案例程序存储的关键词和对应的知识条目

关键词	知识条目
世界四大洋	太平洋、大西洋、印度洋、北冰洋
五岳	东岳泰山，西岳华山，中岳嵩山，北岳恒山，南岳衡山
中国四大古桥	广东广济桥，福建洛阳桥，北京卢沟桥，河北赵州桥

程序示例：

用户输入：五岳
程序输出：东岳泰山，西岳华山，中岳嵩山，北岳恒山，南岳衡山

8．创建一个列表对象，列表对象的值为 10、30、20、11、9、8、6，编写程序，实现如下功能：

（1）使用 iter 函数获取该列表对象的迭代器，并使用 type 函数输出迭代器的类型；

（2）使用 while 循环和迭代器遍历列表对象的元素；

（3）输出列表元素的最大值和最小值；

（4）对列表元素按照从小到大进行排序；

（5）要求用户输入一个整数，程序查询列表是否存在这样的整数。

第 4 章

函数式编程

4.1 函数与代码的可复用性

学习目标：函数是编程语言中非常重要的一个概念，本小节将初步介绍函数的定义和使用方法。

前面我们编写的 Python 程序代码使用了 Python 语言自身提供的 print 函数和 input 函数，也使用了其他一些函数。这些函数的共同性质就是它们都能完成一些特定的功能，print 函数用于输出功能，input 函数用于输入功能。

在前面使用函数时，我们把函数看作黑盒（见图 4-1），把输入放进黑盒，黑盒会对输入进行处理，最后输出结果。现在我们要打开函数的盒子，看一看函数的内部是什么样子。

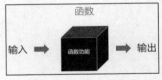

图 4-1　函数看作黑盒

4.1.1 语句重复的代码

下面的示例代码不使用循环结构，计算自然数 10 以内的累加和。

```
#计算 10 以内的数字累加和
#声明变量 sum，并初始化为 0
sum = 0
#求 10 以内的累加和
sum += 1
sum += 2
sum += 3
sum += 4
sum += 5
sum += 6
sum += 7
sum += 8
sum += 9
#输出 sum
print("%s:%d" % ("10 以内数字的累加和为",sum))
```

代码创建了变量 sum 并将其初始化为零，然后连续使用 9 条语句求自然数 1 至自然数 9 的累加和，最后输出 sum 变量。上面的程序代码和程序的执行结果都没有问题，但这不是理想的编程方式。因为上面代码的重复语句太多，不够简洁，需要使用更好的方法改变代码结构，避免编写大量的重复语句。

4.1.2 功能重复的代码

我们可以使用 for 循环结构来避免编写重复的代码。

【例 4-1】   计算 10 以内的数字累加和

程序清单如下。

```
#计算 10 以内的数字累加和
#声明变量 sum，并初始化为 0
sum = 0
#使用 for 循环语句计算 10 以内的数字累加和
for i in range(0,10):
    sum += i
#输出 sum
print("%s:%d" % ("10 以内数字的累加和为",sum))
```

使用 for 循环结构求自然数 10 以内的累加和，程序代码更简洁，省略了重复语句。for 循环改变了代码的结构，提高了代码的复用性。

【例 4-2】   计算自然数 10 以内和 20 以内的累加和。

程序清单如下。

```
#计算 10 以内和 20 以内的数字累加和
#声明变量 sum，并初始化为 0
sum = 0
#使用 for 循环语句计算 10 以内的数字累加和
for i in range(0,10):
    sum += i
#输出 sum
print("%s:%d" % ("10 以内数字的累加和为",sum))
#使用 for 循环语句计算 20 以内的数字累加和
sum = 0
for i in range(0,20):
    sum += i
#输出 sum
print("%s:%d" % ("20 以内数字的累加和为",sum))
```

上面的程序代码完成了两个功能：第一个功能是计算自然数 10 以内的累加和并输出；第二个功能是计算自然数 20 以内的累加和并输出。这两个功能相同，代码也几乎完全相同，只是循环次数不同，这种情况属于功能性重复，循环可以解决代码重复的问题，但无法解决功能性重复的问题。

4.1.3 使用函数解决功能重复的问题

在例 4-1 和例 4-2 的代码中，例 4-1 是代码重复，例 4-2 是功能重复，如图 4-2 所示。

我们可以设想一下，在上面的程序代码中，如果把计算自然数累加和的代码单独编写为一个

代码块，将自然数作为代码块的一个参数传入，
该代码块对传入的自然数求累加和，并把求和结
果返回给调用该代码块的语句，这样就解决了程
序中功能性重复的问题，如图 4-2 所示。

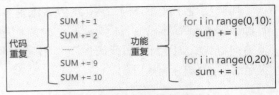

图 4-2 代码重复和功能重复

在 Python 语言中，Python 提供了函数用来解
决功能性重复的问题，其实函数不仅用于解决功能
性重复的问题，更重要的是用于对程序逻辑进行结构化或过程化的编程方法。

Python 可以将能够完成独立功能的代码块封装成易于管理的函数，这些函数可以被程序
中的其他语句调用，而且可以把函数看作黑盒，不用考虑函数的内部结构和特性，只需传入参
数和接收返回值即可，如图 4-4 所示。

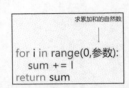

图 4-3 使用函数解决代码和功能重复问题

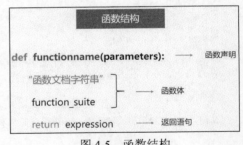

图 4-4 求自然数累加和函数

4.1.4 函数的结构

在 Python 语言中，函数分为三部分：第一部分
是函数声明，函数声明占用一行语句，声明语句开
头使用 def 关键字，def 关键字后面是函数的名称，
函数名称后面是一对小括号，括号内是需要传入的
参数，参数可以为空；第二部分是函数体，函数体
可以占用多行语句，函数体内包括函数注释和代码；
第三部分是返回语句，如果函数没有返回值，可以
省略返回语句，如图 4-5 所示。

图 4-5 函数结构

在 Python 函数结构中，functionname 表示函
数的名称，parameters 表示传入函数的参数，多个参数之间用英文逗号分隔，"函数文档字
符串"是函数的注释文档，主要给出函数的功能、参数说明等信息（注释文档可以省略），
function_suite 是函数的代码。return 是返回语句，如果函数没有返回值，该语句可以省
略。expression 是返回的表达式或数据。

了解了函数结构后，就可以使用函数来解决上面程序中计算自然数累加和功能重复的问题。

【例 4-3】 使用函数解决功能重复问题

```
#计算自然数累加和
#定义求累加和函数
def summation(number):
    sum = 0
    for i in range(0,number):
```

```
         sum += i
     return sum;
#求自然数 10 的累加和
print("%s:%d" % ("10 以内数字的累加和为",summation(10)))
#求自然数 20 的累加和
print("%s:%d" % ("20 以内数字的累加和为",summation(20)))
#求自然数 100 的累加和
print("%s:%d" % ("100 以内数字的累加和为",summation(100)))
```

上面的程序代码更简洁，而且功能强大，它可以计算任意自然数的累加和。程序定义了函数 summation，该函数完成求给定自然数以内的累加和功能，自然数由函数的参数 number 指定。

当代码语句调用函数时，直接使用函数名称即可，函数名称后面是一对小括号，需要传入的参数放在小括号内。因为 summation 函数返回传入自然数的累加和，所以 print 语句输出了函数的返回值，如图 4-6 所示。

函数为编写程序创造了便捷性，我们可以把程序的共用代码或者说是程序的通用功能封装成函数。当需要使用函数时，只需要在代码的相应位置调用函数即可。

例如，将计算自然数累加和功能的代码封装到一个函数里，程序需要计算自然数累加和时，直接调用函数即可，如图 4-7 所示。

图 4-6　函数调用示例

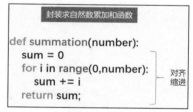

图 4-7　封装计算自然数累加和函数

我们在处理复杂问题时，通常需要把复杂问题分解为一些相对简单的部分，分别处理这些部分，然后用各个部分的解去构造整个问题的解。

函数就是完成这样的功能，它可以把相对独立的某个功能抽取出来，使其成为程序中的一段独立代码，并为这段代码取一个名字，成为一个函数定义，当要使用函数功能时，可以在程序中直接调用该函数。

现在我们已经初步掌握了 Python 函数的使用方法，后面会深入讨论函数的参数。

4.2　函数参数的使用

学习目标：通过参数传递数据到函数内部。

4.2.1　函数的参数

函数中的参数起到了传递数据的作用，函数调用者可以通过函数参数把函数内部需要的数据从外部传递过去。例如下面的代码定义了函数 summation，它有一个参数 number，函数需要这个参数来计算自然数的累加和。当调用函数时，需要传入一个自然数作为参数。

```
#计算自然数累加和
#定义计算累加和函数
def summation(number):
    sum = 0
    for i in range(0,number):
        sum += i
    return sum;
#计算自然数 10 的累加和
print("%s:%d" % ("10 以内数字的累加和为",summation(10)))
#计算自然数 20 的累加和
print("%s:%d" % ("20 以内数字的累加和为",summation(20)))
#计算自然数 100 的累加和
print("%s:%d" % ("100 以内数字的累加和为",summation(100)))
```

当调用者调用函数时，需要传入一个自然数进去，如图 4-8 所示。

声明 summation 函数语句的参数称为形参，调用 summation 函数时传入的参数称为实参。例如在 summation 函数中，函数声明语句的 number 是形参，后面的代码调用 summation 函数传入的自然数 10、20、100 是实参。这里需要注意的是，函数声明时的形参数量和调用函数时传入的实参数量要一致，声明的形参顺序和传入的实参顺序也要一致，要求顺序传入的参数也称为位置参数，如图 4-9 所示。

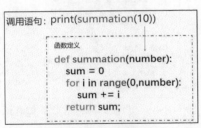

图 4-8　函数与函数调用

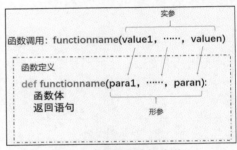

图 4-9　函数参数的传递

4.2.2　默认参数

一般来说定义多少个形参，就需要传入多少个实参。在一些特殊情况下，函数虽然定义了形参，但在调用函数时可以不传入实参，这就是默认参数的作用。默认参数的意思就是为函数的形参设置一个默认值，如果在调用函数时没有传入实参，那么这个默认值将会作为实参传递给函数。默认参数可以简化函数的调用，调用者不需要传入过多的实参。

默认参数的设置方式：

参数名称 = 默认值

为函数设置默认参数时要遵循该参数具有共性和不变属性的规则，在特殊情况下可以用传入的实参代替默认值。例如在一个计算存款利息的函数中，函数的参数有利率、本金和存款存期，在这三个参数中利率一般是不变的，它具有共性和不变属性，可以设置为默认参数。当因为特殊情况利率发生变化时，可以传入实参来代替默认值。下面的代码给出了如何声明带有默认参数的函数。

【例 4-4】　计算利息

程序清单如下。

```
#计算利息
#定义计算的函数
def calculation(principal,date,rate=0.05):
    interest = principal * date * rate
    return interest;
#调用计算利息的函数
print("%s:%d" % ("一年期利息为: ",calculation(10000,1)))
```

在上面的代码中定义了 calculation 函数，用于计算应付利息。该函数有三个参数，分别是 principal（本金）、date（存期）、rate（利率），其中利率为默认参数，默认值是 0.05（5%）。

默认参数的声明语法就是在形参名称后面用运算符"="为形参赋值。当函数的形参被声明为默认参数后，调用函数时就可以省略该参数的传入。这里需要注意的是，被声明为默认参数的形参需要放置在不是默认参数的形参后面。

4.2.3　可变参数

在实际编程中，还会遇到这样的情况：要求编写一个函数，求多个自然数的平均值。这就有点难度了，求多个自然数的平均值不难，难就难在要用函数来实现，自然数个数又不确定，如何声明函数的形参呢？

这时需要用到可变参数，可变参数允许调用函数时传入的参数是可变的，可以是 1 个实参、2 个实参或者多个实参，也可以是 0 个实参。声明可变参数时，只需要在形参名称之前加"*"符号即可，调用函数时可以传入任意数量的实参。例如 functionname(*args)。

【例 4-5】　计算多个自然数的平均值

程序清单如下。

```
#计算多个自然数的平均值
#定义计算多个自然数平均值的函数
def average(*numbers):
    sum = 0;
    for n in numbers:
        sum = sum + n
    return sum/len(numbers)
print("%s:%d" % ("平均值为",average(20,30,105,900,37,201)))
```

在上面的代码中，函数 average 使用了可变参数，在函数形参 numbers 前面加"*"符号，添加"*"符号的 numbers 不再是单个值，而是一个元组。当调用有可变参数的函数时，Python 解释器会把传入的多个参数封装到一个元组中，再传递给函数。

在形参名称前面加一个"*"符号，可以将形参变成一个元组使用。有时我们更希望传入的可变参数是一个字典。Python 也支持可变参数作为字典传入，语法就是在形参名称前面加两个"*"符号。

参数形式如下：

```
**args
参数传值的方式为:
参数名称=值
```

假设要编写一个输出用户信息的函数，用户信息包含用户的姓名、年龄、身高等内容，但用户信息有些是完整的、有些是不完整的，输出的内容不完全相同。这时我们就可以在函数中使用字典类型的可变参数。

【例 4-6】 使用可变参数

程序清单如下。

```
#输出用户信息
#定义输出用户信息函数
def userinfo(**user):
    for item in user.items():
        print(item)
userinfo(name="john",age="21",height="1.73")
userinfo(name="jerry",age="18")
```

上面的代码中声明了 userinfo 函数，函数的形参 user 是字典类型的可变参数，在函数体内部可以把 user 参数直接作为字典来使用。这里需要注意的是，当形参为字典可变参数时，函数调用时传入的参数必须是字典数据。

4.2.4 关键字参数

函数也支持关键字参数（Keyword Arguments），关键字参数是对应位置参数来说的，关键字参数类似于默认参数，在函数声明中对形参进行赋值，多个关键字参数之间同样由逗号分隔。

如果在函数中还需要定义位置参数，位置参数要放置在关键字参数的前面；如果位置参数是可变参数，需要放置在所有关键字参数的后面。

调用函数传入的关键字参数，不需要与函数声明中关键字参数的顺序完全一致，只需要与函数声明中的关键字参数名称相同。关键字参数传值的方式为：

```
关键字参数名称=值
```

【例 4-7】 使用关键字参数

程序清单如下。

```
'''
定义函数 showbook
name:图书名称
author:作者
price:价格
**args:关于图书的更多信息
'''
def showbook(name,author="",price=0,brief="",**args):
    print("图书名称: " + name)
    print("价格: " + str(price) + "元")
    print(args)
showbook("Python 教程",price=39,pageno=320,press="高校出版社")
```

4.3 常用内置函数

学习目标：Python 提供了很多内置函数，开发者可以方便地使用这些函数，提高开发程序的效率。本节的学习目标是掌握常用内置函数的用法。

4.3.1　构造字符串、列表、元组、字典对象

1. 构造字符串的内置函数

函数声明如下:

```
class str(object='')
class str(object=b'', encoding='utf-8', errors='strict')
```

object 参数是 object 类型的对象。所有的类都继承于 object 类(后面章节会介绍关于类的继承内容),序列类型、数字类型等都继承了 object 类。

object 类提供了一个方法__str__(),该方法会返回 object 对象的字符串描述,如果 object 是字符串对象,该方法返回字符串本身。str 函数调用传入 object 对象的__str__(),来返回 object 对象的字符串描述。

在第二个函数声明中,如果参数 encoding 或 errors 均未给出,函数返回 object 对象的字符串描述。

如果 encoding 或 errors 至少给出其中之一,则 object 应该是一个 bytes 或 bytearray 对象。

示例代码如下:

```
>>> # 使用列表创建一个字符串对象
>>> s = str([10,20,30,19])
>>> print(s)
[10, 20, 30, 19]
>>> type(s)
<class 'str'>
>>> # 使用元组创建一个字符串对象
>>> t = ("python","java")
>>> s = str(t)
>>> print(s)
('python', 'java')
>>> type(s)
<class 'str'>
>>>
```

2. 构造列表对象的内置

函数声明如下:

```
class list([iterable])
```

参数 iterable 是可迭代对象,iterable 是可选参数,若没有给出 iterable,函数将返回一个空的列表对象。

如果 iterable 已经是一个列表,将创建并返回其副本,类似于 iterable[:]。例如,list('abc')返回['a','b','c'],而 list((1,2,3))返回[1,2,3]。

示例代码如下:

```
>>> # 创建一个空列表
>>> a = list()
>>> print(a)
[]
>>> # 从可迭代对象中创建一个列表
>>> a = list("abcdef")
```

```
>>> print(a)
['a', 'b', 'c', 'd', 'e', 'f']
>>> # 从可迭代对象元组创建一个列表
>>> a = list((1,2,3,4,5,6))
>>> print(a)
[1, 2, 3, 4, 5, 6]
>>> # 从列表对象创建一个列表
>>> a = list(["java","Python"])
>>> print(a)
['java', 'Python']
>>>
```

3．构造元组对象的内置函数

函数声明如下：

```
tuple([iterable])
```

iterable 可以是序列、支持迭代的容器或其他可迭代对象。如果 iterable 已经是一个元组，会不加改变地将其返回。例如，tuple('abc') 返回 ('a','b','c')，而 tuple([1, 2, 3]) 返回 (1,2,3)。

示例代码如下：

```
>>> # 创建一个空的元组对象
>>> a = tuple()
>>> print(a)
()
>>> # 使用字符串创建一个元组对象
>>> a = tuple("abcdef")
>>> print(a)
('a', 'b', 'c', 'd', 'e', 'f')
>>> # 使用列表创建一个元组对象
>>> a = tuple([1,2,3,4,5,6])
>>> print(a)
(1, 2, 3, 4, 5, 6)
>>>
```

4．构造字典对象的内置函数

函数声明如下：

```
class dict(**kwarg)
class dict(mapping, **kwarg)
class dict(iterable, **kwarg)
```

参数 kwarg 是可变参数，传入的参数会被创建为字典。

参数 mapping 是一个映射函数，如 Python 的内置函数 zip、map。该映射函数将返回一个元组的迭代器，其中的第 i 个元组包含来自每个参数序列或可迭代对象的第 i 个元素，函数会以该元组的迭代器创建字典对象。如果给出了 **kwarg，则该参数的参数名称和值会附加到已创建的字典对象中。

参数 iterable 是一个可迭代对象，该可迭代对象中的每一项本身必须是一个刚好包含两个元素的可迭代对象。每一项中的第一个对象将成为新字典的一个键，第二个对象将成为其对应的值。如果一个键出现一次以上，该键的最后一个值将成为其在新字典中对应的值。

示例代码如下：

```
# 传入**kwarg 参数创建字典对象
>>> dic = dict(one='1', two='2',three='3')
>>> print(dic)
{'one': '1', 'two': '2', 'three': '3'}
# 传入 mapping 参数和**kwarg 参数创建字典对象
>>> dic = dict(zip(['one', 'two', 'three'], [1, 2, 3]),four='4')
>>> print(dic)
{'one': 1, 'two': 2, 'three': 3, 'four': '4'}
# 传入 iterable 参数和**kwarg 参数创建字典对象
>>> d = dict([('two', 2), ('one', 1), ('three', 3)],four='4')
>>> print(d)
{'two': 2, 'one': 1, 'three': 3, 'four': '4'}
```

4.3.2 对象的操作

Python 提供了用于操作对象的多个内置函数，这些函数可以获取对象的长度、对序列对象排序、迭代可迭代对象、检测对象的类型。

表 4-1 列出了常用于操作对象的内置函数。

表 4-1 内置函数

内置函数	描述	注释
len(s)	返回对象的长度（元素个数)	（1）
sorted(iterable,*,key=None, reverse=False)	根据 iterable 中的项返回一个新的已排序列表	（2）
reversed(seq)	返回一个反转的迭代器，seq 可以是 tuple、string、list 或 range 类型	（3）
class type(object)	返回 object 的类型	（4）
isinstance(object, classinfo)	判断 object 是否是 classinfo 类型	（5）
iter(object[,sentinel])	返回 object 对象的迭代器，object 对象必须支持迭代器协议	（6）
next(iterator[. default])	通过调用 iterator 的_next_()方法获取下一个元素	（7）
dir([object])	如果没有实参，则返回当前本地作用域中的名称列表；如果有实参，则尝试返回该对象的有效属性列表	（8）
all(iterable)	如果 iterable 的所有元素均为真值（或可迭代对象为空）则返回 True	（9）
hash(object)	返回 object 对象的哈希值（如果它有的话）	（10）
id(object)	返回 object 对象的“标识值”	（11）
max(iterable,*[.key,default]) max(arg1.arg2,*args[.key])	返回可迭代对象中最大的元素，或者返回两个及以上实参中的最大值	（12）
min(iterable,*[,key,default]) min(arg1.arg2,*args[,key])	返回可迭代对象中最小的元素，或者返回两个及以上实参中的最小值	（13）

注释

（1）获取对象的长度

函数声明如下：

```
len(s)
```

返回对象的长度（元素个数）。实参可以是序列（如 string、tuple、list 或 range 等）。

示例代码如下：

```
>>> s = "abcdef"
>>> print(len(s))
6
>>> a = ["java","python","c++"]
>>> print(len(a))
3
>>>
```

（2）对象元素排序

函数声明：

```
sorted(iterable, *, key=None, reverse=False)
```

对传入的 iterable 进行排序，以列表方式返回排序结果。key 指定带有单个参数的函数，默认值为 None（直接比较元素）。reverse 是一个布尔值，如果设为 True，则每个列表元素将按反向顺序比较进行排序。

示例代码如下：

```
>>> a = (192,36,89,6,101,19)
# 对元组 a 的元素按升序排序
>>> b = sorted(a)
>>> print(b)
[6, 19, 36, 89, 101, 192]
# 对元组 a 的元素按降序排序
>>> c = sorted(a,reverse=True)
>>> print(c)
[192, 101, 89, 36, 19, 6]
```

（3）逆序对象元素

函数声明如下：

```
reversed(seq)
```

对传入的 seq 对象元素逆序排列，并返回一个反转的迭代器（iterator）。seq 必须是一个具有__reversed__()方法的对象或者是支持该序列协议的对象。

示例代码如下：

```
>>> s = "abcdef"
>>> r = reversed(s)
>>> print(list(r))
['f', 'e', 'd', 'c', 'b', 'a']
>>>
```

（4）查看对象类型

函数声明如下：

```
class type(object)
```

返回 object 对象的类型。

示例代码如下：

```
>>> s = "abcdef"
>>> type(s)
```

```
<class 'str'>
>>> a = ["java","Python"]
>>> type(a)
<class 'list'>
>>>
```

（5）检查对象类型

函数声明如下：

```
isinstance(object, classinfo)
```

如果参数 object 是参数 classinfo 的实例或者是其（直接、间接或虚拟）子类，则返回 True。如果 object 不是给定类型的对象，函数则返回 False。

示例代码如下：

```
>>> s = "abcdef"
# 检测对象 s 是否是 str 类型
>>> isinstance(s,"str")
True
>>> a = ["java","python"]
# 检测对象 s 是否是 list 类型

>>> isinstance(s,list)
False
# 检测对象 a 是否是 list 类型
>>> isinstance(a,list)
True
>>>
```

（6）获取对象的迭代器

函数声明如下：

```
iter(object[, sentinel])
```

返回 object 对象的迭代器，若没有传入可选参数 sentinel 的实参，object 必须是支持迭代协议（有__iter__()方法）的容器对象，否则会触发 TypeError 异常。

如果有第二个实参 sentinel，那么 object 必须是可调用的对象（例如函数）。此时，iter 创建了一个迭代器对象，每次调用这个迭代器对象的__next__()方法时，都会调用 object。

示例代码如下：

```
>>> s = "abcdef"
# 返回对象 s 的迭代器
>>> d = iter(s)
>>> type(d)
<class 'str_iterator'>
# 从迭代器 d 获取下一个元素
>>> next(d)
'a'
>>> next(d)
'b'
>>>
```

（7）从迭代器获取下一个元素

函数声明如下：

```
next(iterator[, default])
```

通过调用 `iterator` 的`__next__()`方法获取下一个元素。如果迭代器耗尽，则返回给定的 `default`，如果没有默认值则触发 `StopIteration`。

示例代码参见注释（6）。

（8）列出对象的属性列表

函数声明如下：

```
dir([object])
```

如果没有实参，则返回当前本地作用域中的名称列表。如果有实参，则尝试返回该对象的有效属性列表。

示例代码如下：

```
>>> s = "abcdef"
>>> dir(s)
['__add__', '__class__', '__contains__', '__delattr__', '__dir__', '__doc__', '__eq__',
'__format__', '__ge__', '__getattribute__', '__getitem__', '__getnewargs__', '__gt__', '__hash__',
'__init__', '__init_subclass__', '__iter__', '__le__', '__len__', '__lt__', '__mod__', '__mul__',
'__ne__', '__new__', '__reduce__', '__reduce_ex__', '__repr__', '__rmod__', '__rmul__',
'__setattr__', '__sizeof__', '__str__', '__subclasshook__', 'capitalize', 'casefold', 'center',
'count', 'encode', 'endswith', 'expandtabs', 'find', 'format', 'format_map', 'index',
'isalnum', 'isalpha', 'isascii', 'isdecimal', 'isdigit', 'isidentifier', 'islower',
'isnumeric', 'isprintable', 'isspace', 'istitle', 'isupper', 'join', 'ljust', 'lower',
'lstrip', 'maketrans', 'partition', 'replace', 'rfind', 'rindex', 'rjust', 'rpartition',
'rsplit', 'rstrip', 'split', 'splitlines', 'startswith', 'strip', 'swapcase', 'title',
'translate', 'upper', 'zfill']
>>>
```

从代码执行结果可以看出，`dir(s)`列出了字符串对象所有的属性及方法。

（9）检查对象的元素是否都为真值

函数声明如下：

```
all(iterable)
```

如果 `iterable` 的所有元素均为真值（或可迭代对象为空）则返回 `True`。元素除 0、空、`None`、`False` 外都是真值。

示例代码如下：

```
>>> s = (19,0,3)
>>> all(s)
False
>>> s = (19,1,3)
>>> all(s)
True
>>>
```

（10）获取对象的哈希值

函数声明如下：

```
hash(object)
```

返回该对象的哈希值（如果有的话）。哈希值是整数，在字典查找元素时用来快速比较字典的键。相同大小的数字变量有相同的哈希值。

示例代码如下：

```
>>> s = "abcdef"
>>> hash(s)
1810951208529201389
>>> num1 = 10
>>> hash(num1)
10
>>> num2 = 10.0
>>> hash(num2)
10
>>>
```

（11）获取对象的唯一标识值

函数声明如下：

```
id(object)
```

返回对象的唯一标识值，该值是一个整数。

示例代码如下：

```
>>> s = "abcdef"
>>> id(s)
2712228324592
>>> num = 10
>>> id(num)
140733556398016
>>>
```

（12）获取对象的最大元素

函数声明如下：

```
max(iterable, *[, key, default])
max(arg1, arg2, *args[, key])
```

返回可迭代对象中最大的元素，或者返回两个及以上实参中的最大值。如果只提供了一个位置参数，它必须是非空 iterable，返回可迭代对象中最大的元素；如果提供了两个及以上位置参数，则返回最大的位置参数。

key 实参指定排序函数用的参数，如传给 list.sort() 的参数。default 实参是当可迭代对象为空时返回的值。如果可迭代对象为空，并且没有设为 default，则会触发 ValueError 错误。

示例代码如下：

```
>>> a = [90,20,31,101,98,16]
>>> max(a)
101
>>> max(35,89)
89
>>>
```

（13）获取对象的最小元素

函数声明如下：

```
min(iterable, *[, key, default])
min(arg1, arg2, *args[, key])
```

返回可迭代对象中最小的元素，或者返回两个及以上实参中的最小值。key 实参同上。

示例代码如下：

```
>>> a = [90,20,31,101,98,16]
>>> min(a)
16
>>> min(35,89)
35
>>>
```

4.3.3　运算与聚合处理函数

Python 提供了用于运算的内置函数，这些函数包括计算可迭代对象元素的和、幂、绝对值等运算，此外也提供了用于聚合对象元素并处理的函数。

表 4-2 列出了用于运算与聚合处理的内置函数。

表 4-2　运算与聚合处理的内置函数

内置函数	描述	注释
abs(x)	返回一个数 x 的绝对值	（1）
divmod(a, b)	以元组方式返回 a 除以 b 后的商和余数	（2）
eval(expression[, globals[, locals]])	计算表达式 expression 并返回计算结果	（3）
pow(base, exp[mod])	返回 base 的 exp 次幂；如果 mod 存在，则返回 base 的 exp 次幂并对 mod 取余	（4）
round(number[, ndigits])	返回 number 舍入小数点后 ndigits 位精度的值。如果 ndigits 被省略或为 None，则返回最接近 number 的整数	（5）
map(function, iterable, …)	返回一个将 function 应用于 iterable 中每一项并输出其结果的迭代器	（6）
zip(*iterables)	返回一个聚合了来自每个可迭代对象中的元素的迭代器	（7）

注释

（1）计算一个数的绝对值

函数声明如下：

```
abs(x)
```

返回 x 的绝对值。实参可以是一个整数或浮点数。如果实参是一个复数，则返回它的模。

示例代码如下：

```
>>> num = -35.6
>>> abs(num)
```

```
35.6
>>> abs(3+1j)

3.16  22776601683795
>>>
```

（2）计算两数相除

函数声明如下：

```
divmod(a, b)
```

计算 a 除以 b，以元组方式返回商和余数。

示例代码如下：

```
>>> a = 31
>>> b = 6
>>> result = divmod(31,6)
>>> print(result)
(5, 1)
>>>
```

（3）执行表达式

函数声明如下：

```
eval(expression[, globals[, locals]])
```

执行 expression 表达式并返回计算结果。

参数 expression 是字符串对象，它表示一个合法的 Python 表达式。globals 和 locals 是可选参数，用于界定表达式在计算过程中的作用域，如果省略这两个参数，则表达式执行时会使用 eval() 被调用的环境中的 globals 和 locals。

示例代码如下：

```
>>> x = 1
>>> eval("x+1")
2
>>> y = 6
>>> eval("pow(y,2)+x")
37
>>>
```

（4）幂运算

函数声明如下：

```
pow(base, exp[, mod])
```

计算 base 的 exp 次幂，并返回计算结果。如果 mod 存在，则返回 base 的 exp 次幂并对 mod 取余。

示例代码如下：

```
>>> pow(2,3)
8
>>> x = 3
>>> pow(x,3)
27
>>>
```

（5）数值精度取舍

函数声明如下：

```
round(number[, ndigits])
```

返回 number 舍入小数点后 ndigits 位精度的值。如果 ndigits 被省略或为 None，则返回最接近 number 的整数。

示例代码如下：

```
>>> num = 3.15689
>>> round(num)
3
>>> num = 3.65689
>>> round(num)
4
>>> round(num,3)
3.657
>>>
```

（6）聚合处理函数

函数声明如下：

```
map(function, iterable, ...)
```

参数 function 是一个函数，该函数会作用于 iterable 中的每一项，经过 function 处理的每一项会添加到一个迭代器中，map 函数会返回该迭代器。

如果给函数传入多个可迭代对象，所定义的 function 函数必须接受相同个数的实参，function 函数需要同时提取每个可迭代对象中位置相同的元素并进行处理。当有多个可迭代对象时，最短的可迭代对象耗尽，则整个迭代结束。

示例代码如下：

```
def square(x):
    return x ** 2
a = map(square,[1,2,3,4,5])
print(list(a))
```

案例代码定义了函数 square(x)，当调用 map 函数时，会传入 square 函数，map 函数会遍历实参列表的元素。在遍历实参列表的过程中，调用传入的 square 函数，square 函数的实参为当前列表元素，并将 square 返回的结果添加到一个新构造的迭代器中。

（7）聚合处理函数

函数声明如下：

```
zip(*iterables)
```

参数 *iterables 是可变参数，允许传入多个可迭代对象。函数返回一个聚合了来自每个可迭代对象中的元素的元组类型的迭代器。

其中的第 i 个元组包含来自每个参数序列或可迭代对象的第 i 个元素。当所输入的可迭代对象中最短的一个被耗尽时，迭代器将停止迭代。当只有一个可迭代对象参数时，函数将返回一个单元组的迭代器。

函数不传入任何参数时，将返回一个空迭代器。

示例代码如下：

```
>>> x = [1, 2, 3]
>>> y = [4, 5, 6]
>>> zipped = zip(x, y)
>>> list(zipped)
[(1, 4), (2, 5), (3, 6)]
```

4.4 变量的作用域

学习目标：掌握局部变量、全局变量及其作用域，并了解嵌套函数及其作用域。

4.4.1 标识符

在 Python 语言中，标识符用于命名变量、函数、类等数据。标识符的命名需要遵循如下规则。

（1）标识符只能由大写字母或小写字母、数字、下划线构成，数字不能作为标识符的开头。

（2）不能包含除_以外的任何特殊字符，如%、#、&、逗号、空格等；

（3）不能包含空白字符（换行符、空格和制表符称为空白字符）；

（4）标识符不能是 Python 语言的关键字和保留字；

（5）标识符区分大小写，num1 和 Num1 是两个不同的标识符。

（6）标识符的命名要有意义。

Python 的变量名称、函数名称、类的名称（包括自定义类的名称）都属于标识符。

4.4.2 局部和全局变量的作用域

变量作用域是指变量在程序中的访问范围。在函数内部声明的变量，在函数外部是否能够访问？在模块中声明的变量，在函数内部是否能够访问？这些都是变量作用域要解决的问题。下面是一段有关变量作用域范围的代码。

```
#定义变量π
π = 3.14
#定义求圆面积函数
def area(r):
    s = r * r * π;
    print(s)
area(10)
print(s)
```

上述代码的作用是计算圆的面积。模块头部声明了变量 π，变量 π 被定义的 area 函数在内部使用，area 函数求出圆的面积并输出结果。print 语句在这段代码中使用了两次：第一次是在 area 函数内部使用，输入参数是在 area 函数内部声明的变量 s；第二次是在模块中使用，输入参数是在 area 函数内部声明的变量 s。

在执行程序的过程中，程序输出如下信息：

```
314.0
Traceback (most recent call last):
  File "D:/pythoncode/test.py", line 8, in <module>
    print(s)
NameError: name 's' is not defined
```

从程序的输出结果可以看出，第一条 print 语句被正确执行，输出了圆的面积。第二条 print 语句在执行过程中报错，错误信息是"NameError: name 's' is not defined"，即"名称错误：名称's'没有被定义"。从给出的错误信息可以得出下面的结论：在函数内部声明的变量不能在函数外部访问，函数内部声明的变量为局部变量，其作用域仅限于函数内部。

上面代码中的 π 是全局变量，这里的全局变量是指在模块范围内的变量，其作用域是整个模块。全局变量可以在模块内的函数内部使用，但需要遵循先声明后使用的原则。

使用 global 关键字可以提升函数内部的局部变量为全局变量，当使用 global 关键字修饰变量时，该变量被提升为全局变量。

```
#定义变量π
π = 3.14
#定义求圆面积的函数
def area(r):
    global s
    s = r * r * π;
    print(s)
area(10)
print(s)
```

在上面的代码中，函数 area 内部声明的 s 使用了 global 关键字，局部变量 s 被提升为全局变量，因此在函数的外部也可以使用变量 s。

在执行程序的过程中，程序输出如下信息：

```
314.0
314.0
```

从程序的输出结果可以看出，代码中的第二条 print 语句被正确执行，输出了圆的面积，其输入参数就是在 area 函数内部声明的变量 s。

4.4.3   局部变量和全局变量名称相同

在上面的探讨中，我们了解了局部变量和全局变量的作用域，使用 global 关键字可以把函数内部的局部变量提升为全局变量。但是还有一个问题，当全局变量的名称和函数体内局部变量的名称相同时，会使用哪个变量呢？

```
#定义变量π
π = 3.14
#定义求圆面积的函数
def area(r):
    π = 3.14159
    s = r * r * π;
    print(s)
area(10)
```

上述代码在 area 函数内部又声明了一个局部变量 π，其精度比全局变量 π 高。那么问题是，在程序执行过程中，计算圆的面积是使用局部变量 π，还是使用全局变量 π 呢？

在执行程序的过程中，程序输出如下信息：

```
314.159
```

程序的执行结果给出了答案，当模块内全局变量的名称和函数体内局部变量的名称相同时，在函数体内声明的局部变量将覆盖与其名称相同的全局变量。

4.4.4 嵌套函数的作用域

Python 语言支持函数嵌套，即在函数体内部可以嵌套定义子函数，那么嵌套的子函数是否可以在函数外部调用？它的作用域又是什么？

```
#定义嵌套函数
def foo():
    m = 3
    def bar():
        n = 4
        print(m+n)
    bar()
#调用 foo 函数
foo()
#调用 foo 函数内部的 bar 函数
bar()
```

上面的代码定义了 foo 函数，而且在 foo 函数内部嵌套定义了 bar 子函数。bar 子函数使用了 foo 函数声明的局部变量 m，并输出 m 与 n 的和。foo 函数的最后一条语句调用了 bar 函数。需要注意的是，函数必须被调用后才执行函数体内代码。

在执行程序的过程中，程序输出如下信息：

```
7
Traceback (most recent call last):
  File "D:/pythoncode/test.py", line 11, in <module>
    bar()
NameError: name 'bar' is not defined
```

从程序执行结果可以看出，foo 函数被正确执行，并输出了正确的结果。因此在嵌套函数中，子函数内部可以访问在父函数中声明的变量。对子函数来说，父函数声明的变量在整个函数体内就是全局变量。代码中的最后一条语句是调用 foo 函数内部嵌套的子函数 bar，在执行到这条语句时程序报错，显然在函数体内嵌套的函数是不能被外部调用的，其作用域仅限于函数体内部。

4.5 列表解析表达式

学习目标：简化代码，追求高效是程序员的目标。列表解析表达式可以简化程序代码，提高程序运行效率。

4.5.1　使用一条语句来创建列表

我们先来看一个简化代码的案例，这个案例是创建一个存储数值 0～100 的 Python 列表，依据前面学过的列表和循环知识，示例代码如下：

```
#创建列表
numlist=[]
#添加列表元素
for i in range(101):
    numlist.append(i)
#输出列表
print(numlist)
```

上述代码除了 print 语句外，创建 numlist 列表需要三条语句，如何把这三条语句简化为一条语句，实现同样的功能呢？这就需要掌握列表解析的知识。列表解析功能是在 Python 2.0 加入的，列表解析允许在 for 循环语句中使用表达式对列表成员进行迭代操作。列表解析表达式的语法如下：

```
[expr for iter_var in list if cond_expr]
```

列表解析语法的核心是 for 循环语句，其中 expr 是表达式，该表达式用于 list 的每个成员，最后的结果是该表达式产生的列表，iter_var 是迭代变量，指向 list 的成员，cond_expr 是条件表达式，该条件表达式会过滤或捕获满足条件的 list 成员，cond_expr 不是必需的。

了解了列表解析的语法，我们就可以使用列表解析表达式用一条语句来实现上面案例代码的功能。

```
#使用列表解析表达式创建列表
numlist=[num for num in range(101)]
#输出列表
print(numlist)
```

上面的代码实现了同样的功能，但是简洁得多。

4.5.2　使用条件表达式过滤列表

假如上述案例的需求有所变动，要求创建一个存储 100 以内偶数的 Python 列表，使用列表解析表达式该如何处理呢？可以使用 cond_expr 条件表达式来满足创建要求。

```
#使用列表解析表达式创建列表
numlist=[num for num in range(101) if num % 2 == 0]
#输出列表
print(numlist)
```

列表解析表达式允许在 for 循环语句的后面添加一个条件表达式，使用该条件表达式可以过滤不满足条件的列表成员。在上述代码中添加了判断 num 是否为偶数的条件表达式，该条件表达式对 num 进行除 2 取余操作，并判断结果是否为 0，若为 0 则将该数值添加到列表中，否则该数值被过滤掉。

4.5.3　使用表达式初始化列表元素

现在案例需求又有所变动，要求创建一个存储 100 以内偶数且是 3 的倍数的 Python 列表。

```
#使用列表解析表达式创建列表
numlist=[num * 3 for num in range(101) if num % 2 == 0]
#输出列表
print(numlist)
```

上述代码利用 range 函数产生 0～100 的整数序列，for 循环语句前面 num 与 3 相乘的表达式使 list 的成员都成为 3 的倍数，for 循环语句后面的条件表达式过滤了整数序列中的奇数。

上面的代码创建了 numlist 列表，现在要求在 numlist 的基础上修改 numlist 的成员，将 numlist 的每个成员扩大 2 倍，并过滤掉能够被 5 整除的整数。

```
#使用列表解析创建列表
numlist=[num * 3 for num in range(101) if num % 2 == 0]
print(numlist)
#修改列表
numlist=[num * 2 for num in numlist if num % 5 ]
print(numlist)
```

在原有列表的基础上创建一个新的列表，可以将原有列表的名称放在 for 循环语句的 in 关键字后面，循环语句将会迭代原有列表的成员，并将符合条件表达式的成员经过 for 循环语句前面的表达式运算后，添加到新创建的列表中。

4.5.4 创建矩阵

矩阵是由行和列组成的数据结构，通过行下标和列下标可以确定矩阵的一个元素。

例如围棋棋盘由 19 条横线和 19 条纵线组成，形成 361 个元素。再如，学校教室课桌的安排也是多行多列的数据结构，课桌的位置由课桌所在的行数和课桌所在的列数确定。

矩阵数据结构在计算机中是用二维数组表示的，在 Python 语言中可以使用嵌套列表来实现。下面的代码能够创建一个 3 行 5 列的矩阵。

```
row,col = 3,5
matrix =  [[x*3 for x in range(col)] for y in range(row)]
print(matrix)
```

需要注意的是，列表解析表达式不仅仅用于列表，也用于其他序列对象。

4.6 **lambda** 表达式

学习目标：掌握 lambda 表达式的语法和使用方法，学会在语句中直接定义匿名函数。

4.6.1 认识 lambda 表达式

lambda 表达式用于在语句中直接定义一个匿名函数，匿名函数的结构与函数结构相同，只是没有函数名称。使用 lambda 表达式定义的匿名函数内部不能包含语句，只能包含表达式，匿名函数的参数由调用方传入。

lambda 表达式语法如下：

```
lambda [parameter_list] : expression
```

其中 lambda 是 **Python** 的关键字，parameter_list 是匿名函数的参数列表，参数列表形参的声明与使用 def 关键字定义函数形参的声明结构是相同的，该参数列表是可选的，expression 是表达式。

关键字 lambda、parameter_list、expression 必须放在同一行，不能另起一行来书写 expression。使用 lambda 表达式定义的匿名函数执行完成后，返回 expression 表达式的计算结果。例如：

```
fname = lambda x,y:x*y
```

上面使用 lambda 表达式定义了一个匿名函数，该匿名函数的形参是 x 和 y，expression 是 x*y，返回结果是 x*y。匿名函数的引用赋值给变量 fname，fname 可用于函数实参，也可以直接在语句中调用。

```
print(fname(2,3))
```

前面定义的匿名函数的行为类似于使用以下方式定义的函数：

```
def functionname(x,y):
    return x*y
```

4.6.2　内置函数 filter

Python 的内置函数 filter 是一个过滤器，用来筛选符合条件的可迭代对象的元素。内置函数 filter 和 lambda 表达式结合可以简化代码语句，提高程序的运行效率。

函数声明如下：

```
filter(function, iterable)
```

function 是一个函数，iterable 是一个可迭代对象。该函数对可迭代对象的元素进行筛选，将符合条件的元素添加到一个新的迭代器并返回这个新迭代器。

function 是筛选函数，对可迭代对象的每一个元素进行筛选，把符合筛选条件的元素添加到新的迭代器。筛选条件是一个表达式，该表达式对元素进行运算并返回布尔值，表达式返回真值的表示符合筛选条件，返回假值的表示不符合筛选条件。

【例 4-8】　输出 100 以内的偶数

程序清单如下。

```
# 定义函数 is_even, 判断 x 的奇偶性
def is_even(x):
    if x % 2 == 0:
        return True
    return False
# 使用列表解析表达式
# 创建 100 以内 (含 100) 的整数列表
a = [num for num in range(101)]
# 调用 filter 函数从 a 筛选出值为偶数的元素
print(list(filter(is_even,a)))
```

is_even 函数作为实参传入 filter 函数，用于从列表对象 a 中筛选出值为偶数的元素。

4.6.3　lambda 表达式使用案例

【例 4-9】　利用内置函数 filter 和 lambda 表达式计算自然数 1～100 的奇数和，用一

条语句实现。

程序清单如下。

```
# 创建累加和变量 sum
# sum 初始化为 0
sum = 0
#  计算 1 至 100 内的奇数和
for i in range(1,101):
    if i % 2 != 0:
        sum += i
print("1 至 100 内的奇数和为: %d" % (sum))
使用 filter 和 lambda 表达式的代码:
print(sum(list(filter(lambda x:x%2!=0,range(1, 101)))))
```

相比常规实现的代码，使用 `filter` 和 `lambda` 表达式来计算 1 至 100 内的奇数和，可以实现简化代码的效果。

简化的代码用到了内置函数 `sum`、`list`、`filter`、`range`，以及使用 `lambda` 表达式定义的匿名函数，使用 `lambda` 表达式定义的匿名函数用于筛选可迭代对象的元素，筛选条件为元素的值是偶数，可迭代对象由 `range` 函数产生，匿名函数的实参为可迭代对象的元素。

【例 4-10】 合并两个列表对象的元素到一个新的列表对象，新列表对象的元素值为两个列表对象元素值的和。

程序清单如下。

```
# 创建 a 和 b 列表对象
a,b = [1,3,5,7,9],[2,4,6,8,10]
# 使用 map 函数映射 a 和 b 的元素到一个新的可迭代对象
# 映射函数由 lambda 表达式定义
c = list(map(lambda x,y:x+y,a,b))
print(c)
```

使用 `lambda` 表达式定义的匿名函数有两个参数 x 和 y，传入的实参 x 来自列表对象 a 的元素，传入的实参 y 来自列表对象 b 的元素。

【例 4-11】 使用 `lambda` 表达式定义一个匿名函数，该匿名函数用于求一组数的平均值。

程序清单如下。

```
# 定义匿名函数并赋值给变量 f1
f1 = lambda *args:sum(args)/len(args)
# 调用 f1 函数求一组数的均值
print(f1(12,89,36,19,21,8.9))
```

4.7 生成器类型与 yield 表达式

学习目标：当需要动态地创建可迭代对象元素，或创建的可迭代对象元素较多，当全部元素无法存储在内存时，就需要用到生成器和 `yield` 表达式。

4.7.1 可迭代对象和迭代器

生成器类型（generator）属于迭代器类型。一个生成器类型的对象由函数来创建，不过这个函数有些特殊，在函数内部包含一个 `yield` 表达式，该表达式会产生一系列值提供给 `for`

循环使用，或者通过 next() 函数逐一获取，该函数也称为生成器函数，当一个生成器函数被调用时，会返回一个生成器类型的对象。

4.7.2　认识 yield 表达式

yield 表达式的语法如下：

```
yield [expression_list | from expression]
```

yield 是 Python 的关键字，expression_list 是表达式列表，每个表达式用英文逗号分隔，from expression 会将所提供的表达式视为一个子迭代器。这个子迭代器产生的所有值都直接被传递给当前生成器函数的调用者。

expression_list 和 from expression 只能二选一。

例如下面的代码定义了一个生成器函数：

```
def fn(n):
    for i in range(n):
        yield i*2
```

生成器函数和普通函数的定义完全相同，不同点是生成器函数在函数内部使用了 yield 表达式。

当一个生成器函数被调用时，它返回一个迭代器，称为生成器（生成器类型对象）。这个生成器用来控制生成器函数的执行。当这个生成器的某一个方法被调用时，生成器函数开始执行。

生成器函数会一直执行到第一个 yield 表达式，此时生成器函数的执行会被挂起（函数停止执行），并为生成器的调用者返回 expression_list 的值。

当生成器函数挂起后，Python 解释器会把该函数所有的局部状态都保留下来，包括函数执行的上下文环境。当生成器的某一个方法被调用时，该函数会继续执行 yield 表达式后面的语句。

4.7.3　生成器类型的方法

前面提到了生成器的某一个方法，该生成器是 generator 类型，generator 类型提供了下面的方法。

方法声明如下：

```
_next__()
```

该方法开始一个生成器函数的执行或是从上次执行的 yield 表达式位置恢复执行。当一个生成器函数通过 __next__() 方法恢复执行时，当前的 yield 表达式总是取值为 None。随后会继续执行到下一个 yield 表达式，其 expression_list 的值会返回给 __next__() 的调用者。如果生成器没有产生下一个值就退出，则会引发 StopIteration 异常。

此方法通常是隐式调用，例如通过 for 循环或内置的 next() 函数调用。

方法声明如下：

```
send(value)
```

该方法向生成器函数发送值 value，并恢复生成器函数的执行。参数 value 将成为当前 yield 表达式的结果。该方法会返回生成器函数所产生的下一个值，或者如果生成器函数没有产生下一个值就退出，则会引发 StopIteration 异常。

当调用 send(value) 方法来启动生成器函数时，必须以 None 作为调用参数，因为这时没有可以接收值的 yield 表达式。

方法声明如下：

```
throw(type[, value[, traceback]])
```

该方法在生成器函数挂起的位置引发 type 类型的异常，并返回该生成器函数所产生的下一个值。

方法声明如下：

```
close()
```

该方法在生成器函数挂起的位置引发 GeneratorExit 异常，并关闭生成器。

4.7.4　生成器示例

【例 4-12】　创建一个从序列对象随机选取元素的随机生成器。

案例代码如下。

```
# 导入 random 模块
import random
# 定义生成器函数
def randGen(a):
    # 循环条件为列表对象 a 的长度大于 0
    while len(a) > 0:
        # 使用 yield 表达式随机返回列表对象的元素
        # 列表对象的 pop 方法返回元素的同时会移除该元素
        yield a.pop(random.randint(0,len(a)-1))

# 创建颜色列表对象
color = ["yellow","white","black","red","blue","green"]
# 调用生成器函数随机输出颜色
for item in randGen(color):
    print(item)
```

函数 randGen 是随机生成器，它随机返回颜色列表对象 color 的元素，同时从 color 对象移除该元素。

randGen 函数第一次被调用时会返回一个生成器（生成器类型的对象，该类型属于迭代器类型），因此 for 循环进入迭代模式，生成器控制 randGen 函数的执行。

randGen 函数执行到 yield 表达式，函数返回随机选取的 color 列表对象元素给生成器，此时函数被挂起，停止执行。for 循环进入下一轮迭代，会调用生成器的_next_()方法以获取下一个元素，生成器会再次启动生成器函数，生成器函数会从上次 yield 表达式后面的语句开始执行，若 yield 表达式后面没有语句，则进入下一轮的 while 循环，直至循环条件不满足时，生成器函数结束运行。

生成器函数结束运行后，生成器无法迭代获取下一个元素，因此 for 循环结束迭代。

4.8　模块与包

　　学习目标：规模较大的程序是由多个代码文件构成的，每个代码文件就是一个模块，当模块文件过多时，可以使用包来组织模块。

　　模块实际上是一个包含函数定义和代码的文件，文件名就是模块名称加上后缀 py，前面案例编写的 py 文件都属于模块。

　　包用来组织模块并提供模块名称的层次结构。我们可以把包看作计算机磁盘中的文件目录，把模块看作目录中的文件。与计算机磁盘的文件目录相同，包通过层次结构进行组织，包内除了一般的模块，还可以有子包。

4.8.1　模块的作用

　　我们在解决一些复杂问题时，会把一个复杂的问题分解成多个子问题，先逐个解决这些子问题，当这些子问题解决后，复杂的问题自然就得到了解决。

　　如图 4-10 所示，如果我们把做一顿丰盛的晚餐作为一个复杂问题，那么采购食材、备菜、烹饪就是这个复杂问题的子问题，当采购食材、备菜、烹饪这些问题得到解决后，做一顿丰盛的晚餐这个大问题自然就得到了解决。

　　把复杂的问题分解成多个子问题就是分而治之的思想，分而治之的思想同样也可以应用到编程过程中。对于复杂的程序，可以对程序的功能进行分解，将程序的功能分解成多个子功能，从而达到将复杂问题进行简化的目的。

图 4-10　餐饮工作分解

　　【例 4-13】　编写一个面积计算器程序，帮助学生理解平面几何图形的边长与面积的关系。程序可以计算长方形、正方形、平行四边形、三角形的面积。

　　面积计算器可以分解为计算长方形的面积、计算正方形的面积、计算平行四边形的面积、计算三角形的面积四个子功能，每个子功能是一个独立的模块，如图 4-11 所示。

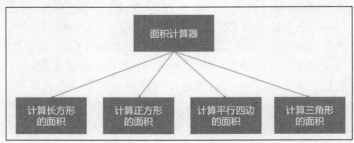

图 4-11　面积计算器功能模块

一个 Python 程序由一个或多个模块组成，每个模块就是一个代码文件。在这些模块中，只有一个是主模块，该主模块将被 Python 解释器直接执行模块中的代码；其他模块为功能模块，功能模块只有被主模块的代码调用后才会执行。

模块在 Python 中也是对象，模块对象有一个属性是__name__，表示模块的名称，__name__ 是可以被修改的。当直接运行模块时，模块的 __name__ 属性值是__main__，若该模块被导入其他程序，模块的 __name__ 属性值是模块名称。因此可以通过模块的 __name__ 属性来区分模块是主模块还是功能模块。

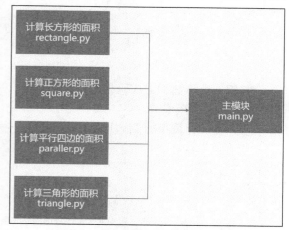

按照功能划分，面积计算器程序共有五个模块，主模块为 main.py，计算长方形面积的模块为 rectangle.py，计算正方形面积的模块为 square.py，计算平行四边形面积的模块为 paraller.py，计算三角形面积的模块为 triangle.py，如图 4-12 所示。

模块划分完成后，就可以开始编写每个模块的代码。

图 4-12   面积计算器功能模块名称

模块 1：计算长方形面积模块代码——**rectangle.py**
程序清单如下。

```python
# 定义函数 area
def area():
    while(True):
        # 输出提示信息
        a = input("请输入长方形的长（整数）: ")
        # 判断 a 是否是整数或小数
        if a.isdigit():
            # 输出提示信息
            b = input("请输入长方形的宽（整数）: ")
            if b.isdigit():
                S = int(a) * int(b)
                return S
            else:
                print("输入错误，请重新输入")
        # 提示输入错误
        else:
            print("输入错误，请重新输入")
```

上述代码定义了 area 函数，用于计算长方形的面积。在 area 函数内部使用了 while 循环，当输入的内容不是整数时，函数会提示输入错误，直至输入正确的长方形的长和宽。函数计算长方形的面积，并返回结果。

模块 2：计算正方形面积模块代码——**square.py**
程序清单如下。

```
# 定义函数 area
def area():
    while(True):
        # 输出提示信息
        a = input("请输入正方形的边长（整数）: ")
        # 判断 a 是否是整数或小数
        if a.isdigit():
            S = int(a) * int(a)
            return S
        # 提示输入错误
        else:
            print("输入错误，请重新输入")
```

计算正方形面积的代码和计算长方形面积的代码基本相同，在编写代码时，可以在 rectangle.py 代码的基础上进行修改。

模块 3：计算平行四边形面积模块代码——paraller.py

程序清单如下。

```
# 定义函数 area
def area():
    while(True):
        # 输出提示信息
        a = input("请输入平行四边形的底（整数）: ")
        # 判断 a 是否是整数或小数
        if a.isdigit():
            # 输出提示信息
            h = input("请输入平行四边形的高（整数）: ")
            if h.isdigit():
                S = int(a) * int(h)
                return S
            else:
                print("输入错误，请重新输入")
        # 提示输入错误
        else:
            print("输入错误，请重新输入")
```

编写代码一定要注意语句的缩进对齐，同一层次的语句左侧要对齐。内层语句要比外层语句缩进一定数量的空格，建议是 4 个英文空格。

模块 4：计算三角形面积模块代码——triangle.py

程序清单如下。

```
# 定义函数 area
def area():
    while(True):
        # 输出提示信息
        a = input("请输入三角形的底（整数）: ")
        # 判断 a 是否是整数或小数
        if a.isdigit():
            # 输出提示信息
            h = input("请输入三角形的高（整数）: ")
            if h.isdigit():
                S = int(a) * int(h) / 2
```

```
            return S
        else:
            print("输入错误，请重新输入")
    # 提示输入错误
    else:
        print("输入错误，请重新输入")
```

当 while 循环条件设置为 True 时，循环体一定要有退出循环机制。当学生输入正确的底和高后，函数计算三角形的面积，并使用 return 语句返回结果，函数执行结束，并退出循环。

4.8.2　import 语句

例 4-13 还需要编写主模块代码，在主模块中需要调用另外四个模块的函数，来完成不同几何图形的面积计算。不同于 Python 内置函数的调用，主模块要调用另外四个模块的函数，必须要导入这四个模块。

导入模块有两种方式：一种方式是使用 import 语句；另一种方式是使用带 from 子句的 import 语句。

1．使用 **import** 语句导入模块

import 语句用于导入外部模块，import 语句的基础语法如下：

```
import  module [as identifier] (, module [as identifier])
```

其中 module 是模块名称，模块名称一般是模块文件的名称去掉扩展名 py。[as identifier] 是可选项，相当于为导入的模块命名一个别名，as 是 import 语句的一部分，identifier 是别名，如果模块名称之后带有 as，则跟在 as 之后的名称将直接绑定到所导入的模块。(,module [as identifier]) 表示可以导入多个模块，每个模块之间使用英文逗号分隔。

模块的别名一是起到简化模块名称的作用，二是导入多个模块时，用于区分名称重复的模块。例如：

```
# 导入 rectangle.py 模块
import rectangle
# 导入 rectangle.py 模块，该模块别名为 rect
import rectangle as rect
# 导入 rectangle.py、triangle.py 模块
import rectangle as rect, triangle as angle
```

2．带 **from** 子句的 **import** 语句

import 语句也可以带 from 子句，带 from 子句的基础语法如下：

```
from relative_module import identifier [as identifier]
                    (, identifier [as identifier])
```

我们可以导入指定模块的子模块或模块内部的属性和方法，其中 relative_module 是导入的模块名称；identifier 是子模块名称或模块内部的属性和方法名称，[as identifier] 是可选项，为导入的模块内容命名一个别名；(,identifier[as identifier]) 表示可以从指定的模块中导入多个子模块或模块内部的属性和方法，每个导入项之间使用英文逗号分隔。例如：

```
>>> from sys import platform as p,version as v
>>> print(p,v)
win32 3.8.3 (tags/v3.8.3:6f8c832, May 13 2020, 22:37:02) [MSC v.1924 64 bit (AMD64)]
>>>
```

案例代码从 Python 的 sys 模块导入了 platform 和 version 属性，别名为 p 和 v。sys 模块是 Python 内置的系统模块，可以获取操作系统信息或执行一些系统操作。platform 属性表示当前使用的操作系统，version 表示当前使用的 Python 版本。

4.8.3　搜索路径

当导入一个模块时，Python 解释器会搜索要导入的模块文件，如果在搜索路径下没有找到要导入的模块文件，会引发 ModuleNotFoundError 异常。

Python 搜索模块的路径由四部分构成：程序的主目录、PYTHONPATH 环境变量、标准链接库目录、扩展名为 pth 的路径配置文件，这四部分的路径都存储在 sys.path 列表中。

（1）程序的主目录

程序的主目录是指包含主模块的目录，Python 会首先在主目录中搜索模块，若所有模块都在主目录中，所有的导入都会自动完成，不需要单独配置模块路径。

（2）PYTHONPATH 环境变量

PYTHONPATH 是 Windows 系统的环境变量，在 Windows 系统中可以设置 PYTHONPATH 环境变量，将项目存储模块文件的路径添加到 PYTHONPATH 环境变量。

（3）标准链接库目录

标准链接库目录是 Python 安装第三方库的目录，这些目录是 Python 解释器的默认搜索目录。

（4）扩展名为 pth 的路径配置文件

如果不设置 PYTHONPATH 环境变量，也可以使用记事本创建一个扩展名为 pth 的路径配置文件，该文件每一行都是一个有效的目录，Python 会读取路径文件中的内容，每行都作为一个有效的目录，加载到模块搜索路径列表中。

例如下面的文件内容：

```
d:\pythoncode\module\lib
d:\pythoncode\book\lib
```

该文件要放置到 Python 的安装目录或标准库所在的目录，才能被 Python 自动读取。文件放置的目录可以通过下面的 Python 代码查看：

```
>>> import site
>>> site.getsitepackages()
['C:\\python', 'C:\\python\\lib\\site-packages']
>>>
```

site 模块用于添加指定路径到 Python 的搜索路径，该模块在 Python 运行时会自动加载，并读取扩展名为 pth 的路径配置文件。

导入模块后，可以使用模块名称或别名来访问模块内部的对象或函数，访问方式如图 4-13 所示。

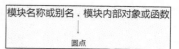

图 4-13　访问模块内部对象

4.8.4　包

包是一种特殊的模块，可以看作文件系统中的目录，并把模块看作目录中的文件。与文件系统相同，包通过层次结构进行组织，包内除一般的模块外，还可以有子包。

例如，文件系统布局定义了一个最高层级的 parent 包和三个子包。图 4-14 中的 parent 是顶层包，parent 包下有 one、two、three 三个子包，有 pa.py 模块文件；one 包下有 onea.py 模块文件，two 和 three 包内没有模块文件。

__init__.py 是包的初始化文件，如果将目录文件系统中的目录称为包，目录下必须有__init__.py 文件，否则该目录不是包，__init__.py 文件可以包含与任何其他模块中所包含的 Python 代码相似的代码，也可以是一个空文件。

```
项目根目录/
    parent/
        __init__.py
        pa.py
        one/
            __init__.py
            onea.py
        two/
            __init__.py
        three/
            __init__.py
```

图 4-14　项目根目录

导入 parent.one 将隐式地执行 parent/__init__.py 和 parent/one/__init__.py。后续导入 parent.two 或 parent.three 则将分别执行 parent/two/__init__.py 和 parent/three/__init__.py。

子包名与其父包名以"."符号分隔，parent.one 表示 parent 包的子包 one，parent.one.onea 表示 parent 包的子包 one 包内的模块 onea。

导入包的语法与导入模块的语法相同，具体导入方法参考下面的案例代码：

```
# 导入 one 包内的 onea 模块
import parent.one.onea as one
# 导入 one 包内的 onea 模块
from parent.one import onea as one
```

4.8.5　主模块

模块代码编写完成后，开始程序主模块的编写。

程序支持长方形、正方形、平行四边形和三角形的面积计算，程序启动后会进入选择状态，用户可以选择其中的一个状态，该状态对应计算一个几何图形的面积，面积计算完成后，程序会再次进入选择状态。

选择状态为 1、2、3、4，状态 1 计算长方形的面积，状态 2 计算正方形的面积，状态 3 计算平行四边形的面积，状态 4 计算三角形的面积，如图 4-15 所示。

状态	几何图形
1	长方形
2	正方形
3	平行四边形
4	三角形

图 4-15　面积计算器选择状态

程序的具体流程如下：

（1）程序输出提示信息，要求用户选择状态，或者输入 quit 退出程序；

（2）用户选择状态，程序调用状态对应的模块来计算几何图形的面积；

（3）面积计算完成，程序会再次进入选择状态，等待用户的选择；

（4）如果用户输入 quit，退出程序。

图 4-16 为面积计算器程序流程图。

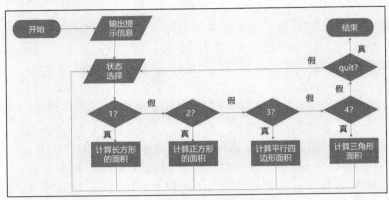

图 4-16 面积计算器程序流程图

模块 5：主模块代码——**main.py**

程序清单如下。

```
# 导入模块
import rectangle as rect
import square as sq
import paraller as pa
import triangle as tr

# 程序入口
if __name__ == '__main__':

    while(True):
        # 输出提示信息
        print("-------欢迎使用面积计算器------\n")
        print("按下数字 1 键：计算长方形面积\n")
        print("按下数字 2 键：计算正方形面积\n")
        print("按下数字 3 键：计算平行四边形面积\n")
        print("按下数字 4 键：计算三角形面积\n")
        print("输入 quit,退出程序\n")

        # 获取学生的输入
        num = input("请输入：")

        # 输入数字 1?
        if num == "1":
            print("长方形的面积为：" + str(rect.area()))

        # 输入数字 2?
        elif num == "2":
            print("正方形的面积为：" + str(sq.area()))

        # 输入数字 3?
```

```
    elif num == "3":
        print("平行四边形的面积为: " + str(pa.area()))

    # 输入数字 4？
    elif num == "4":
        print("三角形的面积为: " + str(tr.area()))

    # 输入 quit？
    elif num == "quit":
        break
```

使用 `import` 语句导入计算长方形、正方形、平行四边形和三角形面积的模块文件。

在 `while` 循环体内，首先输出提示信息，提示用户按下不同的数字键，选择计算对应的几何体面积，也可以输入 `quit` 退出程序。

然后使用 `input` 函数获取用户的输入，使用多重条件结构来判断用户的输入。如果输入的是 1、2、3、4 数字字符，分别调用对应的模块函数来计算几何体的面积。如果输入的是 `quit`，则调用 `break` 语句退出循环，程序结束。

4.9 编程练习

1．编写一个程序，要求用户输入两个整数，并计算两数的和。

程序要求：计算两数的和用函数实现，函数名称为 `sum`，`sum` 函数有两个形参，分别是 `num1` 和 `num2`。程序调用 `sum` 函数计算两数的和。

2．编写一个函数，函数传入 n 个整数类型的参数，计算这些参数对应值的累加和，并返回累加和。

要求：在代码中调用函数，并输出函数返回的结果。

3．编写一个名为 `make_shirt()` 的函数，它接收一个尺码以及要印刷到 T 恤上的字样。这个函数应打印一个句子，说明 T 恤的尺码和字样，尺码为位置参数，字样为关键字参数。

要求：在代码中调用函数，并传入相应的参数值。

4．编写一个函数 `calculation`，输入 n 为偶数时，调用子函数 `sum` 计算自然数 1 到 n 的累加和；输入 n 为奇数时，调用子函数 `factorial` 计算 n 的阶乘。

5．编写一个程序，创建列表对象 a 和 b，分别存储报名学习 Java 和 Python 课程的学生名字：

```
a = ['钢弹','小壁虎','小虎比','alex','wupeiqi','yuanhao']
b = ['dragon','钢弹','zhejiangF4','小虎比']
```

使用列表解析表达式实现下面的功能：
（1）获取既报名 Java 又报名 Python 的学生列表；
（2）获取只报名 Java，而没有报名 Python 的学生列表；
（3）获取只报名 Python，而没有报名 Java 的学生列表。

6．编写一个程序，计算下面列表对象每个元素的均值，计算均值的函数用 `lambda` 表达式来定义。

```
numbers = [
        [34, 63, 88, 71, 29],
        [90, 78, 51, 27, 45],
        [63, 37, 85, 46, 22],
        [51, 22, 34, 11, 18]
    ]
```

7. 编写一个生成器，生成器返回给定元素在序列对象的索引。

序列对象：

```
s = [9,12,89,22,21,36,90,92,91]
```

第 5 章

程序调试与异常处理

5.1 调试 Python 程序

学习目标：程序编写完成或在编写过程中，我们需要对程序进行测试，根据测试发现的错误，进一步诊断，找出发生错误的原因和具体代码位置进行修改，这个过程称为程序调试。在一些情况下，可能需要查看或跟踪程序的运行状态，这种情况也属于程序调试。

在 Python 中，程序调试有多种方式：可以使用 print 函数在怀疑出错的代码位置输出调试信息，例如输出变量的内容等；也可以使用 assert 语句（断言语句）输出调试信息；还可以将调试信息输出到 log 文件，通过 log 文件了解程序的运行状况，定位发生错误的代码位置；还可以在代码中设置断点，跟踪程序的运行状态，定位发生错误的代码位置。

5.1.1 使用 print 函数调试程序

使用 print 函数调试程序，是最容易掌握，也是最方便使用的一种程序调试方法。

在怀疑出错的代码位置，使用 print 函数输出调试信息，根据输出的调试信息来发现错误原因，或查看程序的运行状态。

【例 5-1】 查看程序的运行状态

程序清单如下。

```
# 定义计算 x 平方的函数
def square(x):
    x = x ** 2
    # 输出调试信息，了解程序运行状况
    print(x)
    return x
s = [1,2,3,4,5,6]
# 使用 map 函数计算列表 s 所有项的平方
a = map(square,s)
print(list(a))
```

【例 5-2】   找出程序出现异常的原因

程序清单如下。

```python
# 定义两数相除函数
def div(a,b):
    # 输出 a、b 的值，发现发生异常的原因
    print("a=%d:b=%d" % (a,b))
    temp = a / b
    return temp
if __name__ == '__main__':
    a = int(input("请输入一个整数："))
    b = int(input("请输入一个整数："))
    print(div(a,b))
```

例 5-2 代码使用 print 函数输出 a 和 b 的值，当程序发生异常时，可以查看 a 和 b 的值，
找到程序发生异常的原因。在例 5-2 中，当 b 为 0 时会发生程序异常。

例 5-2 中的代码语句 "if__name__=='__main__'" 用于表示该模块为直接执行模块，也
可以说是主模块，只有该模块为主模块时，才会执行 if 语句。

5.1.2   使用 assert 断言语句调试程序

assert 语句允许开发者在程序代码位置插入调试性断言，用于判断一个表达式，该表达
式返回布尔值，若表达式返回 False，则触发 AssertionError 异常，程序终止。

assert 语句的语法如下：

```
assert expression [, expression]
```

其中 assert 是 Python 关键字，expression 是 Python 表达式，该表达式返回布尔值，在
assert 关键字后面可以有多个表达式，每个表达式之间使用英文逗号分隔。

【例 5-3】   使用 assert 断言语句调试程序

程序清单如下。

```python
# 定义两数相除函数
def div(a,b):
    # 使用 assert 语句断言 b 不为 0
    assert b != 0
    temp = a / b
    return temp
if __name__ == '__main__':
    a = int(input("请输入一个整数："))
    b = int(input("请输入一个整数："))
    print(div(a,b))
```

在程序执行过程中，若 b=0，当程序执行到 assert b!=0 语句时，表达式 b!=0 返回 False，
assert 语句触发 AssertionError 异常，程序停止执行。

下面是程序的执行过程：

```
请输入一个整数：10
请输入一个整数：0
Traceback (most recent call last):
  File "D:/pythoncode/test2.py", line 12, in <module>
    print(div(a,b))
  File "D:/pythoncode/test2.py", line 4, in div
```

```
    assert b != 0
AssertionError
>>>
```

5.1.3　使用 log 输出程序运行状态

log 又称为记录程序运行的日志，通过 log 把一些可能出现问题的变量、执行的程序状态、重要的节点信息输出到 Shell 窗口或写到文件中，当程序在运行过程中出现问题时，就可以从输出的信息中跟踪程序的运行信息，及时发现程序存在的问题。

Python 提供了日志模块 logging，使用该模块可以输出程序调试信息。

【例 5-4】　输出程序运行日志

程序清单如下。

```
# 导入 logging 模块
import logging
# 设置日志输出级别
logging.basicConfig(level=logging.INFO)
# 定义两数相除函数
def div(a,b):
    # 输出日志信息
    logging.info("assert 断言: assert b != 0 ")
    assert b != 0
    temp = a / b
    return temp
if __name__ == '__main__':
    a = int(input("请输入一个整数："))
    # 输出日志信息
    logging.info('a = %d' % a)
    b = int(input("请输入一个整数："))
    # 输出日志信息
    logging.info('b = %d' % b)
    print(div(a,b))
```

在程序执行过程中，logging 会在指定的位置输出程序运行信息。前缀为 INFO 的文本行就是 logging 输出的信息。

```
请输入一个整数：10
INFO:root:a = 10
请输入一个整数：0
INFO:root:b = 0
INFO:root:assert 断言: assert b != 0
Traceback (most recent call last):
  File "D:/pythoncode/test2.py", line 23, in <module>
    print(div(a,b))
  File "D:/pythoncode/test2.py", line 11, in div
    assert b != 0
AssertionError
```

5.1.4　使用内置函数 breakpoint 设置断点

内置函数 breakpoint 可以在任意程序代码行设置断点，当程序运行到断点时会进入 pdb 调试器。breakpoint 的函数声明如下：

```
breakpoint(*args, **kws)
```

breakpoint 是在 Python3.7 版本新增加的函数，该函数可以方便地在任意程序代码位置设置断点，而不需要导入 pdb 调试模块。该函数最终会调用 pdb 模块的 set_trace()方法，set_trace()方法并没有参数传入，因此调用 breakpoint 函数设置断点时，可以忽略参数。

当程序运行到 breakpoint 函数所在的代码行时，会进入 pdb 调试器运行。

在 pdb 调试器状态下：

（1）输入命令"n"，可以单步执行代码，不会进入函数内部；

（2）输入命令"s"，可以进入函数内部单步执行；

（3）输入命令"p"，可以查看变量内容，在命令"p"后面空格后写入要查看的变量名称，例如 p num；

（4）输入命令"c"，继续运行程序；

（5）输入命令"q"，结束调试。

【例 5-5】　设置断点，跟踪程序

程序清单如下。

```
# 定义两数相除函数
def div(a,b):
    # 调用 breakpoint()函数设置断点
    breakpoint()
    temp = a / b
    return temp
if __name__ == '__main__':
    a = int(input("请输入一个整数: "))
    b = int(input("请输入一个整数: "))
    print(div(a,b))
```

程序跟踪过程如下：

```
请输入一个整数: 10
请输入一个整数: 6
> d:\pythoncode\test2.py(5)div()
-> temp = a / b
(Pdb) p a
10
(Pdb) p b
6
(Pdb) n
> d:\pythoncode\test2.py(6)div()
-> return temp
(Pdb) p temp
1.66  66666666666667
(Pdb) n
--Return--
> d:\pythoncode\test2.py(6)div()->1.6666666666666667
-> return temp
(Pdb) n
--Call--
> c:\python\lib\idlelib\run.py(433)write()
-> def write(self, s):
(Pdb) c
1.66  66666666666667
>>>
```

5.1.5　调试程序

【例 5-6】　调试下面的程序代码。

（1）使用 logging 模块的 info 函数分别输出变量 num、函数变量 num_list、for 循环中循环变量 i 的值；

（2）在语句 if num.isdigit() 之前设置 breakpoint 断点，单步跟踪程序的运行，在跟踪过程中输出变量的值；

```python
# 定义函数 factor
def factor(n):
    # 创建一个空的 list
    num_list = []
    for i in range(1,n+1):
        # 若 n 被 i 整除，i 是 n 的因数
        if n % i == 0:
            # i 添加到 list
            num_list.append(i)
    return num_list


# 程序入口
if __name__ == '__main__':

    while(True):
        # 输入提示信息
        num = input("请输入一个自然数，输入 quit 可退出程序：")
        # 判断 num 是否全部是数字
        if num.isdigit():
            # 调用 factor 函数找出 num 的所有因数
            print("%s 的因数为: %s" % (num,factor(int(num))))
        # 判断 num 是否等于 quit,如果是则跳出循环
        elif num == "quit":
            break;
        # 输出错误信息提示
        else:
            print("输入错误，请输入一个自然数或者输入 quit 退出程序")
```

5.2 处理程序出现的异常

学习目标：在前面学习 Python 语言的过程中，你一定遇到过程序崩溃或因未解决的错误而终止的情况。如何处理这些异常，使程序更健壮，正是本节要解决的问题。

5.2.1 认识 Python 异常

当执行的 Python 程序崩溃时，Python 解释器会提供出错信息，包括错误名称、原因和发生错误的行号。这就是程序在执行过程中发生的异常。

我们来看几个 Python 程序异常的示例。

```
NameError: 尝试访问一个未声明的标识符
>>> width
Traceback (most recent call last):
  File "<stdin>", line 1, in <module>
NameError: name 'width' is not defined
>>>
```

因为程序代码中没有定义 width 标识符（width 是一个变量），Python 解释器给出异常信息。

Traceback(most recent call last) 是回溯最近发生异常的代码，File"<stdin>"，line 1,in<module>的意思是发生错误的代码在文件的第 1 行。

NameError 异常表示我们访问了一个没有初始化的变量。Python 解释器会在程序的命名空间中查找 width，如果在命名空间中没有找到，Python 解释器就会引发 NameError 异常。

ZeroDivisionError：除数为零异常。

```
>>> a=20
>>> b=0
>>> a/b
Traceback (most recent call last):
  File "<stdin>", line 1, in <module>
ZeroDivisionError: division by zero
>>>
```

ZeroDivisionError 异常表示发生了除数为零的异常。

IndexError：序列对象越界访问异常。

```
>>> student = ["Yohn","David"]
>>> student[0]
'Yohn'
>>> student[2]
Traceback (most recent call last):
  File "<stdin>", line 1, in <module>
IndexError: list index out of range
>>>
```

IndexError 异常表示我们在使用索引访问一个序列对象的元素时，已经超出了该序列的索引范围。

为防止发生异常，开发人员必须要对此类错误进行预防和处理，该过程叫作异常处理。在工作和现实生活中，也有很多异常处理的事例。例如，在软件项目开发过程中，团队成员的变动、客户对需求的变更、开发进度变化等情况的发生，都会导致项目开发过程出现异常，并需要项目经理及时处理这些异常情况。

异常不可避免，但我们可以对异常做出预测和预处理，预测什么情况下会出现异常，以及出现异常后如何处理。

例如，前面谈到的软件项目开发过程中出现的异常，可以在项目管理计划书中针对团队成员变动、需求变更、进度变化的异常，制定详尽的应对计划，该应对计划就是处理异常的过程。

对于 Python 程序而言，内存溢出、访问序列元素超出索引范围、除零操作、输入输出错误等操作都会引发程序异常。因此，我们在编写代码时，需要对上面的情况做出预测，并添加出现异常时的处理语句，以提高程序的稳定性。

在不支持异常处理的程序设计语言中，程序员为了检查可能发生的异常情况，需要使用 if-elif 语句，这就要求程序员非常清楚地了解导致异常发生的原因，以及异常的确切含义。

无异常处理机制的代码如下：

```
#定义除法函数
def div(a,b):
    if a == None:
        print("a 不能为空");
        return -1;
    elif b == None:
        print("b 不能为空");
        return -1;
```

```
        elif b == 0:
            print("除数不能为0");
            return -1;
        return a/b;
print(div(None,8));
print(div(10,0));
print(div(20,2));
```

上面的代码定义了 `div` 函数，用于除法计算。函数在进行计算之前需要判断传入的参数 `a` 和参数 `b` 是否符合要求，参数不能为 `None` 值、参数 `b` 不能为零。在计算之前判断参数主要是为了防止除数为零、访问 `None` 值异常的发生。

有异常处理机制的语言，不需要编写上述 `if-elif` 语句。在默认情况下，异常会输出一个错误消息，并中止程序的执行。为了更好地处理异常情况，程序员通常会在程序中定义异常处理语句来捕获和处理异常情况。Python 语言提供了 `try` 语句来捕获和处理异常。

下面我们使用 `try` 语句对上面的例子代码提供异常处理的支持，修改后的代码如下：

```
#定义除法函数
def div(a,b):
    try:
        return a/b;
    except Exception:
        return "参数错误"
print(div(None,8));
print(div(10,0));
print(div(20,2));
```

采用 `try` 语句不仅可以使代码更简洁，而且能够为程序调试提供很大的便利，从而达到提高程序稳定性的目的。

5.2.2 异常的处理和检测

在 Python 程序执行过程中发生的异常可以通过 `try` 语句来检测，做法是把需要检测的语句放置在 `try` 块里面，`try` 块里面的语句发生的异常都会被 `try` 语句检测到，并抛出异常给 Python 解释器，Python 解释器会寻找能处理这一异常的代码，并把当前异常交给其处理，这一过程称为捕获异常。如果 Python 解释器找不到处理该异常的代码，Python 解释器会终止该程序的执行。

1. try 语句

`try` 语句的语法 1 如下：

```
try : suite
 (except [expression [as identifier]] : suite)
[else : suite]
[finally : suite]
```

其中，`try` 是 Python 关键字，`suite` 是 `try` 内的语句块，可以是单条或多条语句。

`except` 是 `try` 语句的子句，用于匹配在 `try` 语句块发生的异常，可以有多个 `except` 子句，`expression` 是一个异常名称，该异常可以被别名，`suite` 是 `except` 子句内的语句块。如果 `except` 子句没有给出 `expression`，该 `except` 子句必须是最后一个子句，该子句将匹配任何异常。

`else` 是可选的子句，如果在 `try` 语句块内没有异常发生，`else` 内的语句将会被执行。

finally 是可选的子句，finally 子句多用于异常处理的善后工作，不管异常是否发生，finally 子句内的语句块都会被执行。

try 语句的语法 2 如下：

```
try : suite
finally : suite
```

该语法的 try 语句没有 except 子句，只有 finally 子句。不管 try 语句内的语句块是否发生异常，finally 子句的语句块都会被执行，在 finally 子句内无法获取异常信息。

2．try 语句的使用

【例 5-7】 使用 try-except-else 异常处理语句

程序清单如下。

```
def div(s):
    try:
        result = s[0] / s[1]
    except ZeroDivisionError as e:
        print(repr(e))
    except IndexError as e:
        print(repr(e))
    else:
        print("无异常发生")
        return result

if __name__ == '__main__':
    div([10])
    div([10,0])
div([10,3])
```

例 5-7 的代码使用了 try-except-else 语句，用于对异常进行处理。把需要检测发生异常的语句放置在 try 语句的语句块中，把需要处理异常的语句放置在 except 子句的语句块中，把需要处理无异常发生的语句放置在 else 子句的语句块中。

div 函数计算两数相除，并返回两数相除后的结果。函数传入的实参是列表对象。

程序第一次调用 div 函数传入的列表对象 s 只有一个元素，在函数内部计算两数相除时，执行 s[1] 时会抛出 IndexError 异常，异常抛出后，Python 解释器会顺序匹配 try 语句后面的 except 子句的异常名称，若匹配成功则执行 except 子句内的语句块；若匹配失败，异常由 Python 解释器处理，程序终止执行。

程序第二次调用 div 函数传入的列表对象 s 有两个元素，第二个元素的值是 0，在函数内部计算两数相除时，执行 s[0]/s[1] 时会抛出 ZeroDivisionError 异常。

程序第三次调用 div 函数传入的列表对象 s 有两个元素，两个元素的值都大于 0，在函数内部计算两数相除时无异常发生，此时 else 子句内的语句被执行。

try 语句块的任何一条语句抛出异常时，程序的控制权都会移交给 except 子句，若没有与异常匹配的 except 子句，程序会终止执行。在一些特殊情况下，这样的处理方式会存在一些问题，例如在一段打开文件并写入数据到文件的代码中，对文件的打开、写入、关闭等操作代码都放置在 try 语句块中，当执行写入文件的操作抛出异常时，后面关闭文件的语句将不会被执行，从而导致一些系统资源不能被及时释放。这种情况下，可以使用 finally 子句来解决这些问题。

【例 5-8】 使用 `try-except-finally` 异常处理语句

程序清单如下。

```
#将字符串写入文件
str = "课程以浅显易懂的语言,以常见的生活场景为案例, \
            带领大家逐步进入计算机编程世界"
filename = "d://sample.txt"
try:
    fp = open(filename,"w+")
    print("%s 文件打开成功" % filename)
    #写入文件
    size = fp.write(str)
    print("共写入 %d 个字节到  %s" % (size,filename))
except IOError:
    print("%s 文件打写入败 " % filename)
finally:
    #关闭文件
    fp.close()
```

例 5-8 代码用到了内置函数 `open()` 及文件对象,关于内置函数 `open()` 及文件对象将会在文件批处理单元学习。

在例 5-8 代码中,文件关闭语句被放置在 `finally` 子句的语句块中,不管 `try` 语句块中的代码是否发生异常,打开的文件都将会关闭。

5.2.3 内置异常

案例代码用到的 `IndexError` 异常、`ZeroDivisionError` 异常、`IOError` 异常都属于 Python 预定义的内置异常,这些异常与内置函数相同,会被放置在 Python 的内置命名空间,在整个程序中都可以使用这些异常。

Python 预定义的所有异常都是类,`except` 子句处理的异常是异常类的实例(实例也称为对象)。类似于 `object` 类,`BaseException` 是所有内置异常的基类,其他所有的异常类都继承于 `BaseException` 类。

Python 提供了几十个标准异常类,用于处理在不同情况下发生的异常。当不清楚异常需要使用哪个标准异常类时,可以直接使用 `Exception` 异常。表 5-1 列出了一些常用的异常类,其他没列出的异常参见 Python 文档。

表 5-1　常用异常类

异常	描述
Exception	由程序产生异常错误的基类
IndexError	访问序列对象元素时,超出序列对象索引范围时引发该异常
NameError	当某个局部或全局名称在命名空间未找到时引发该异常
StopIteration	由内置函数 next() 和 iterator 的 _next_() 方法所引发,用来表示迭代器不能产生下一项
SyntaxError	当 Python 解析器遇到语法错误时引发该异常

异常	描述
`TypeError`	当一个操作或函数被应用于类型不适当的对象时引发该异常
`ValueError`	当操作或函数接收到的参数具有正确类型但值不适合时引发该异常
`ZeroDivisionError`	当除法或取余运算的第二个参数为零时引发该异常
`IOError`	文件读取或写入发生错误时引发该异常
`KeyError`	当访问不在 `dict` 中的键时引发该异常

5.3 编程练习

编写一个简单计算器，要求用户输入两个数值 a 和 b，程序分别执行 a 和 b 的除法运算，a 和 b 的开方运算，a 和 b 的乘积运算，a 和 b 的加减运算，并将所有的运算结果存储到一个列表中，使用迭代器输出列表的所有元素。

要求：

（1）使用异常处理应对用户输入的各种错误；

（2）使用异常处理应对运算过程中可能引发的异常；

（3）使用异常处理应对迭代器迭代结束的异常。

第 6 章

面向对象编程

6.1 类与类的封装

学习目标：了解 Python 类的构造，掌握从事物中抽象出类特征、行为，并封装为类的方法。

Python 的数据都被抽象为类，object 类是所有 Python 类的基类（也称为根类），面向对象编程的核心思想就是对事物的抽象，并将抽象出来的数据和操作封装为类。

面向对象的编程思想主要是通过模拟现实世界的各个对象来编程的，这些对象模拟或映射到计算机中的过程则归功于面向对象编程思想的基本方法——抽象。

抽象并不是 Python 语言中特有的概念，在其他面向对象的语言中，如 Java、C++在构建对象时也需要抽象建模。例如，在学生信息管理系统中，需要将学生的共同特征抽取出来，如学号、学分、性别等特征，构建学生模型。归纳学生共同特征的过程就是抽象建模。通过抽象，可以很容易地归纳出事物的共同特征和行为，以便与其他对象区别开来，这样抽取出来的特征和行为在面向对象的编程中叫作属性和方法。

属性是指对象具有的各种特征，学号、学分、性别等特征就是学生对象的属性；方法是指对属性的各类操作，如对属性的赋值和取值。

每个对象的属性都有特定值，从图 6-1 可知，学生甲乙和学生丙丁的学号、学分、性别完全不同。

事物抽象的过程也是一个裁剪的过程，事物不同的、非本质性的特征被裁剪掉，留下共同特征。但共同特征也是相对的，例如，对于汽车和大米，从买卖的角度看都是商品，价格是其共同特征，但从应用方面来看是不同的。

图 6-1 学生对象的属性

因此在抽象时，是否相同取决于抽象角度，抽象角度取决于分析问题的目的。

6.1.1 面向对象编程的概念

当前软件开发领域有两大编程思想，一个是面向过程的编程思想，另一个是面向对象的编程思想。依据编程思想的不同，编程语言也分为面向过程的语言和面向对象的语言。Python、Java、NET 等是面向对象的语言，C 语言、Fortran 等是面向过程的语言。

在考虑问题时，面向过程的编程思想是以一个具体的流程为单位，考虑程序的实现方法，关心的是功能的实现。分析出解决问题所需要的步骤，然后依次调用函数逐步实现这些步骤。

例如设计一个五子棋程序，面向过程的设计思路是首先分析问题的步骤：

1. 开始游戏；
2. 黑子先走；
3. 绘制画面；
4. 判断输赢；
5. 轮到白子走棋；
6. 绘制画面；
7. 判断输赢；
8. 返回步骤 2；
9. 输出最后结果。

将上面每个步骤分别用函数来实现，就可以解决问题。面向过程的设计思想，每一个环节只关注行为动作和功能实现，不考虑数据的状态，而且各个行为之间的耦合性比较强，不利于程序的扩展和模块化。

用面向对象的编程思想考虑问题时，以具体的事物（对象）为单位，考虑它的属性（特性）及动作（行为），关注整体，就好像观察一个人一样，不仅要关注他怎样说话，怎样走路，还要关注他的身高、体重、长相等属性特征。

同样是设计五子棋程序，面向对象的设计则是以事物（对象）的思路来解决问题。

整个五子棋可以分为：

1. 玩家对象，双方的行为是相同的；
2. 棋盘对象，负责绘制画面；
3. 控制对象，负责判定诸如犯规、输赢等。

第一类对象（玩家对象）负责接收用户输入，并告知第二类对象（棋盘对象）棋子布局的变化，棋盘对象接收到棋子的变化后负责在屏幕上面显示出这种变化，同时利用第三类对象（控制对象）来对棋局进行判定，如图 6-2 所示。

面向对象的编程思想更加接近于现实的事物，从现实中抽象出的（事物）对象自身是内聚的，对象有自身的数据（属性）和操作（行为），因此面向对象编程思想可以更好地实现开闭原

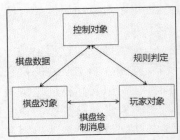

图 6-2 五子棋对象关系

则，即程序对外扩展是开放的，对内修改是关闭的。当程序的需求改变时，可以对模块进行扩展，使其具有满足改变的新行为，而无须改动原有的代码。

采用面向对象的编程思想并不是全部弃用面向过程的编程思想，相对而言，面向过程的编程思想是面向对象编程的基础，面向对象编程的程序中一定有面向过程的程序片段。

6.1.2 类的封装

类的封装就是把现实世界同类事物的共同特征和行为抽取出来，放到一个新建的类中，并设置类属性（特征）和行为，同时提供外部访问类属性和行为的方法。在封装类时，类的行为也称为类的方法。

把事物的属性和行为封装在一起，可以对外隐藏内部数据，控制用户对内部数据的修改和访问，同时消除面向过程编程中数据与操作分离所带来的各种问题，提高了程序的可复用性和可维护性。

【例6-1】 封装水果类

```python
#定义水果类
class Fruits:
    #水果类汁液含量属性
    water = ""
    #水果类糖分含量属性
    sugar= ""
    #水果类芳香度属性
    fragrance = ""
    #水果类构造方法（函数）
    def __init__(self, inwater, insugar,infragrance):
        self.water = inwater
        self.sugar = insugar
        self.fragrance = infragrance

    def getWater(self):
        return self.water
    def getSugar(self):
        return self.sugar
    def getFragrance(self):
        return self.fragrance

    def setWater(self,inwater):
        self.water = inwater
    def setSugar(self,insugar):
        self.sugar = insugar
    def setFragrance(self,infragrance):
        self.fragrance = infragrance

#实例化苹果对象
apple = Fruits("80%","30%","20%")
#输出苹果对象属性
print("汁液含量:%s" % (apple.getWater()))
print("糖分含量:%s" % (apple.getSugar()))
print("芳香度:%s" % (apple.getFragrance()))
```

类的第一行代码是类的头部，定义一个类使用关键字 class，关键字 class 后面是类的名称。从类的第二行代码开始是类的主体部分，包括类的属性和方法的定义语句。

Fruits 类中定义了水果类的汁液含量（water）、糖分含量（sugar）和芳香度（fragrance），这些属性是水果类所具有的共同特点，汁液含量丰富、糖分含量大、有一定程度的芳香气味。

Fruits 类也提供了获取和设置这些属性的方法，对象能够直接调用类中定义的所有方法。当对象要修改或获取自身属性时，必须要调用已定义好的专属方法才能实现，起到了隐藏内部数据，控制用户修改和访问内部数据的作用。

对于面向对象编程而言，需要掌握如下几点：

（1）抽象是把同类事物的共同特征抽取出来归纳为类，类的具体实例为对象；

（2）封装就是把抽取的事物属性和行为打包到一个类中，并隐藏内部数据和方法的实现过程；

（3）编程时要遵循对象调用方法，方法可以修改属性。

6.2 类的定义与访问

学习目标：掌握类和对象的关系，学会设计类的方法和属性。

类是把同类事物的共同特征和行为封装在一起的结构体，是抽象的概念集合，表示一个共性的产物，类中定义的是属性和方法。

6.2.1 定义一个 Python 类

在 Python 中，通过关键字 class 来定义类，类定义语法如下：

```
#定义一个类
class 类名:
    #定义类属性部分
    属性名称 1=值 1;
    属性名称 2=值 2;
    ……
    属性名称 n=值 n;

    #构造方法
    def __init__(self):
        类初始化语句;
    #定义类的其他方法
    def method1(self):
        方法语句块
    def method2(self):
方法语句块
    ……
    def methodn(self):
方法语句块
```

一个完整的 Python 类由类声明和类主体构成，类主体内容放在类声明之后。

类声明语句为"class 类名"，其中 class 是 Python 预定义的关键字，声明 Python 类时，类声明需要包含 class 关键字。

类属性的定义与在程序中创建变量的语法相同，类方法的定义与在程序中定义函数的语法相同。

在声明类属性和方法时，可以声明类属性和方法的访问权限。访问权限分为 public（公共访问权限）、protected（保护访问权限）、private（私有权限）。声明为 public 权限的类属性和方法允许外部直接访问该属性或调用该方法；声明为 protected 权限的类属性和方法只允许类本身与子类访问和调用；声明为 `private` 权限的类属性和方法只允许类本身访问和调用，其继承的子类也没有权限访问和调用。

Python 默认的类属性和方法都是 `public` 权限，即在属性和方法前面不加任何修饰符；在属性和方法前面加单下划线 "`_`" 修饰符，可以修饰该属性或方法为 `protected` 权限；在属性和方法前面加双下划线 "`__`" 修饰符，可以修饰该属性或方法为 `private` 权限。

名称前后有双下划线 "`__`" 的属性或方法，定义的是特殊属性或方法。如上述代码中的构造方法 `__init__`，这些属性或方法通常已经在 Python 中定义。程序可以重写方法和修改属性的值，以便 Python 调用它们。

类的属性和方法也称为类属性变量和类方法。

`__init__(self)` 方法是类的构造方法，该方法在类被实例化为对象时会自动调用，类属性的初始化可以放置在该方法内。该方法的第 1 个参数是 `self`，表示创建的类实例本身，在创建类实例时，不需要传入 `self` 参数，`self` 参数由 Python 解释器隐式传入。

由于 `self` 表示当前类的实例对象，因此在类的内部可以使用 `self` 直接访问类的属性和方法。

【例 6-2】　定义一个日期类

程序清单如下。

```
#声明一个日期类
class Date:
    #定义类属性
    year = ""
    month = ""
    day = ""
    #定义方法
    #构造函数
    def __init__(self, year,month,day):
        self.year = year
        self.month = month
        self.day = day
    #判断是否是闰年
    def isRunnian(self):
        if (self.year % 4 == 0 and self.year % 100 != 0) or (self.year % 400 == 0):
            return True
        else:
            return False
    #输出日期
    def printDate(self):
        print("%s-%s-%s" % (self.year,self.month,self.day))
```

定义的日期类有 `year`、`month`、`day` 三个属性，用来存储日期的年、月、日。另外，日期类还提供了 `isRunnian()` 和 `printDate()` 两个方法，`isRunnian()` 用于判断当前日期是否是闰年，`printDate()` 用于输出当前日期。

日期类的 `__init__` 构造方法有 4 个参数，除 `self` 参数外，另外 3 个参数分别是 `year`（年）、`month`（月）、`day`（日），在实例化对象时需要传入这三个参数。

日期类的属性名称与 `__init__` 构造方法中的形参名称相同，为了不引起类属性变量和形参局部变量的混淆，在这种情况下，可以使用 `self` 来指定类的属性变量。

`self.year = year` 语句的 `self.year` 指定的是 `Date` 类的属性变量 `year`，语句赋值运

算符右侧的 year 是__init__构造方法传入的实参 year。

在定义 Python 类时，还有一个简洁的方法。不需要显示定义类的属性，在类的方法中直接定义类的属性即可。

```
#声明一个日期类
class Date:
    #构造函数
    def __init__(self, year, month,day):
        self.year = year;
        self.month = month;
        self.day = day;
    #判断是否是闰年
    def isRunnian(self):
        if (self.year % 4 == 0 and self.year % 100 != 0) or (self.year % 400 == 0):
            return True;
        else:
            return False;
    #输出日期
    def printDate(self):
        print("%s-%s-%s" % (self.year,self.month,self.day))
```

Date 类没有显示定义类的属性变量，在__init__构造方法内可以直接使用 self 来定义类的属性变量。

6.2.2   类实例化为对象

类是抽象的概念集合，表示一个共性的产物，类中定义了类的属性和方法，而对象是类的实例。

例如前面建立的水果类，水果被归纳为类，而苹果、香蕉、葡萄为水果类的实例或对象。水果是人们赋予具有苹果、香蕉、葡萄等共同特点的群体的名称，不单指某一事物；对象是指具体的实物或概念，如苹果、香蕉、葡萄等对象是实物。在现实生活中，万事万物皆对象，面向对象编程就是模拟现实生活中的一个个对象来编程的。

类也可以看作对象的模板，它描述一类对象的特征和行为，决定对象的属性和方法。由对象可以抽象出类，类也可以实例化为对象，就像水果类决定了苹果、香蕉、葡萄等对象具备糖分、汁液、芳香度等基本特征，也可以通过抽取香蕉、葡萄等对象的共同特征抽象出水果类，如图 6-3 所示。

由苹果、葡萄等对象抽象出水果类，水果类属性有 water（汁液含量）、sugar（糖分含量）、fragrance（芳香度），这些属性是水果类具有的共同特点。当在程序中需要使用苹果

图 6-3   水果类的抽象和实例化

对象时，需要将水果类实例化为苹果对象，同时初始化苹果对象的 water（汁液含量）、sugar（糖分含量）、fragrance（芳香度）属性。

对象是根据类创建的。在 Python 中，将类实例化为对象非常简单。实例化对象语法如下：

```
对象名 = 类名()
```

例如，把 Fruits 类实例化为 apple 对象：

```
apple = Fruits("80%","30%","20%")
```

再如，把 Date 类实例化为 date 对象：

```
date = Date(2020,12,20)
```

Date 类实例化为 date 对象时，会调用 Date 类的构造方法初始化对象，Date 类的构造方法要求传入 year（年）、month（月）、day（日）三个实参，初始化对象的属性。

Date 类的构造方法代码如下：

```
def __init__(self, year,month,day):
        self.year = year
        self.month = month
        self.day = day
```

其中，self 表示类实例（对象）本身，在创建实例时不需要传入 self，Python 解释器会自动传入实例对象。

6.2.3 访问对象的属性和方法

程序访问对象中已封装好的属性和方法是通过在对象名称后面加 "." 操作符进行的。例如：

```
#实例化 Date 对象
date = Date(2020,12,20);
#调用 Date 对象的 printDate()方法
date.printDate()
#调用 Date 对象的 isRunnian()方法
print(date.isRunnian())
```

如果对象的属性是 public 权限（默认是 public 访问权限），可以直接对对象的属性进行赋值。

```
#实例化 Date 对象
date = Date(2020,12,20);

#设置对象属性 year 的值为 2019
date.year = 2019
#设置对象属性 month 的值为 10
date.month=10
#设置对象属性 day 的值为 30
date.day = 30
```

如果对象的属性不是 public 访问权限，外部会无法访问和设置对象的属性，如果需要从外部获取或设置对象的属性，可以在类中添加属性的 get 和 set 方法。

【例 6-3】 访问对象的属性和方法

程序清单如下。

```
#声明一个日期类
class Date:
    #构造函数
    def __init__(self, year, month,day):
```

```
        self.__year = year;
        self.month = month;
        self.day = day;
    #判断是否是闰年
    def isRunnian(self):
        if (self.__year % 4 == 0 and self.__year % 100 != 0) or (self.__year % 400 == 0):
            return True;
        else:
            return False;
    #输出日期
    def printDate(self):
        print("%s-%s-%s" % (self.__year,self.month,self.day))

    # __year 属性的 get 方法
    def getYear(self):
        return self.__year
    # __year 属性的 set 方法
    def setYear(self,year):
        self.__year = year
```

　　Date 类的属性__year 是 private 权限，外部无法获取和设置__year 属性的值，因此在 Date 类定义了 getYear(self)方法用于返回__year 属性的值，同时定义了 setYear(self, year)方法用于设置__year 的值。

　　【例 6-4】 定义一个 Fruits 水果类，并实例化 Fruits 类为 apple 对象，然后调用 Fruits 类的 showFruit()方法输出 Fruits 对象的属性。

　　程序清单如下。

```
#定义水果类
class Fruits:
    #水果类汁液含量属性
    water = ""
    #水果类糖分含量属性
    sugar= ""
    #水果类芳香度属性
    fragrance = ""
    #水果类构造方法（函数）
    def __init__(self, water, sugar,fragrance):
        self.water = water
        self.sugar = sugar
        self.fragrance = fragrance

    def getWater(self):
        return self.water
    def getSugar(self):
        return self.sugar
    def getFragrance(self):
        return self.fragrance

    def setWater(self,inwater):
        self.water = inwater
    def setSugar(self,insugar):
        self.sugar = insugar
    def setFragrance(self,infragrance):
        self.fragrance = infragrance
    def showFruit(self):
        print("汁液含量:%s" % (self.water))
        print("糖分含量:%s" % (self.sugar))
        print("芳香度:%s" % (self.fragrance))
#实例化苹果对象
```

```
apple = Fruits("80%","30%","20%")
#调用showFruit输出苹果对象属性
apple.showFruit()
```

案例代码定义了 Fruits 类。Fruits 类有汁液含量（water）、糖分含量（sugar）和芳香度（fragrance）三个类属性，并提供了类属性的设置或获取方法，也提供了 showFruit 方法，该方法使用 print 语句输出类的属性。

在类的定义后面，使用 Fruits 类实例化 apple 对象，在类的实例化过程中，会调用 Fruits 类的构造方法，并传入初始化对象属性的参数，最后调用 apple 对象的 showFruit()方法输出对象属性。

Python 对象是 Python 类的实例化，即在代码中定义一个类型为 Python 类的变量，然后调用类的构造方法申请 Python 类的存储空间并初始化 Python 类的属性，被初始化的 Python 类赋值给前面已声明的变量，该变量即 Python 类的实例化对象。

6.2.4 使用内置函数操作对象的属性

1. 访问对象的属性

函数声明如下：

```
getattr(object, name[,default])
```

函数返回对象的 name 属性的值。object 是一个已实例化的对象，实参 name 必须是字符串。如果该字符串是对象的属性之一，则返回该属性的值。

例如，getattr(x,'foobar') 等同于 x.foobar。如果指定的属性不存在，且提供了 default 值，则返回 default，否则触发 AttributeError。

2. 判断对象的属性是否存在

函数声明如下：

```
hasattr(object, name)
```

函数判断对象 object 是否具有 name 属性。object 是一个已实例化的对象，实参 name 必须是字符串，如果 name 是对象的属性之一的名称，则返回 True，否则返回 False。

3. 设置对象的属性

函数声明如下：

```
setattr(object, name, value)
```

函数将对象 object 的 name 属性值设置为 value。object 是一个已实例化的对象，实参 name 必须是字符串，如果 name 是对象的属性名称，函数会将 value 赋值给该属性。

例如，setattr(x,'foobar',123) 等价于 x.foobar = 123。

6.2.5 类方法的不同称谓及作用

类的方法和属性可以通过类的实例对象来访问，但在一些情况下，也可以直接通过类名来访问。因为类的方法和属性有不同的访问方式，因此根据访问方式的不同，类的方法和属性也有不同的称谓。

按照访问方式的不同，类方法分为构造方法、类方法、静态方法实例方法（或者实例对象方法，或对象方法）和析构方法。

1．构造方法

类被实例化时会自动调用的方法称为类的构造方法，构造方法主要完成类的初始化工作。不同于 java 和 C++编程语言，定义 Python 类时，不需要提供显式的构造方法，类的__init__(self)方法代替了构造方法的初始化工作，在类被实例化的过程中，__init__(self)方法会被自动调用。

在 Python 中，类中返回一个实例对象的方法，也称为构造方法。这样的构造方法属于类方法的一种，通过类名来调用方法。

【例 6-5】 定义构造方法和实例方法

程序清单如下。

```
class Date(object):
    #构造方法
    def __init__(self, year,month,day):
        self.year = year
        self.month = month
        self.day = day

    #构造方法
    @classmethod
    def toDay(cls,year,month,day):
        return Date(year,month,day)

    #实例方法
    def showDate(self):
        print("%d-%d-%d" % (self.year,self.month,self.day))

d = Date.toDay(2020,8,17)
d.showDate()
```

上面的案例代码定义了 toDay()方法，该方法返回一个 Date 实例对象，是一个构造方法。该方法需要直接使用类名调用，因此在类方法声明的前面一行添加了@classmethod 修饰符（修饰符也称为装饰器），使用@classmethod 修饰符修饰的类方法可以直接使用类名来调用，不是必须实例化对象后才能调用。

使用@classmethod 修饰符修饰的方法，第一个参数必须是自身类的 cls 参数，cls 也可以是其他名称，类似于 self。

2．类方法

前面介绍构造方法时，已经提到过类方法。类方法可以通过类名来直接调用，不需要实例化对象后再调用。

要定义一个方法为类方法，需要在类方法声明的前面一行添加修饰符：

```
@classmethod
```

其中@是修饰符的前缀字符，classmethod 是类方法的修饰符。

```
class Calculator(object):
    #构造方法
    def __init__(self, op1,op2):
        self.op1 = op1
        self.op2 = op2
    #类方法
    @classmethod
    def add(cls,op1,op2):
        return op1 + op2

if __name__=="__main__":
    print(Calculator.add(13,7))
```

案例代码定义了类方法 add()，在程序中可以直接使用类名 Calculator 来调用 add()
方法计算两数的和。

3．静态方法

在类实例化对象的过程中，Python 解释器会为实例对象分配内存，类的属性和方法也会
被分配内存，这时可以通过实例对象调用类的方法或访问类的属性。

在实际应用中，一些类被设计为工具或功能类，这些类的方法可以完成一些特定的计算
或功能。在这种情况下，可以把类的方法定义为静态方法，直接通过类名来调用，提高了类的
使用效率。

在模块导入类的过程中，静态方法已经被分配了内存，因此静态方法可以通过类名直接
调用，无须实例化对象后再调用。

```
#staticmethod 是静态方法的修饰符。
class Area(object):
    #类的静态方法
    @staticmethod
    def circle(r):
        return 3.14 * r * r

if __name__=="__main__":
    print(Area.circle(6))
```

Area 类用来计算几何图形的面积，当前提供了圆面积的计算方法 circle()，circle()
方法被定义为静态方法，该方法在程序中可以直接通过 Area 类名来调用。

4．实例方法

实例方法声明前面不添加任何修饰符，类的实例对象才能调用实例方法，通过类名不能
调用实例方法。

5．析构方法

object 类有一个方法 __del__(self)，该方法在实例对象被释放时调用，用于释放类自
身的资源，该方法也称为析构方法。

当自定义类需要释放资源时，需要重写 object 类的 __del__(self) 方法，释放自身的资源。

【例 6-6】　定义析构方法

程序清单如下。

```
class TextFile(object):
    #构造方法
```

```
        def __init__(self,filepath):
            self.filepath = filepath
            self.fp = None

    #打开文件方法
    def open(self):
        try:
            #使用 r 模式打开文本文件，编码方式为 utf-8
            self.fp = open(self.filepath,"r",encoding='utf-8')
        except IOError:
            print("文件打开失败，%s 文件不存在" % filename)
    #析构方法
    def __del__(self):
        # 若文件被打开，关闭文件
        if self.fp:
            print("文件被关闭")
            self.fp.close();

if __name__=="__main__":

    textfile = TextFile("../data/txt/例 6-6.txt")
    textfile.open()
    # 删除实例对象 textfile
    del textfile;
```

案例代码定义了 TextFile 类，该类用于封装文本文件的操作，当前仅提供了 open(self) 方法，用于打开文件，同时重写了 object 类的析构方法 __del__(self)，在析构方法内部关闭已经打开的文本文件。

案例代码语句如下：

```
del textfile
```

del 是 Python 的删除语句，用于删除实例对象。因此上述语句用于删除实例对象 textfile。

6.2.6 类属性的不同称谓及作用

按照访问方式的不同，类属性分为类属性和实例属性。类属性可以通过类名直接访问，实例属性只能通过实例对象访问。

类属性在类体中直接定义，实例属性在 __init__(self) 方法中通过 self 来定义。

【例 6-7】 类属性的访问

程序清单如下。

```
class Fruits:
    #类属性
    water = "0%"

    #水果类构造方法（函数）
    def __init__(self, water, sugar,fragrance):

        # 使用类名访问类属性
        Fruits.water = water
        # 实例属性
        self.sugar = sugar
        # 实例属性
        self.fragrance = fragrance

    def showFruit(self):
```

```
        print("汁液含量:%s" % (Fruits.water))
        print("糖分含量:%s" % (self.sugar))
        print("芳香度:%s" % (self.fragrance))

if __name__=="__main__":

    # 使用类名直接访问类属性
    print(Fruits.water)
    # 实例化 Fruits 对象
    apple = Fruits("80%","30%","20%")
    # 调用 ShowFruit()方法
    apple.showFruit()
```

案例代码定义了 Fruits 类，其中 water 在类体中定义，是类属性。sugar 和 fragrance 在类__init__(self)方法中定义，是实例属性。

访问类属性时，需要在类属性前面添加类名称和一个圆点：

Fruits.water

需要注意的是，若__init__(self)方法中也定义了 self.water，则 self.water 和类体定义的 water 不是同一个属性，self.water 属于实体对象属性，water 属于 Fruits 类属性。

6.3 类的继承

学习目标：掌握类的继承设计方法，学会通过子类扩展父类的属性和方法，并扩展原有类的功能。

继承是面向对象设计的重要思想，其核心是代码的复用和程序功能高度的扩展性。继承在词典中的解释是把前人的知识、文化、思想、财产、知识等接受过来。在面向对象编程思想中，继承是对类而言的，新类可以继承已有类的属性和方法，这样做的好处是新类可以复用原有类所有的代码，复用的同时又可以定义新的方法和属性来扩展原有类的功能。

为了理解类的继承，下面来看一个案例。

某出版机构准备通过微信小程序实现产品在微信媒体的推广和销售，出版机构的产品包括图书、音频、视频，图书又分为纸质书和电子书。现在需要设计产品类，该类能够存储出版社所有产品的属性（如名称、价格、作者、摘要等产品信息），并能输出产品的属性。

由案例内容分析可知，该出版机构有纸质图书、电子图书、音频、视频产品，每类产品既有共同属性，如名称、价格、作者、摘要等属性；又同时具有个性化属性，如纸质图书有字数、页数等属性，视频有分辨率、播放时长、文件大小、编码等属性，音频有采样频率、文件大小、编码等属性，电子图书有格式、文件大小等属性。

前面已经介绍过抽象和封装，可以把同类事物的共同属性和行为抽取出来形成类，既然该出版机构的纸质图书、电子图书、视频、音频产品都具有名称、价格、作者、摘要这些共同属性，可以创建一个 Product 产品类，代码如下：

```
#声明产品类
class Product:
    #构造方法
    def __init__(self,name,price,author,summary):
        self.name = name
```

```
            self.price = price
            self.author = author
            self.summary = summary
    #输出产品属性
    def outProduct(self):
        print("产品名称:%s" % (self.name))
        print("产品价格:%f" % (self.price))
        print("产品作者:%s" % (self.author))
        print("产品摘要:%s" % (self.summary))
```

Product 类声明了该出版机构产品所具有的共同属性（如名称、价格、作者和摘要），并定义了输出产品属性的方法 outProduct()。简单起见，上述代码没有给出类属性的设置或获取方法，也没有显示定义类属性。

Product 类并没有完全实现任务要求，因为该类的属性并没有全部反映该出版机构所有产品的属性，如纸质图书、电子图书、视频、音频产品的个性化属性。

这个问题有两种解决方案，一种解决方案是为每类产品都创建一个类，该类包含该产品的所有属性，即分别定义纸质图书类、电子图书类、视频类和音频类，鉴于篇幅关系下面仅给出纸质图书类的示例代码：

```
#定义图书类
class PaperBook:
    #构造方法
    def __init__(self,name,price,author,summary,words,pageNumbers):
        self.name = name
        self.price = price
        self.author = author
        self.summary = summary
        self.words = words;
        self.pageNumbers = pageNumbers
    #输出产品属性
    def outProduct(self):
        print("图书名称:%s" % (self.name))
        print("图书价格:%f" % (self.price))
        print("图书作者:%s" % (self.author))
        print("图书摘要:%s" % (self.summary))
        print("图书字数:%s" % (self.words))
        print("图书页数:%s" % (self.pageNumbers))
```

示例代码仅给出了纸质图书类的代码，电子图书类、视频类和音频类可参照纸质图书类代码创建。虽然这样创建的代码也可以完成案例任务要求，但问题是创建的四个产品类中都有重复的属性和方法，代码重复不符合面向对象的设计原则。

另外一种解决方案就是采用 Python 的类继承机制使纸质图书类、电子图书类、视频类和音频类均继承于 Product 类，被继承的 Product 称为父类（所有子类的父类称为基类），继承的纸质图书类、电子图书类、视频类和音频类称为子类（子类也称为派生类），子类继承父类的所有属性和方法，同时子类可以声明自己特有的（或称为私有的）属性和方法。图 6-4 所示为出版机构的产品类继承关系。

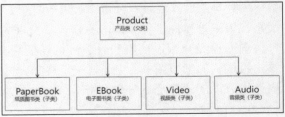

图 6-4　出版机构的产品类继承关系

在 Python 语言中，子类继承父类是通过在子类名称后面添加父类名称来实现的。下面给出纸质图书类的代码，其他子类代码请自行创建。

【例 6-8】 类的继承

```python
#定义 Product 类
#Product 类继承 object 类
class Product(object):
    #构造方法
    def __init__(self,name,price,author,summary):
        self.name = name
        self.price = price
        self.author = author
        self.summary = summary
    #输出产品属性
    def outProduct(self):
        print("产品名称:%s" % (self.name))
        print("产品价格:%f" % (self.price))
        print("产品作者:%s" % (self.author))
        print("产品摘要:%s" % (self.summary))

#定义纸质图书类，纸质图书类继承于 Product 类
class PaperBook(Product):
    #构造方法
    def __init__(self,name,price,author,summary,words,pageNumbers):
        Product.__init__(self,name,price,author,summary)
        self.words = words
        self.pageNumbers = pageNumbers
    #输出图书产品属性
    def outProduct(self):
        print("图书名称:%s" % (self.name))
        print("图书价格:%f" % (self.price))
        print("图书作者:%s" % (self.author))
        print("图书摘要:%s" % (self.summary))
        print("图书字数:%s" % (self.words))
        print("图书页数:%s" % (self.pageNumbers))
if __name__=="__main__":
    pbook = PaperBook("Python 编程基础",69.2,"张老师","零基础编程","python",390)
    pbook.outProduct()
```

在上面的代码中，Product 类继承于 object 类。object 类是 Python 的一个基类，Python 所有的类都继承于 object 类。

Python 的自定义类都会继承 object 类，即使没有显式继承，自定义类也会默认继承 object 类。

PaperBook 类是 Product 类的子类，继承了 Product 类的全部属性，并重写了 outProduct() 方法。Product 类是 PaperBook 类的父类。Python 解释器在实例化 PaperBook 对象时，需要在 PaperBook 类的构造函数中调用父类的构造方法以初始化父类的数据。

图 6-5 中的 EBook 类、Video 类和 Audio 类都是电子类出版物，这些电子类出版物具有共同的属性 formation 和 filesize，可以把 formation 和 filesize 提取出来抽象为一个新的电子出版物类，电子图书类、视频类、音频类继承于电子出版物类，电子出版物类又继承于产品类，从而构成产品类的层次结构，产品类层次结构如图 6-5 所示。

类的层次结构充分体现了面向对象编程的继承思想，高度抽象出的事物（Product 类）不断细化为接近现实的事物（PaperBook 类和 EProduct 类），EProduct 类又可以细化为具体事物（EBook、Video、Audio 类），层层继承，高度复用已有代码。

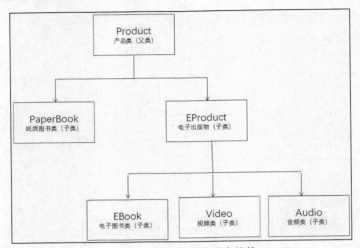

图 6-5　出版产品类层次结构

　　类的继承思想也是一种系统设计思想，系统从高度抽象入手构建基础抽象类（基类），基础抽象类满足系统所有类的基本属性和操作要求。所有系统类均继承于基础抽象类，继承的系统类又可以被更具体的子类继承，从而构成了系统的类层次结构。

6.4　类的多态性

　　学习目标：掌握类多态性的程序设计方法。
　　类的继承核心是代码的复用和程序功能高度的扩展性。继承可以直接实现代码的复用，功能的扩展性是指继承后的派生类在父类的基础上增加新的行为，或者对父类的行为进行扩展。

6.4.1　认识类的多态性

　　6.3 节介绍了一个案例及其代码，案例中类继承结构如图 6-6 所示。

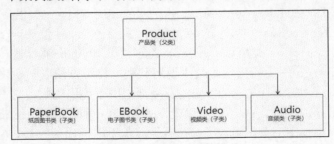

图 6-6　出版产品类的继承

　　图中的纸质图书类、电子图书类、视频类和音频类均继承于 Product 类，被继承的 Product 称为父类，继承的纸质图书类、电子图书类、视频类和音频类称为派生类（子类），派生类继承父类的所有属性和方法。

现在要求PaperBook类除了输出Product类的公有属性外,还要输出PaperBook类的私有属性。

【例6-9】 派生类在父类的基础上增加新的行为

程序清单如下。

```python
#定义 Product 类
class Product(object):
    #构造方法
    def __init__(self,name,price,author,summary):
        self.name = name
        self.price = price
        self.author = author
        self.summary = summary
    #输出产品属性
    def outProduct(self):
        print("产品名称:%s" % (self.name))
        print("产品价格:%f" % (self.price))
        print("产品作者:%s" % (self.author))
        print("产品摘要:%s" % (self.summary))

#定义图书类,图书类继承于 Product 类
class PaperBook(Product):
    #构造方法
    def __init__(self,name,price,author,summary,words,pageNumbers):
        Product.__init__(self,name,price,author,summary)
        self.words = words
        self.pageNumbers = pageNumbers

if __name__=="__main__":
    book = PaperBook("Python编程基础",39.9,"Jack","Python编程基础知识","120千字","320页")
    book.outProduct()
```

下面是案例代码的执行结果:

```
=== RESTART: D:/pythoncode/case12.py ===
产品名称:Python 编程基础
产品价格:39.900000
产品作者:Jack
产品摘要:Python 编程基础知识
>>>
```

PaperBook 类虽然可以调用父类的 outProduct() 方法输出公有属性,但无法输出 PaperBook 类的私有属性。在这种情况下,你可以在 PaperBook 类中增加 outPaperBook() 方法,用于输出 PaperBook 类的私有属性,代码如下:

```python
def outPaperBook(self):
        self.outProduct();
        print("图书字数:%s" % (self.words))
        print("图书页数:%s" % (self.pageNumbers))
```

outPaperBook()方法首先调用父类的 outProduct() 方法输出公有属性,然后再输出该类的私有属性。

修改案例程序代码如下：

```
book = PaperBook("Python 编程基础",39.9,"Jack","Python 编程基础知识","120 千字","320 页")
book.outPaperBook()
```

book 对象调用 outPaperBook() 方法，不再调用父类的 outProduct() 方法。程序执行结果如下：

```
======RESTART:D:/pythoncode/case12.py======
产品名称:Python 编程基础
产品价格:39.900000
产品作者:Jack
产品摘要:Python 编程基础知识
图书字数:120 千字
图书页数:320 页
>>>
```

例 6-9 给出的解决方案是在 PaperBook 类增加 outPaperBook() 方法，该方法首先调用父类的 outProduct() 方法输出父类的公有属性，然后再输出 PaperBook 类的私有属性。

另外一种解决方案是在 PaperBook 类中重写父类的 outProduct()，当 PaperBook 对象调用 outProduct() 方法时，其父类的 outProduct() 方法被忽略，而执行 PaperBook 类的 outProduct() 方法。

【例 6-10】 派生类扩展父类的行为

程序清单如下。

```
#定义 Product 类
class Product(object):
    #构造方法
    def __init__(self,name,price,author,summary):
        self.name = name
        self.price = price
        self.author = author
        self.summary = summary
    #输出产品属性
    def outProduct(self):
        print("产品名称:%s" % (self.name))
        print("产品价格:%f" % (self.price))
        print("产品作者:%s" % (self.author))
        print("产品摘要:%s" % (self.summary))
#定义图书类，图书类继承于 Product 类
class PaperBook(Product):
    #构造方法
    def __init__(self,name,price,author,summary,words,pageNumbers):
        Product.__init__(self,name,price,author,summary)
        self.words = words
        self.pageNumbers = pageNumbers
    def outPaperBook(self):
        self.outProduct();
        print("图书字数:%s" % (self.words))
        print("图书页数:%s" % (self.pageNumbers))
    #重写父类的 outProduct 方法
    def outProduct(self):
        print("图书名称:%s" % (self.name))
        print("图书价格:%f" % (self.price))
        print("图书作者:%s" % (self.author))
```

```
        print("图书摘要:%s" % (self.summary))
        print("图书字数:%s" % (self.words))
        print("图书页数:%s" % (self.pageNumbers))
if __name__=="__main__":
    book = PaperBook("Python 编程基础",39.9,"Jack","Python 编程基础知识","120 千字","320 页")
    book.outProduct()
```

程序执行结果如下:

```
========RESTART:D:/pythoncode/case12.py========
图书名称:Python 编程基础
图书价格:39.900000
图书作者:Jack
图书摘要:Python 编程基础知识
图书字数:120 千字
图书页数:320 页
>>>
```

例 6-10 给出的派生类重写父类的方法,就是面向对象的多态概念。

在程序运行过程中,派生类的行为代替了父类的行为。父类 Product 类有输出属性的方法 outProduct(),而它的派生类 PaperBook 类也有这个方法。Python 解释器会根据不同的对象实例调用相对应的方法。

如果在派生类中定义某方法与其父类有相同的名称和参数,就称为方法的重写,方法重写是父类与派生类之间多态性的一种表现。

多态是面向对象编程的一大特征,利用类的多态特征编程,可以使应用程序具有良好的扩展性。通过派生类对父类方法的重写,可以在不改变原有代码的情况下扩展程序的功能。

6.4.2 pass 语句

有时基类定义的方法需要派生类来实现,这类方法称为空方法,空方法即定义的方法没有任何要实际执行的语句。

如何定义一个空方法?这就要用到 Python 提供的 pass 语句。

pass 语句是一个空操作,适用于当语法结构需要一条语句但并不需要执行任何代码时用来临时占位的情况。

例如,定义一个空方法如下:

```
def method():
    pass
```

定义的 method() 方法没有任何要实际执行的语句,空方法可以使用 pass 语句。使用 pass 语句也可以定义一个空类。

```
class CName:
    pass
```

在上述代码中,定义的 CName 类没有任何内容。当然,我们也可以用 pass 语句来定义一个空函数。

```
def functionname():
    pass
```

定义的 functionname() 函数没有任何要实际执行的语句。

6.5　编程练习

1. 封装一个汽车类。

汽车类的名称是 Car；汽车类有颜色（车身颜色，数据类型为字符串）、汽车类型（轿车、卡车、客车，数据类型为字符）、重量（汽车重量，数据类型为整数类型）；汽车类有 show、run 和 stop 方法。

在汽车类的 show 方法中输出汽车类的所有属性；在汽车类的 run 方法中输出"汽车正在运行"；在汽车类的 stop 方法中输出"汽车已停止运行"。

2. 定义一个交通工具（Vehicle）的类。

属性：speed（速度），weight（载重）。

方法：move()（启动汽车运行），setSpeed(int speed)（设置速度方法），加速 speedUp()（加速），speedDown()（减速）。

实例化一个交通工具对象，通过类的构造方法初始化 speed 和 weight 的值，调用 move() 启动汽车的运行，调用 speedUp() 和 speedDown() 的方法对速度进行改变。

3. 定义一个计算几何体面积的类，该类封装了圆、长方形、平行四边形、三角形的面积计算。要求直接用类名调用计算几何体面积的方法，π 用类属性定义。

4. 编写一个程序，求球体和圆柱体的体积和表面积，程序要求如下：

（1）定义 Circle 类作为基类（父类），在 Circle 类中定义类属性 radius（圆的半径），两个空方法 area() 和 volume()；

（2）定义 Circle 类的派生类 Sphere 类，在 Sphere 类重写 area() 和 volume() 方法；

（3）定义 Circle 类的派生类 Column 类，在 Column 类重写 area() 和 volume() 方法。

在程序中分别实例化 Sphere 和 Column 类，计算球体和圆柱体的体积和表面积。

5. 编写一个学生和教师的信息输出程序，程序要求如下。

（1）定义一个 Person 类，Person 类有 2 个属性，分别是姓名和编号；Person 类有 1 个方法 printInfo()，用于输出类的属性。

（2）定义 Person 类的派生类（子类）Teacher 类，Teacher 类另外有职称和部门两个属性，以及 printInfo() 方法用于输出类的属性。

（3）定义 Person 类的派生类（子类）Student 类，Student 类另外有班级班号和成绩两个属性，以及 printInfo() 方法用于输出类的属性。

（4）在程序中分别实例化 Teacher 类和 Student 类，并调用 printInfo() 输出类的属性。

第二篇

办公自动化

第 7 章

文件批处理

7.1 文件批量命名

学习目标：掌握批量修改文件名称的程序设计方法。

7.1.1 文件和目录

文件通常存储在计算机的磁盘中，计算机中存储的图片、资料、音视频等都是以文件方式存储的，每个文件都有一个名称，可以根据文件的名称来选择打开或存储到某一文件。当计算机中的文件很多时，用户使用起来会非常不方便，因此会建立文件目录，目录是一个存储文件的集合，目录下面又有子目录，形成层级目录。

在计算机上管理文件会用到目录的概念，打开计算机就会看到在计算机磁盘中有许多目录，目录下面有文件和子目录。这些目录实际上是对文件进行分类管理。人们可以把一些与工作相关的文件放到工作目录里，把一些与私人相关的文件放到私人目录中，当然还有其他更多的文件分类管理方式。

在计算机中可以创建新的目录和文件，也可以修改原有目录和文件的名称，还可以删除文件或目录，不过删除目录时需要谨慎，防止误删除重要的文件。对这些目录进行的操作都是通过程序来完成的，计算机的资源管理器就属于这种程序。

Python 语言也支持对文件和目录进行处理，包括文件的创建、重命名、读取和写入、删除等操作。通过这些操作可以对文件进行批处理，实现大量文件操作的自动化。

目录路径是指从磁盘盘符到目录所在位置的路径。例如，如果要在 D 盘的根目录下创建一个名称为"document"的目录，则目录路径为"d:\document"，其中字母"d"是目录所在的盘符号，"document"是目录名称，"\"为分隔各级目录的符号，需要注意的是分隔符号在 Windows 操作系统下是"\"，在 Linux 操作系统下是"/"。

文件路径是指从盘符开始到文件所在存储位置的路径，包括目录路径和文件名称。下面是一个文件路径的示例：

D:\ document \pic\团建活动_20210312_0001.jpg。

7.1.2　拼接文件路径

os.path 模块内的 join(path,*paths) 函数可以将目录和文件拼接为文件路径，该函数将 *paths 表示的路径拼接到 path 路径上。

例如：

```
import os.path
filepath = os.path.join("d:\\document\pic\\","团建活动_20210312_0001.jpg")
```

7.1.3　提取文件创建时间

os 模块的 stat 函数可以获取文件的属性，文件的属性也包括文件的创建时间。stat 函数的声明如下：

```
stat(path, *, dir_fd=None, follow_symlinks=True)
```

参数 path 为文件路径，路径可以是相对路径，也可以是绝对路径。若函数执行成功，函数返回 stat_result 对象。

stat_result 对象常用属性见表 7-1。

表 7-1　stat_result 对象常用属性

属性名称	属性描述
st_size	文件大小（以字节为单位）
st_ctime	文件的创建时间，以秒为单位
st_atime	文件最近的访问时间，以秒为单位
st_mtime	文件最近的修改时间，以秒为单位

stat 函数返回的 st_ctime 以秒为单位，程序需要将其转换为自定义的时间格式串（如 20210323）。

【例 7-1】　st_ctime 转换为自定义的时间格式

程序清单如下。

```
# 导入 os 模块
import os
# 导入 time 模块
import time
filepath = "../data/img/07/IMG_1310.jpg"
# 获取文件的创建时间
ctime = os.stat(filepath).st_ctime
# 返回 ctime 时间的 struct_time 结构对象
ctime = time.localtime(ctime)
# 格式化时间串
stime = "{0}{1:0>2}{2:0>2}"
stime = stime.format(ctime.tm_year,ctime.tm_mon,ctime.tm_mday)
print(stime)
```

转换代码用到了 time 模块，time 模块提供了时间的访问和转换函数，函数 localtime([secs]) 返回 secs 的当地时间 struct_time 结构对象。

struct_time 结构是一个九元组，结构中的值可以通过索引和属性名称访问。

struct_time 结构见表 7-2。

表 7-2　struct_time 结构

索引	属性	值
0	tm_year	4 位数字，例如 2020
1	tm_mon	1~2 位数字，1~12
2	tm_mday	1~2 位数字，1~31
3	tm_hour	1~2 位数字，0~23
4	tm_min	1~2 位数字，0~59
5	tm_sec	1~2 位数字，0~61
6	tm_wday	1 位数字，0~6，周一为 0
7	tm_yday	1~3 位数字，1~366
8	tm_isdst	设置夏令时，1 为夏令时，0 为正常

7.1.4　文件重命名

os 模块的 rename(src,dst) 函数重命名文件或目录，src 是需要重命名的目录或文件路径，dst 是重命名后的目录和文件路径。

例如：

```
import os
filepath = os.rename("d:\\document\pic\\01.png","d:\\document\pic\\r01.png")
```

7.1.5　提取文件扩展名

os.path 模块的 splitext(path) 函数用于分离文件路径和文件的扩展名，它返回一个二元组，元组的第一个元素是文件路径，元组的第二个元素是文件的扩展名。

例如：

```
import os
path = "d:\\document\\pic\\01.png"
print(os.path.splitext(path))
```

7.1.6　判断文件和目录

在遍历目录文件的过程中，需要判断当前路径是文件还是目录，是目录则忽略。os.path 模块的 isfile(path) 函数可以判断 path 是否是文件，是文件则返回 True。

例如：

```
import os.path as path
```

```
print(path.isfile("d:\\document\pic\\01.png"))
```

7.1.7 遍历文件

遍历是指对目录中的所有文件按顺序逐个访问。例如程序要求列出某个目录中所有的文件名称，就需要访问这个目录中的所有文件并获取文件的名称，然后将获取的文件名称输出到屏幕上。

os 模块的 `listdir(path)` 函数列出指定目录中所有的文件，也包括子目录。目录由 path 指定，访问文件顺序为字母顺序。该方法返回列表数据。

【例 7-2】 遍历目录文件

```
#导入 os 模块
import os
#待遍历的目录路径
path = "../data"
#调用 listdir 方法遍历 path 目录
dirs = os.listdir(path)
# 输出所有文件和文件夹
for file in dirs:
    print(file)
```

7.1.8 文件批量命令示例

【例 7-3】 从手机或数码相机导入计算机中保存的照片，初始的照片文件名称不方便记忆和分类。现在需要编写一个 Python 程序，对这些照片文件重新命名，命名规则为：

照片标签_创建日期_序号

照片标签指照片的出处、来源；创建日期指照片的拍摄日期；序号指照片的序号，为 4 位数字。

例如，团建活动_20210312_0001.jpg。

图 7-1 展示了照片文件批量命名的处理流程。

程序清单如下。

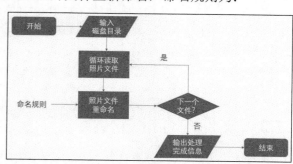

图 7-1 照片文件批量命名的处理流程

```
'''
案例：照片文件批量命名
'''
# 导入 os 模块
import os

# 导入 time 模块
import time

# 照片标签
v_pic_tag = "团建活动"

# 照片序号
v_pic_no = 1
```

```
# 照片目录
v_pic_path = "../data/img/07/"

# 时间转换函数
def f_to_time(t):
    # 返回 t 时间的 struct_time 结构对象
    ctime = time.localtime(t)
    # 格式化时间串
    strtime = "{0}{1:0>2}{2:0>2}"
    return strtime.format(ctime.tm_year,ctime.tm_mon,ctime.tm_mday)

# 拼接照片文件名称函数
def f_to_filename(name,t):
    # 格式时间字符串
    strtime = f_to_time(t)
    # 格式照片文件序号
    strno = "{0:0>4}".format(v_pic_no)
    # 获取文件的扩展名
    fname,ext = os.path.splitext(name)
    return v_pic_tag + "_" + strtime + "_" + strno + ext

# 程序入口
if __name__ == '__main__':

    #调用 listdir 方法遍历 v_pic_path 目录
    dirs = os.listdir(v_pic_path)
    # 遍历所有照片文件
    for file in dirs:
        # 拼接目录和文件名称为文件路径
        filepath = os.path.join(v_pic_path,file)
        # 目录和文件的判断
        if os.path.isfile(filepath):
            # 获取文件创建时间
            t = os.stat(filepath).st_ctime
            # 拼接照片文件名称
            newname = f_to_filename(file,t)
            # 文件重命名
            os.rename(filepath,os.path.join(v_pic_path,newname))
            # 照片文件序号递增
            v_pic_no = v_pic_no + 1
    print("处理完成，%d 个文件被重命名" % (len(dirs)))
```

7.2 文件内容批量替换

学习目标：掌握批量替换文本内容的程序设计方法。

文件内容批量
替换

7.2.1 open 函数

在 Python 语言中，负责文件操作的对象称为文件对象，文件对象不仅可以访问存储在磁盘中的文件，也可以访问网络文件。通过内置 open 函数获取文件对象后，即可使用文件对象提供的方法来读写文件。

应用 Python 提供的内置 open 函数可以返回文件对象，open 函数成功打开文件后会返回一个文件对象，打开失败时会抛出异常 IOError，open 函数的基本语法如下：

```
fileobj = open(
fileName,
```

```
mode='r'
buffering=-1,
encoding=None,
errors=None,
newline=None ,
closefd=True,
opener=None
)
```

open 函数需要传入八个参数,分别是 fileName、mode、buffering、encoding、errors、newline、closefd、opener,比较重要的是前四个参数。除 fileName 参数外,其他参数都有默认值,因此使用 open 函数时,不需要传入全部实参。下面分别对前四个参数进行详细说明。

fileName 指定了要打开的文件名称,fileName 的数据类型为字符串,fileName 包含文件所在的存储路径,存储路径可以是相对路径,也可以是绝对路径。

mode 指定了文件的打开模式,即设定文件的打开权限。文件的打开模式有十几种(表 7-3 给出了详细描述),比较常用的有 r、r+ 和 w+ 模式,使用 r 模式打开的文件只能被读取,而不能被改写;使用 r+ 模式打开的文件既可以被读取,也可以写入;w+ 模式与 r+ 模式基本相同,唯一不同的是,使用 w+ 模式可以创建一个新的文件,如果打开的文件已存在,原有内容会被删除,因此要谨慎使用 w+ 模式打开文件,防止已有文件内容被清空。文件打开模式见表 7-3。

表 7-3 文件打开模式

打开模式	模式描述
r	以只读方式打开文件,文件只能读取,不能写入
r+	以读写方式打开文件(具体操作参见 r)
w	以只写方式打开文件,如果该文件已存在则打开文件,并从头写入内容,原有内容被删除;若该文件不存在,则创建新文件
w+	以读写方式打开文件(具体操作参见 w)
a	以追加只写方式打开文件,如果该文件已存在,新内容会被追加到文件后面;若文件不存在,则创建一个新文件
a+	以追加读写方式打开文件(具体操作参见 a)
rb	以二进制方式打开文件(具体操作参见 r)
rb+	以二进制方式打开文件(具体操作参见 r+)
wb	以二进制方式打开文件(具体操作参见 w)
wb+	以二进制方式打开文件(具体操作参见 w+)
ab	以二进制方式打开文件(具体操作参见 a)
ab+	以二进制方式打开文件(具体操作参见 a+)

buffering 用于指定打开文件所使用的缓冲方式,缓冲区是一段内存区域,用于读取文件。设置缓冲区的目的是先把文件内容读取到缓冲区,可以减少 CPU 读取磁盘的次数。buffering 为 0 时表示不缓冲,为 1 时表示只缓冲一行数据,为 -1 时表示使用系统默认的缓冲机制,默认为 -1。任何大于 1 的值表示使用给定的值作为缓冲区大小。一般情况下使用函数默认值即可。

encoding 用于指定文件的编码方式,默认编码方式依赖于程序运行的系统平台,编码方式主要是指文件中的字符编码。我们经常会碰到这样的情况，当打开一个文件时，内容显示为乱码，这是因为创建文件时采用的编码方式与打开文件时的编码方式不一致，从而造成字符显示错误。

r 模式只能打开已存在的文件，当打开不存在的文件时，open 函数会抛出异常。

open 函数案例代码如下。

```
#使用 r 模式打开不存在文件
filename = "test.txt"
try:
    fp = open(filename,"r")
except IOError:
    print("文件打开失败，%s 文件不存在" % filename)
```

如果需要创建一个新的文件，在 open 函数中可以使用 w+模式，使用 w+模式打开文件时，如果该文件不存在，则会创建该文件，而不会抛出异常。

```
#使用 w+模式打开不存在文件
filename = "test.txt"
try:
    fp = open(filename,"w+")
    print("%s 文件打开成功" % filename)
except IOError:
    print("文件打开失败，%s 文件不存在" % filename)
```

7.2.2　读取文件内容

使用文件对象读取文件内容时，要根据文件的不同存储类型选择不同的读取方式。文件的存储类型主要分为文本文件和二进制文件两大类。文本文件是可以使用记事本打开的文件，主要存储文字信息及换行符等控制符号，任何程序都可以打开文本文件并能正确显示文件内容；二进制文件主要是以二进制方式来存储内容，二进制文件很难被用户或其他程序理解，读取后也无法正确显示，只有创建它的程序才能够正确读取和显示，如 DOC 文档、图片文件、音视频等文件。

文件对象提供了三种读取文件内容的方法，分别是 read、readline、readlines。其中 read 方法既可以读取文本文件也可以读取二进制文件，readline 和 readlines 方法只能读取文本文件。

read 方法按字节读取文件内容，可以设定读取的字节数，read 语法如下：

```
content = fileobj.read(size=-1)
```

read 方法的 size 参数用于指定需要从文件读取的字节数，如果调用 read 方法时，没有给出 size 参数（默认值为-1），文件内容会被全部读取。

read 会把读取的文件内容存储到 content 变量，content 变量的类型与 open 函数使用的文件打开模式有关。如果 open 函数以默认的文本模式打开，content 变量为字符串类型；如果以二进制模式打开，content 变量为 byte 类型。

```
# 待打开文件的绝对路径
filename = "test.txt"
try:
    #使用 r 模式打开文本文件，编码方式为 utf-8
```

```
        fp = open(filename,"r",encoding='utf-8')
        print("%s 文件打开成功" % filename)
        #从文件对象中读取文件内容
        content = fp.read()
        #关闭文件对象
        fp.close();
        print("读取的文件内容: ")
        print(content);
    except IOError:
        print("文件打开失败, %s 文件不存在" % filename)
```

readline 只适合读取文本文件,用于顺序读取文本文件的一行(即读取下个行结束符之前的所有字符),读取的内容作为字符串返回。readline 语法如下:

```
content = fileobj.readline(size=-1)
```

readline 方法的 size 参数与 read 方法相同,也是用于指定需要从文件读取的字节数,默认值为-1,表示读取至每行的结束符。如果设定了读取的字节数,readline 读取 size 个字节后,可能会返回不完整的行。readline 比较适合读取较大的文本文件,这些文件不适合一次性读入,而是边读取边处理文件。

7.2.3 替换文件内容

string 对象的 replace(old, new) 函数可以将字符串内所有的 old 子串替换为 new 子串。例如:

```
str = "Happiness is a way station between too much and too little."
print(str.replace("too","very"))
```

7.2.4 保存文件到磁盘

文件对象的 write(data) 函数可以把字符串或 byte 类型的数据写入文件。当被写入的文件以文本模式打开时,传入的参数应为字符串类型;当被写入文件以二进制模式打开时,传入的参数应为 bytes 类型。

```
writesize = fileobj.write (data);
```

其中 data 是要写入文件的数据,调用 write 方法写入 data 数据到文件后,write 返回写入的字节数。需要注意的是,此时 data 数据并没有真正写入文件,因为 data 数据被存储在缓冲区中,直到调用关闭或刷新缓冲区方法后,缓冲区的 data 数据才能真正写入文件中。

文件对象刷新缓冲区的方法如下:

```
fileobj.flush();
```

【例 7-4】 把字符串写入文件

程序清单如下。

```
# 创建一个字符串对象
str = "Happiness is a way station between too much and too little."
filename = "../data/txt/例 7-4.txt"
```

```
try:
    fp = open(filename,"w+")
    print("%s 文件打开成功" % filename)
    #写入文件
    size = fp.write(str)
    print("共写入 %d 个字节到  %s" % (size,filename))
    #强制刷新缓冲区
    fp.flush()
    #关闭文件
    fp.close()
except IOError:
    print("%s 文件打写入败 " % filename)
```

7.2.5　批量替换示例

在编写文档的过程中，可能会出现错别字或词语错误等问题，在这种情况下，需要对整个文档发生错误的部分进行替换，甚至是对多个文档进行错误部分的替换。若修改内容达几百或上千处，使用程序修改会节省大量的工作时间，修改质量也更有保证。

【例 7-5】　在图书资源 data\py\07 目录下，存储有 angry.py、rectangle.py、triangle.py 三个源代码文件，这些文件用 Python 2 语言编写，其中 print 函数语法与 Python 3 不兼容。需要编写一个程序，将三个源代码文件的 print 函数语句升级为 Python 3 的语法。

例如：

print S 替换为 print(S)。

其中 print S 是 Python 2 语法，print(S) 是 Python 3 语法。

任务处理流程如图 7-2 所示。

程序清单如下。

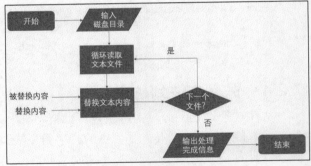

图 7-2　文本内容批量替换流程

```
'''
案例：文本内容批量替换
'''
# 导入 os 模块
import os

# 文本文件存储目录
v_txt_path = "../data/py/07/"

# 文本内容替换函数
def f_txt_replace(path):
    content = ""
    # 读取文本内容
    try:
        # 使用 r+模式打开文本文件，编码方式为 utf-8
        fp = open(path,"r+",encoding='utf-8')
        # 从文件对象中读取文件内容
        content = fp.read()
        # 内容替换
```

```
        content = content.replace("print S","print(S)")
        # 关闭文件对象
        fp.close();

    except IOError:
        print("文件打开失败，%s 文件不存在" % path)

    # 写入文本内容
    try:
        # 使用 w+模式打开文本文件，编码方式为 utf-8
        fp = open(path,"w+",encoding='utf-8')
        # 文本内容写入文件
        size = fp.write(content)
        print("共写入  %d 个字节到  %s" % (size,path))
        # 强制刷新缓冲区
        fp.flush()
        # 关闭文件对象
        fp.close()
    except IOError:
        print("文件写入失败，%s 文件不存在" % path)

# 程序入口
if __name__ == '__main__':

    # 调用 listdir 方法遍历 v_txt_path 目录
    dirs = os.listdir(v_txt_path)
    # 遍历所有文本文件
    for file in dirs:
        # 拼接目录和文件名称为文件路径
        filepath = os.path.join(v_txt_path,file)
        # 获取文件的扩展名
        fname,ext =  os.path.splitext(file)
        # 仅修改 py 文件
        if ext == ".py":
            # 调用文本内容替换函数
            f_txt_replace(filepath)
```

7.3 创建文件和目录

学习目标：掌握批量创建文件和目录的程序设计方法。

7.3.1 创建单个目录

用 os 模块的 mkdir(path) 函数创建一个新的目录，目录路径由 path 指定。

用 os 模块的 makedirs(path) 函数创建多级目录，目录路径由 path 指定。与 mkdir 不同的是，当 path 包含多级目录时，如果这些多级目录不存在，makedirs 会自动创建这些目录，而 mkdir 会创建失败。

创建文件和目录

```
#创建目录样例文件
#导入 OS 模块
import os
#path 为要创建目录的目录路径
path = "test\\document"
#调用 OS 模块的 mkdir 方法创建目录
os.mkdir(path)
```

案例代码使用 mkdir 方法创建的目录路径为绝对路径，mkdir 方法也可以使用相对路径来创建目录。绝对路径是从磁盘盘符开始的路径，相对路径是从程序当前工作目录开始的路径。例如"test"是相对路径，是当前项目目录下的 test 目录，创建的目录路径是"document"。

使用 makedirs 方法创建多级目录案例代码如下。

```
#创建目录样例文件
#导入 OS 模块
import os
#path 为要创建目录的目录路径
path = "test\\pub\\document"
#调用 OS 模块的 makedirs 方法创建多级目录
os.makedirs(path)
```

使用 makedirs 方法创建多级目录，创建的目录路径为"test\\pub\\document"，makedirs 方法执行之前 pub 目录和 document 都不存在。

7.3.2 with 语句与上下文管理

Python 提供的 with 语句可以简化文件操作代码，不需要使用异常处理语句来处理操作文件可能出现的异常，with 语句会把文件处理操作涉及的文件对象、变量、函数封装到一个上下文管理器对象，使用上下文管理器可以保存和恢复各种全局状态，锁定和解锁资源，关闭打开的文件等。

Python 提供了上下文管理协议，上下文管理协议要求实现类定义__enter__()和__exit__()两个方法。

上下文管理器是支持上下文管理协议的对象，该对象实现了__enter__()和__exit__()方法。

上下文管理器定义执行 with 语句时要建立运行时上下文，负责执行 with 语句块上下文中的进入与退出操作。通常使用 with 语句调用上下文管理器，也可以通过直接调用其方法来使用。

with 语句的语法结构如下：

```
with expression [as target]:
    codebody
```

其中 with 是 Python 关键字，expression 是一个表达式，可以是一个函数，也可以是一个对象，如果是函数，函数必须返回一个实现上下文管理协议的对象；如果是一个对象，该对象必须是上下文管理器对象。

target 是可选的，如果 with 语句中包含一个 target，来自__enter__()的返回值将被赋值给它。

codebody 是要执行的代码块。

使用 with 语句，在操作文件时，不需要担心文件对象的关闭问题，with 语句启动的上下文管理器会自动关闭打开的文件对象。

with 语句案例代码如下。

```
#待打开文件路径
filename = "test\\sample.txt"
#使用 with 语句操作文件
with open (filename,"r",encoding='utf-8') as fp:
    print(fp.read())
    #其他处理语句
    pass
```

open 函数会返回一个文件对象，文件对象是支持上下文管理协议的对象，fp 是执行上下文管理器__enter__()方法返回的文件对象，with 语句内的代码块执行完成后，上下文管理器会自动关闭打开的文件对象。

pass 是一个空操作，当它被执行时，不发生任何操作。它适合当语法上需要一条语句但并不需要执行任何代码时用来临时占位。

with 语句可以简化 try-except-finally 使用模式的语句，多用于需要释放被访问资源的代码块，例如释放文件对象资源、线程中锁的自动获取和释放等。

7.3.3 批量创建目录

批量创建目录是指在一个循环中不断调用 mkdir 函数或 makedirs 函数来创建目录，循环次数或者创建的目录数量由 dir.txt 文件中的文本行数确定。

```
# 导入 os 模块
import os
# 目录文件
v_base_path = "test\\"
# 目录文件
v_filename = "data\\dir.txt"
done = False
#使用 with 语句操作文件
with open (v_filename,"r",encoding='utf-8') as fp:
    #使用 while 循环读取文本文件所有行数
    while not done:
        #按行读取文件内容
        line = fp.readline()
        if(line != ""):
        # 去除字符串头尾的空格和换行符
            line = line.strip()
            # 拼接目录和文件名称为文件路径
            filepath = os.path.join(v_base_path,line)
            # 创建目录
            os.mkdir(filepath)
        else:
            done = True
```

7.3.4 批量创建文件

批量创建文件的方法与批量创建目录的方法基本相同，也是通过一个循环来创建文件，使用 open 函数创建文件时，建议使用 w+模式。

7.3.5 文件和目录批量创建示例

在计算机办公应用中，有时需要在计算机磁盘上创建多个不同类别的目录，存储不同类别的文件，当创建的目录和文件数量过多时，若采用手动方式创建目录和文件，将会是一件耗时费力的工作。在这种情况下，编写一个 Python 程序完成目录和文件的批量创建将会是不错的选择。

【例 7-6】 图书资源 data\txt\07 目录下有两个文本文件，分别是 dir.txt 和 file.txt。dir.txt 存储要创建的目录名称，每行为一个目录；file.txt 存储在目录下要创建的文件名称，每行为一个文件。

dir.txt 的内容如下：

```
教研一组
教研二组
教研三组
```

file.txt 的内容如下：

```
教研方案1.doc
教研方案2.doc
教研方案3.doc
```

任务处理流程见图 7-3。

程序清单如下。

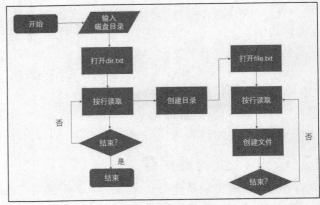

图 7-3 批量创建文件和目录流程

```python
import os

# 在该目录下创建子目录
v_base_path = "../data/txt//07/dir/"

# 存储创建目录名称的文本文件
v_dir_path = "../data/txt//07/dir.txt"

# 存储创建文件名称的文本文件
v_file_path = "../data/txt/07/file.txt"

# 循环控制变量
done = False

# 创建文件函数
def f_new_file(path):
    # 循环控制变量
    fdone = False
    #使用with语句操作文件
    with open (v_file_path,"r",encoding='utf-8') as fp:
        #使用while循环读取文本文件所有行数
        while not fdone:
            #按行读取文件内容
            line = fp.readline()
            if(line != ""):
                # 去除字符串头尾的空格和换行符
                line = line.strip()
                # 拼接目录和文件名称为文件路径
                filepath = os.path.join(path,line)
                # 创建文件
```

```
            try:
                newfp = open(filepath,"w+")
                newfp.close()
            except IOError:
                print("%s 文件创建失败" % filepath)
        else:
            fdone = True

# 程序入口
if __name__ == '__main__':

    #使用 with 语句操作文件
    with open (v_dir_path,"r",encoding='utf-8') as fp:
        #使用 while 循环读取文本文件所有行数
        while not done:
            #按行读取文件内容
            line = fp.readline()
            if(line != ""):
                # 去除字符串头尾的空格和换行符
                line = line.strip()
                # 拼接目录和文件名称为文件路径
                filepath = os.path.join(v_base_path,line)
                # 创建目录
                os.mkdir(filepath)
                # 调用 f_new_file 函数
                f_new_file(filepath)
            else:
                done = True
```

7.4 提取文件属性

提取文件属性

学习目标：掌握批量提取文件属性并保存为 CSV 文件的程序设计方法。

7.4.1 提取文件修改时间

os 模块的 stat 函数可以获取文件的属性，该函数返回 stat_result 对象。stat_result 对象的 st_mtime 属性描述了文件的最近修改时间，该属性是一个整数，表示自 1970 年 1 月 1 日 00:00:00（国际标准时间）以来到时间记录表达的时间所经过的秒数，需要编写一个函数将该整数转换为日期和时间。

```
# 导入 os 模块
import os
# 导入 time 模块
import time
filepath = os.path.join("data","01.jpg")
# 获取文件最近修改时间
mtime = os.stat(filepath).st_mtime
# 返回 mtime 时间的 struct_time 结构对象
mtime = time.localtime(mtime)
# 格式化时间串
stime = "{0}-{1:0>2}-{2:0>2} {3:0>2}:{4:0>2}"
stime = stime.format(mtime.tm_year,mtime.tm_mon,mtime.tm_mday,mtime.tm_hour,mtime.tm_min)
print(stime)
```

7.4.2 提取文件最近访问时间

stat_result 对象的 st_atime 属性描述文件的最近访问时间，具体操作见 7.4.1 节。

7.4.3 提取文件大小

stat_result 对象的 st_size 属性描述文件大小，单位是字节（B）。若 st_size 超过 1024 字节，可以将文件大小转换为较大的单位 KB 表示，1KB 为 1024 字节。

```
# 导入 os 模块
import os
# 导入 time 模块
import time
filepath = os.path.join("data","01.jpg")
# 获取文件的大小
size = os.stat(filepath).st_size
# 若 size 小于 1024，不做转换
if 1 <= size < 1024:
    # round 函数返回 size 的四舍五入值
    file_size = str(round(size)) + 'B'
else:
    # 字节转换为 KB
    file_size = str(round(size / 1024)) + 'KB'
print(file_size)
```

7.4.4 读写 CSV 文件

CSV 数据是纯文本数据，使用记事本即可查看数据内容。CSV 数据规定文本内容的每一行为一条数据记录，但一些特殊的 CSV 格式允许一条记录占据多行。每行可以有多个数据项，每个数据项之间使用英文逗号分隔，CSV 的第一行记录可以是记录中每个数据项的名称。

1. 读取 CSV 文件

csv 模块是 Python 提供的标准模块，用于读取和写入 CSV 文件。模块中的 reader() 函数可以读取 CSV 文件。

函数声明：

```
reader(csvfile, dialect='excel', **fmtparams)
```

函数会返回一个 reader 对象，reader 对象提供了遍历 CSV 文件所有记录的方法。csvfile 参数可以是打开的文件对象或列表对象。

reader 对象是 Reader 类的实例化对象，Reader 类提供了 __next__() 方法来遍历 CSV 数据。方法描述见表 7-4。

表 7-4 Reader 类方法

方法	描述
__next__()	返回 CSV 数据的下一条记录，reader 对象也是一个迭代器

Reader 类的属性见表 7-5。

表 7-5 **Reader 类属性**

属性	描述
line_num	reader 对象已经读取的行数

```
# 导入 csv 模块
import csv
# 定义 CSV 文件路径
csvname="data\\sample.csv"
# 读取 CSV 文件
with open(csvname, newline='') as csvfile:
    # 调用 csv 模块的 reader() 函数，返回 reader 对象
    reader = csv.reader(csvfile)
    # 遍历 csv 文件的所有记录
    for line in reader:
        print("第%d行记录: %s" % (reader.line_num,line))
```

2. 写入 CSV 文件

当需要把字典、列表等对象数据转换为 CSV 数据并写入文件时，可以使用 csv 模块提供的 writer() 函数。

writer() 函数声明如下：

```
writer(csvfile, dialect='excel', **fmtparams)
```

函数返回一个 writer 对象，在给定的文件类对象上，writer 对象会将列表、字典等对象数据转换为带分隔符的字符串，对象的每一个元素为 CSV 数据的一条记录。

参数 csvfile 是文件对象，使用 open() 函数打开文件时，应设置参数 newline 为空串，即 newline='' 。

writer 对象是 Writer 类的实例化对象，Writer 类提供了 writerow() 和 writerows() 方法将对象数据写入 CSV 文件。方法描述见表 7-6。

表 7-6 **Writer 类的方法**

方法	描述
writerow(row)	将参数 row 写入 writer 的文件对象，并根据当前设置的变种进行格式化
writerows(rows)	将 rows（即能迭代出多个上述 row 对象的迭代器）中的所有元素写入 writer 的文件对象，并根据当前设置的变种进行格式化

```
# 导入 csv 模块
import csv
# 定义 CSV 文件路径
csvname="data\\csvsample.csv"
# 读取 CSV 文件
address = [["姓名","电话","邮箱","地址","微信号"],
          ["赵三","12345678901","zhaosan@mail.com","北海路 23 号","123cbd"],
          ["李四","12378904561","lisi@mail.com","淮海路 19 号","123abc"],
          ["王五","12378945601","wangwu@mail.com","花园路 21 号","123bcd"],
          ]
with open(csvname,'w',newline='') as csvfile:
    # 调用 csv 模块的 writer() 函数，返回 writer 对象
```

```
w = csv.writer(csvfile)
# 遍历列表，将列表元素写入 CSV 文件
for line in address:
    w.writerow(line)
```

7.4.5　遍历子目录

若目录中包含子目录，如何遍历子目录的文件？os 模块的 walk 函数可以递归遍历目录下面的所有文件和子目录。

walk 函数声明如下：

```
walk(top,topdown=True,onerror=None, followlinks=False)
```

函数返回一个三元组，分别是 dirpath（遍历的目录路径）、dirnames（目录下的所有文件夹）、filenames（目录下的所有文件）。函数要求传入 4 个参数，其中有 3 个参数是默认值，top 参数指定要遍历的目录路径。

【例 7-7】　递归遍历目录

程序清单如下。

```
#递归遍历目录样例文件
#导入 os 模块
import os
#待遍历的目录路径
path = "../data"
#调用 walk 方法递归遍历 path 目录
for root, dirs, files in os.walk(path):
    for name in files:
        print(os.path.join(root, name))
    for name in dirs:
        print(os.path.join(root, name))
```

7.4.6　文件属性提取示例

在日常工作中，经常需要确认文件的一些属性，如文件名称、文件的大小、文件的创建时间、文件的修改时间等。若需要确认的文件过多，编写一个 Python 程序自动提取文件的属性是一种提高工作效率的好方法。

【例 7-8】　图书资源 data\img\07 目录下存储有多个图片文件，编写程序分别获取这些图片的文件名称、文件大小、创建时间、修改时间、最近访问时间，并输出到 CSV 文件。

任务处理流程见图 7-4。

程序清单如下。

```
'''
案例：批量提取文件的属性
'''
# 导入 os 模块
import os

# 导入 time 模块
import time
```

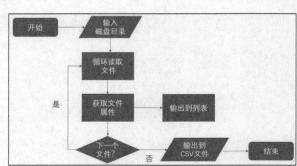

图 7-4　批量提取文件属性流程

```python
# 导入 csv 模块
import csv


# 设置遍历的目录
v_dir_path = "../data/img/07/"

# 时间转换函数
def f_to_time(t):
    # 返回 t 的 struct_time 结构对象
    t1 = time.localtime(t)
    # 格式化时间串
    stime = "{0}-{1:0>2}-{2:0>2} {3:0>2}:{4:0>2}"
    stime = stime.format(t1.tm_year,t1.tm_mon,t1.tm_mday,t1.tm_hour,t1.tm_min)
    return stime

# 字节转换函数
def f_to_size(size):
    if 1 <= size < 1024:
        # round 函数返回 size 的四舍五入值
        file_size = str(round(size)) + 'B'
        return file_size
    else:
        # 字节转换为 KB
        file_size = str(round(size / 1024)) + 'KB'
        return file_size

# 提取文件属性函数
# name:文件名称
# obj: stat_result 对象
def f_get_file_attr(name,obj):
    # 存储文件属性的列表
    attr = [name]
    # 创建时间
    attr.append(f_to_time(obj.st_ctime))
    # 最近修改时间
    attr.append(f_to_time(obj.st_mtime))
    # 最近访问时间
    attr.append(f_to_time(obj.st_atime))
    # 文件大小
    attr.append(f_to_size(obj.st_size))
    return attr;


# 程序入口
if __name__ == '__main__':

    # 存储文件属性的列表
    data = []
    #调用 walk 方法递归遍历 v_dir_path 目录
    for root, dirs, files in os.walk(v_dir_path):

        # 遍历文件
        for name in files:
            filepath = os.path.join(root, name)
            # 获取 stat_result 对象
            obj = os.stat(filepath)
            # 提取文件属性
            data.append(f_get_file_attr(name,obj))
        # 遍历目录
        for name in dirs:
            pass
    # 写入 CSV 文件
    # 定义 CSV 文件路径
    csvname="../data/attr.csv"
```

```
with open(csvname,"w+",newline='') as csvfile:
    # 调用 csv 模块的 writer()函数，返回 writer 对象
    w = csv.writer(csvfile)
    # 遍历列表，将列表元素写入 CSV 文件
    for line in data:
        w.writerow(line)
```

7.5　编程练习

需求描述

（1）对指定目录下的文本文件进行批处理操作，将处理结果存储到一个新建目录，待处理文件目录和新建目录由使用者输入。

（2）合并功能：将所有文本文件合并到一个新的文本文件，按照文件创建日期的顺序合并。

（3）查找功能：在所有文本文件中查找指定的关键词，待查找的关键词由使用者输入，查找结果以列表数据存储，列表的每个元素为一个查找项，每个查找项包含"文件名称""与关键词匹配的字符串起始索引"，将列表数据存储到 CSV 文件，每个文件为 CSV 的一条记录，文件内与关键词匹配的字符串为数据项。

第 8 章

使用正则表达式对文本内容进行批处理

8.1 入门正则表达式

学习目标：正则表达式在文本处理中非常重要，它在各种文本编辑器场合都有应用，本节将详细介绍正则表达式的相关知识。

正则表达式是由一些预定义的字符、数字和符号组成的一个规则串（规则串也称为模式串或正则式）。我们可以使用这个规则串对需要处理的一段字符串进行匹配。如果这段字符串的内容能够与规则串匹配，则匹配成功，否则就匹配失败。正则表达式经常应用于数据采集、搜索引擎、编译系统、文本编辑器等方面。

8.1.1 原始字符串标记

1.6.5 节中讲过，编程语言中有一些符号是转义符，它们拥有特殊的含义，和符号自身表示的含义不同。例如，Python 中用"\n"表示换行符的含义，用两个反斜杠字符"\\"表达一个反斜杠字符"\"的含义。

原始字符串标记，就是在字符串前面加一个小写字母 r，r 不包含在字符串内。使用原始字符串标记时，字符串所表达的内容就是它本身，而非 Python 规定的转义符（见表 1-3）。例如，r"\n"表示一个反斜杠字符"\"和一个小写字母 n，而非换行符；r"\"表示一个反斜杠字符"\"，而不需要用"\\"表示"\"。

当正则表达式需要匹配一个反斜杠字符"\"时，必须在正则表达式中进行转义。因此，当使用普通 Python 字符串字面值书写正则表达式来匹配"\"时，需写为"\\\\"。这是因为，为了匹配一个"\"，需要一个用于转义的元字符"\"和一个匹配内容"\"，即规则串为"\\"；而每个"\"在普通 Python 字符串字面值中又必须表示为"\\"。当使用原始字符串标记来书写正则表达式以匹配"\"时，仅需写为 r"\\"。如下方代码所示，这两种使用正则表达式的方式意义相同。

```
>>> import re

>>> re.match(r"\\", r"\\")  #括号中第一个 r"\\" 为正则表达式，第二个 r"\\" 为待匹配的字符串
<re.Match object; span=(0, 1), match='\\'>  #match='\\' 是因为这里显示的是字符串字面值

>>> re.match("\\\\", r"\\")  #括号中的 "\\\\" 为正则表达式，r"\\" 为待匹配的字符串
<re.Match object; span=(0, 1), match='\\'>  #match='\\' 是因为这里显示的是字符串字面值
```

建议读者在编写正则表达式时，使用原始字符串标记。

8.1.2　初识正则表达式

假如要使用 Python 开发一个用户注册程序，实现验证用户输入的邮箱地址格式是否正确的功能，该怎样编写这个程序呢？

要验证邮箱地址的格式是否正确，需要先确定邮箱地址的格式规则，再编写正则表达式。每个邮箱地址都包含"@"字符，因此只要检测给出的邮箱地址是否包含"@"字符，即可基本确定邮箱地址格式是否正确。如何判断一个字符串是否包含"@"字符呢？在 Python 语言中，可以使用成员运算符 in 来判断，不过这里使用正则表达式来检测。

先来认识正则表达式的预定义符号"[]"，中括号内可以包含一个或多个字符及符号构成的集合，当需要匹配的字符串包含中括号内的任意一个字符时，则匹配成功。

例如，匹配一个邮箱地址是否包含"@"符号，可以使用下面的正则表达式：

```
pattern = r"[@]"
```

pattern 是一个最简单的正则表达式，它使用了预定义的"[]"符号，"[]"符号内包含一个"@"字符，使用该正则表达式可以匹配包含"@"字符的字符串，也可以用于检测邮箱地址是否包含"@"字符。

Python 如何执行正则表达式？

Python 提供了 re 模块用于执行正则表达式。re 模块提供了两个主要的正则表达式执行函数，分别是 match 函数和 search 函数。match 函数尝试从字符串的起始位置开始匹配，如果在起始位置匹配不成功，match 函数会返回 None。search 函数会扫描整个字符串，并返回第一个成功的匹配。

match 函数和 search 函数都有三个相同的参数，参见表 8-1。

表 8-1　**match** 函数和 **search** 函数的参数说明

参数	描述
pattern	正则表达式
string	待匹配的字符串
flags	标志位，用于控制正则表达式的匹配模式，默认为 0，详见第 8.1.4 节

下面的代码使用 match 函数检测邮箱地址（提示：本书中的邮箱地址均为虚拟的）是否包含"@"字符。

```
import re
# 正则表达式
pattern = r"[@]"
# 使用 re 模块 match 函数进行匹配
print(re.match(pattern, 'biancheng@mail.com'))
```

在上面的代码中，`pattern` 是正则表达式，使用 `re` 模块的 `match` 函数匹配邮箱地址 biancheng@mail.com，验证邮箱地址是否包含 "@" 字符。前面提到过，`match` 函数尝试从字符串的起始位置开始匹配，如果在起始位置匹配不成功，`match` 函数返回 None。

再看下面的代码：

```
import re
# 正则表达式
pattern = r"[@]"
# 使用 re 模块 search 函数进行查找
print(re.search(pattern, 'biancheng@mail.com'))
```

在上面的代码中，使用了 `re` 模块的 `search` 函数。前面介绍过，`search` 函数会扫描整个字符串，并返回第一个匹配成功的对象，因此使用 `search` 函数会匹配成功。执行结果如下所示：

```
<re.Match object; span=(9, 10), match='@'>
```

`search` 函数匹配成功返回的结果是一个 Match 对象，Match 对象提供了一些方法，以不同方式来获取匹配结果，后面章节会专门介绍 Match 对象。

`search` 函数主要是应用正则表达式进行字符串查找操作，并不适合用来验证邮箱地址格式，这里使用 `match` 函数进行邮箱地址格式的验证。

观察下面的邮箱地址：

```
biancheng@mail.com
john_1996820@yahoo.com
2273999568@qq.com
```

上面的每个邮箱地址都符合 "名称@域名" 规则，字符 "@" 位于邮箱地址的 "名称" 和 "域名" 之间。进一步观察发现，邮箱地址名称只允许由英文字母、数字、下划线组成；域名只允许由英文字母、数字、下划线和 "." 组成。

基于上述观察，在编写正则表达式时，可以在符号 "@" 前面匹配任意多个符合邮箱名称规则的字符和符号，在符号 "@" 后面匹配任意多个符合邮箱域名规则的字符和符号。

下面给出的正则表达式可以验证邮箱地址格式的正确性：

```
pattern = r"\w+[@][a-zA-Z0-9_]+(\.[a-zA-Z0-9_]+)"
```

这段正则表达式比前面的正则表达式复杂得多，这些字符和符号的组合是什么含义呢？

首先，我们以字符串 "[@]" 为分隔串将正则表达式分为两部分。

第一部分是：

"\w+"

第二部分是：

"[a-zA-Z0-9_]+(\.[a-zA-Z0-9_]+)"

第一部分用于匹配邮箱名称。邮箱名称由英文字母、数字、下划线组成。在正则表达式中，使用"\w"来匹配数字、字母和下划线，使用"\W"来匹配非数字、字母和下划线。

"\w""\W"等字符组合在正则表达式中也称为元字符，前面介绍的"[]"也是正则表达式的元字符，元字符使正则表达式具有处理能力。例如，"\w"元字符可以使正则表达式具备匹配数字、字母和下划线的能力。

元字符"\w"仅匹配单个数字、字母和下划线，如果需要匹配多个数字、字母和下划线，就需要用到正则表达式的元字符"+"，元字符"+"可以使前面的字符或子表达式匹配一次或多次。例如，"\w+"子表达式具备匹配一个或多个数字、字母和下划线的能力。

第二部分用于匹配邮箱域名。邮箱域名由英文字母、数字、下划线和"."组成，邮箱域名分为前缀和后缀两部分，两部分之间使用"."分隔。"[a-zA-Z0-9_]"表示匹配 a~z 范围内的小写字母、A~Z 范围内的大写字母、数字 0~9、下划线"_"。"[a-zA-Z0-9_]"等同于元字符"\w"。"[a-zA-Z0-9_]+"等同于"\w+"。

"(\.[a-zA-Z0-9_]+)"是子表达式，子表达式的内容使用一对小括号括起来，一对小括号也是正则表达式的元字符。括号内的"\."用于匹配邮箱域名中的"."，其中元字符"\"是转义元字符，它把它后面的字符标记为特殊字符、文本等。例如，"\."匹配单符号"."，"\n"匹配单字符"n"。

```
import re
# 正则表达式
pattern = r"\w+[@][a-zA-Z0-9_]+(\.[a-zA-Z0-9_]+)"
# 使用 re 模块 match 函数进行匹配
print(re.match(pattern, 'biancheng@mail.com'))
```

程序执行结果如下所示：

```
<re.Match object; span=(0, 18), match='biancheng@mail.com'>
```

在上面的代码中，如果需要验证的邮箱地址域名为二级域名，例如 biancheng@ptpress.com.cn，执行结果将如下所示：

```
<re.Match object; span=(0, 21), match='biancheng@ptpress.com.cn'>
```

从执行结果可以看出，邮箱地址并没有完全匹配。问题在于"(\.[a-zA-Z0-9_]+)"仅匹配一次域名的后缀，如果邮箱域名有多个域名后缀则只能匹配最前面的一个。要解决这个问题，就需要在"(\.[a-zA-Z0-9_]+)"后面添加元字符"+"，实现重复匹配。修改上面的代码如下：

```
import re
# 正则表达式
pattern = r"\w+[@][a-zA-Z0-9_]+(\.[a-zA-Z0-9_]+)+"
# 使用 re 模块 match 函数进行匹配
print(re.match(pattern, 'biancheng@ptpress.com.cn'))
```

程序执行结果如下所示：

```
<re.Match object; span=(0, 24), match='biancheng@ptpress.com.cn'>
```

8.1.3 正则表达式元字符

1．元字符"."

元字符"."匹配除换行符以外的任意字符。如果设置了 DOTALL 模式，则会匹配包括换行符在内的任意字符。

2．元字符"^"

元字符"^"匹配字符串的首个符号。如果设置了 MULTILINE 模式，则会同时匹配换行后的首个符号。

3．元字符"$"

元字符"$"匹配字符串结尾或者换行符之前的一个字符。如果设置了 MULTILINE 模式，则只匹配换行符之前的一个字符。例如，正则表达式 "foo" 可以匹配字符串 'foo' 和 'foobar'，但"foo$" 只匹配 'foo'。

4．元字符"*"

元字符"*"对它前面的正则表达式的 0 到任意次重复进行匹配，并且匹配尽量多的重复次数。例如，正则表达式 "ab*" 会匹配字符串 'a' 和 'ab'，或者 'a' 后面跟随任意个 'b'。

5．元字符"+"

元字符"+"对它前面的正则表达式的 1 到任意次重复进行匹配，并且匹配尽量多的重复次数。例如，正则表达式 "ab+" 会匹配 'a' 后面跟随 1 个到任意个 'b' 的字符串，但不会匹配 'a'。

6．元字符"?"

元字符"?"对它前面的正则表达式的 0 到 1 次重复进行匹配，并且匹配尽量多的重复次数。例如，正则表达式 "ab?" 会匹配字符串 'a' 或者 'ab'。

7．元字符"*?""+?""??"

元字符"*""+"和"?"是贪婪的，它们在字符串中匹配尽量多的重复次数。若想进行非贪婪匹配，可以使用元字符"*?""+?""??"，它们在字符串中匹配尽量少的重复次数。

例如，对于字符串 '<a> b <c>'，若使用正则表达式 "<.*>" 进行匹配，将会匹配整个字符串，而不仅是 '<a>'；若使用正则表达式 "<.*?>" 进行匹配，将会仅仅匹配 '<a>'。

8．元字符"{m}"

元字符"{m}"对其之前的正则表达式的 m 次重复进行匹配。例如，正则表达式 "a{3}" 将匹配字符串 'aaa'，但是不会匹配 'aa' 或 'aaaa'。

9．元字符"{m, n}"

元字符"{m, n}"对其之前的正则表达式的 m 到 n 次重复进行匹配，并且匹配尽量多的重复次数。例如，正则表达式 "a{3, 5}" 将匹配字符串 'aaa'、'aaaa' 或 'aaaaa'。

省略 m 表示指定下界为 0，省略 n 表示指定上界为无限次。例如，正则表达式 "a{4, }b" 将匹配字符串 'aaaab'或者 4 个以上的 'a' 尾随一个 'b'，但是不会匹配 'aaab'。注意，可以省略

m 或 n，但逗号不能省略。

10．元字符"{m, n}?"

元字符"{m, n}?"是"{m, n}"的非贪婪模式，匹配尽量少的重复次数。例如，对于字符串 'aaaaaa'，正则表达式 "a{3, 5}" 匹配 'aaaaa'，而 "a{3, 5}?" 匹配 'aaa'。

11．元字符"\"

元字符"\"把它后面的字符标记为特殊字符、文本等。例如，正则表达式 "\." 匹配单字符 '.'，'\n' 匹配单字符 'n'，'\\n' 匹配换行符，'\\\n' 匹配双字符 ' \n'。

12．元字符"[]"

把需要匹配的字符、数字或符号放置在元字符"[]"内，正则表达式会匹配"[]"内的任意一个字符、数字或符号。

（1）"[]"内的字符可任意列出。例如，正则表达式 "[amk]" 会匹配单字符 'a' 或 'm' 或 'k'。

（2）"[]"内的字符可以是字符范围，字符范围通过符号"-"连接起始字符和终止字符。例如，正则表达式 "[a-z]" 将匹配任意小写 ASCII 字符，"[0-5][0-9]" 将匹配从 00 到 59 的两位数字，"[0-9A-Fa-f]" 将匹配任意一位十六进制数。

（3）如果想在"[]"内匹配一个字符 ']'，可以在字符 ']' 之前加上反斜杠。例如正则表达式 "[0\]{}]"。

13．元字符"()"

元字符"()"用于标记一个子表达式，子表达式的内容放置在小括号内。在 Python 中，子表达式也称为组合，匹配完成后，组合的内容可以被获取。例如，"(ab?)" 就是一个子表达式。

（1）(?P<name>…)和(?P=name)

(?P<name>…) 用于命名一个组合，其中<name>表示该组合的名字，"…"为该组合的目标匹配内容；命名完成的组合可以通过 (?P=name) 引用。name 必须是有效的 Python 标识符，且 name 在整个正则表达式中是唯一的。

例如，使用正则表达式 "(?P<test>ab)c(?P=test)" 对字符串 'abcabc' 进行匹配，得到的匹配结果是 'abcab'，其中第一个 'ab' 是由 (?P<test>ab) 匹配到的，第二个 'ab' 是由 (?P=test) 匹配到的。

（2）(?#…)

"…"的内容为正则表达式内的注释，在编译时会被忽略。

（3）(?=…)

以匹配括号内"…"的内容作为条件，但"…"的内容不会出现在匹配结果中。例如，使用正则表达式 "Isaac(?=Asimov)" 匹配 'Isaac '，只有当 'Isaac ' 后面是 'Asimov' 时才匹配成功。

（4）(?!…)

以不匹配括号内"…"的内容作为条件。例如，使用正则表达式 "Isaac(?!Asimov)" 匹配 'Isaac '，只有当 'Isaac' 后面没有 'Asimov' 时才匹配成功。

（5）(?< =...)

若在希望匹配的正则表达式之前添加该子表达式，则在匹配时，只有当目标匹配内容之前的内容与括号内 "..." 的内容一致时，才匹配成功。

例如，正则表达式 "(?<=abc)def" 会在字符串 'abcdef' 中成功匹配 'def' ，而不会在 'cbadef' 中匹配成功，因为该正则表达式在匹配字符的过程中，会在 'd' 字符处向前回溯 3 个字符，用于判断是否与 'abc' 匹配。

"..."的内容长度必须是固定的。例如，"abc" 或 "a|b" 是符合规范的，但是 "a*" 和 "a{3,4}" 不符合规范。

14．元字符 "\number"

通过组合编号来引用已定义的被元字符 "()" 标记的组合。

例如，正则表达式 "(.+)([u])\1\2"中存在 (.+) 和 ([u]) 两个组合，\1 表示对组合 (.+) 的引用，\2 表示对组合 ([u]) 的引用，该正则表达式可以匹配字符串 'aauaau' ，其中第一个 'aa' 由 (.+) 匹配，第一个 'u' 由 ([u]) 匹配，第二个 'aa' 由 \1 匹配，第二个 'u' 由 \2 匹配。

注意，若组合和 \number 之间有空格，则匹配结果的相应位置也应有空格。例如，正则表达式 "(.+) \1"可以匹配字符串 'the the' 或者 '55 55'，但不会匹配 'thethe'。

15．元字符 "\A"

元字符 "\A" 匹配字符串的开始位置。

16．元字符 "\Z"

元字符 "\Z" 匹配字符串的结尾位置。

17．元字符 "\b"

元字符"\b"匹配空字符串，但只在字符串的开头或结尾进行匹配。例如，正则表达式"\bfoo\b" 可以匹配字符串 'foo'、'foo.'、'(foo)'、'bar foo baz'，但不能匹配 'foobar' 或者 'foo3'。

18．元字符 "\B"

元字符 "\B" 匹配非空字符串，但不能在字符串的开头或者结尾进行匹配。例如，正则表达式 "py\B" 可以匹配字符串 'python'、'py3'、'py2'，但不能匹配 'py'、'py.'、'py!'。

19．元字符 "\d"

元字符 "\d" 匹配 Unicode 字符串中的任意十进制数。如果设置了 ASCII 模式，则元字符 "\d" 相当于正则表达式 "[0-9]"。

20．元字符 "\D"

元字符 "\D" 匹配 Unicode 字符串中的任意非十进制数字的字符。如果设置了 ASCII 模式，则元字符 "\D" 相当于匹配 [0-9] 以外的任意字符。

21．元字符 "\s"

元字符 "\s" 匹配 Unicode 字符串中的任意空白字符。如果设置了 ASCII 模式，则元字符 "\s" 相当于正则表达式 "[\t\n\r\f\v]"。

22．元字符 "\S"

元字符 "\S" 匹配 Unicode 字符串中的任意非空白字符。如果设置了 ASCII 模式，则元字

符 "\S" 相当于匹配 [\t\n\r\f\v] 以外的任意字符。

23. 元字符 "\w"

元字符 "\w" 匹配 Unicode 字符串中可以构成单词的绝大部分字符，包括字母、数字和下划线。如果设置了 ASCII 模式，则元字符 "\w" 相当于正则表达式 "[a-zA-Z0-9_]"。

24. 元字符 "\W"

元字符 "\W" 匹配 Unicode 字符串中非单词字符的字符，与 \w 正相反。如果设置了 ASCII 模式，则元字符 "\W" 相当于匹配 [a-zA-Z0-9_] 以外的任意字符。

8.1.4 正则匹配模式及其标志

re 模块为其标志位 flags 定义了一些取值，用来设置正则表达式的匹配模式。

1. ASCII 编码模式

标志位 flags 的取值如下（二者等价，选其一即可）：

```
re.A
re.ASCII
```

在 ASCII 编码模式下，元字符 "\w" "\W" "\b" "\B" "\d" "\D" "\s" 和 "\S" 只匹配 ASCII 字符，而不匹配 Unicode 字符。默认情况下，这些元字符只匹配 Unicode 字符。

2. MULTILINE 模式

标志位 flags 的取值如下（二者等价，选其一即可）：

```
re.M
re.MULTILINE
```

在 MULTILINE 模式下，元字符 "^" 可以匹配字符串的开始，以及每一行的开始（换行符后面紧跟的符号）；元字符 "$" 可以匹配字符串尾，以及每一行的结尾（换行符前面那个符号）。默认情况下，"^" 只匹配字符串的开头，"$" 只匹配字符串的结尾。

3. DOTALL 模式

标志位 flags 的取值如下（二者等价，选其一即可）：

```
re.S
re.DOTALL
```

在 DOTALL 模式下，元字符 "." 可以匹配任意字符，包括换行符。默认情况下，"." 只能匹配除换行符之外的其他任意字符。

4. VERBOSE 模式

标志位 flags 的取值如下（二者等价，选其一即可）：

```
re.X
re.VERBOSE
```

在 VERBOSE 模式下，允许用户通过分段和添加注释来编写更具可读性、更友好的正则表达式。

8.2　正则表达式相关的对象

学习目标：为了方便操作，Python 提供了操作正则表达式的对象。本节主要介绍正则表达式对象及其使用方法。

8.2.1　正则表达式对象

正则表达式对象是 Pattern 类型的实例，它提供了一些方法和属性来支持正则运算。
re 模块的 compile 函数可以返回一个正则表达式对象。
函数声明为：compile(pattern, flags=0)
函数将正则表达式的模式串编译为一个正则表达式对象，用于匹配字符串。使用正则表达式对象可以高效处理同一模式多次匹配的问题。

1．正则表达式对象的方法

正则表达式对象支持的方法见表 8-2。

表 8-2　正则表达式对象的方法

运算	结果	注释
search(string[,pos[, endpos]])	扫描整个 string 寻找第一个匹配的位置，并返回一个 Match 对象，若匹配失败，返回 None	（1）
match(string[,pos[, endpos]])	如果在 string 的开始位置能够找到与模式串的任意个匹配，则返回一个 Match 对象。若匹配失败，返回 None	（2）
fullmatch(string[, pos[, endpos]])	如果整个 string 匹配模式串，则返回一个 Match 对象。否则返回 None	（3）
split(string, maxsplit=0)	用模式串分隔 string，如果在模式串中捕获到括号，所有组中的文字也会包含在返回的列表对象中	（4）
findall(string[. pos[, endpos]])	将模式串与 string 进行匹配，返回不重复的匹配字符串列表	（5）
finditer(string[, pos[, endpos]])	模式串在 string 中所有的非重复匹配，返回为一个迭代器 iterator 保存匹配的 Match 对象	（6）
sub(repl,string, count=0)	返回通过使用 repl 替换在 string 最左边非重叠的与模式串匹配的字符串而获得的字符串	（7）
subn(repl,string, count=0)	行为与 sub() 相同，但是返回一个元组（字符串，替换次数）	（8）

注释

（1）方法声明如下：

```
search(string[, pos[, endpos]])
```

从 string 的头部开始查找第一处与模式串匹配的索引位置，并返回一个相应的 Match 对象（匹配对象）；如果没有匹配对象，则返回 None。

参数 pos 和 endpos 是可选参数，分别给出了搜索 string 的起始索引和终止索引。若给出了 pos 和 endpos，只有从 pos 到 endpos - 1 的 string 子串会被匹配。

【例 8-1】 search 方法的使用

程序清单如下。

```
import re
# 创建正则表达式对象
pattern = re.compile(r"d")
# 调用 pattern 的 search 函数进行匹配
m = pattern.search("dog")
print(m)
# 设置待匹配字符串的起始索引为 1
m = pattern.search("dog",1)
print(m)
```

程序输出结果如下：

```
<re.Match object; span=(0, 1), match='d'>
None
```

从输出结果可以看出，第 1 个匹配成功，第 2 个匹配失败。

（2）方法声明如下：

```
match(string[, pos[, endpos]])
```

如果能够从 string 的开始位置找到与模式串任意个匹配，就返回一个相应的 Match 对象。如果不匹配，则返回 None。参数 pos 见注释（1）。

【例 8-2】 match 方法的使用

程序清单如下。

```
import re
# 创建正则表达式对象
pattern = re.compile(r"o")
# 调用 pattern 的 match 函数进行匹配
m = pattern.match("dog")
print(m)
# 设置待匹配字符串的起始索引为 1
m = pattern.match("dog",1)
print(m)
```

程序执行结果如下：

```
None
<re.Match object; span=(1, 2), match='o'>
```

从输出结果可以看出，第 1 个匹配失败，因为字符串 dog 开始的第 1 个字符不能匹配模式串 o。第 2 个匹配从字符串 dog 的索引 1 开始，因此匹配成功。

（3）方法声明如下：

```
fullmatch(string[, pos[, endpos]])
```

若整个 string 匹配模式串，就返回一个相应的 Match 对象，否则返回 None。参数 pos 见注释（1）。

【例 8-3】 fullmatch 方法的使用

程序清单如下。

```
import re
# 创建正则表达式对象
pattern = re.compile(r"o[gh]")
# 调用 pattern 的 fullmatch 函数匹配 dog
m = pattern.fullmatch("dog")
print(m)
# 调用 pattern 的 fullmatch 函数匹配 ogre
m = pattern.fullmatch("ogre")
print(m)
# 调用 pattern 的 fullmatch 函数匹配 doggie
# 设置待匹配字符串的起始索引为 1
m = pattern.fullmatch("doggie",1,3)
print(m)
```

程序执行结果如下：

```
None
None
<re.Match object; span=(1, 3), match='og'>
```

从执行结果可以看出，匹配 1 和匹配 2 均失败，只有匹配 3 成功，匹配 3 设置了待匹配字符串的起始索引和终止索引，索引范围内的字符串完全匹配模式串。

（4）方法声明如下：

```
split(string, maxsplit=0)
```

模式串用来分隔 string。若在模式串中捕获到括号，那么所有组中的文字也会包含在列表中。若参数 maxsplit 非零，最多进行 maxsplit 次分隔，其余字符全部返回到列表的最后一个元素。

【例 8-4】 split 方法的使用

程序清单如下。

```
import re
# 创建正则表达式对象
pattern = re.compile(r"\W+")
# 调用 pattern 的 split 方法来用模式串分隔字符串
m = pattern.split("Java, Python, Net.")
print(m)
# 调用 pattern 的 split 方法来用模式串分隔字符串
# 参数 maxsplit 的值为 1
m = pattern.split("Java, Python, Net.",1)
print(m)
```

程序执行结果如下：

```
['Java', 'Python', 'Net', '']
['Java', 'Python, Net.']
```

（5）方法声明如下：

```
findall(string[, pos[, endpos]])
```

使用模式串匹配 string，返回一个不重复的匹配列表，string 从左到右开始匹配，匹配项按顺序返回。若模式串中存在一到多个组（用括号构成的子表达式），则返回被子表达式匹配的组合列表。参数 pos 见注释（1）。

【例 8-5】　`findall` 方法的使用

程序清单如下。

```
import re
# 创建正则表达式对象
pattern1 = re.compile(r"(\w+)\s+\w+")
# 调用 pattern 的 findall 方法
m = pattern1.findall("abcdefg  acbdgef  abcdgfe  cadbgfe")
print(m)
# 通过正则表达式创建正则对象
pattern2 = re.compile(r"\w+\s+\w+")
# 调用 pattern2 的 findall 方法
m = pattern2.findall("abcdefg  acbdgef  abcdgfe  cadbgfe")
print(m)
```

程序输出结果如下：

```
['abcdefg', 'abcdgfe']
['abcdefg  acbdgef', 'abcdgfe  cadbgfe']
```

第 1 个匹配的模式串包含 1 个子表达式，其返回的内容是子表达式匹配到的结果，而不是整个正则表达式匹配到的结果。

第 2 个匹配的模式串不包含子表达式，其返回的内容是整个正则表达式匹配到的结果。

（6）方法声明如下：

```
finditer(string[, pos[, endpos]])
```

功能与 `findall` 方法相同，但该方法返回一个保存匹配对象（Match）的迭代器对象。

【例 8-6】　`finditer` 方法的使用

程序清单如下。

```
import re
# 创建正则表达式对象
pattern = re.compile(r"(\d+)@(\w+).vv")
# 邮箱地址
content ="email:12345678@ mail.vv\
email:2345678@ mail.vv\
email:345678@ mail.vv\
"
# 调用 pattern 的 finditer 方法使用模式串匹配 content
m = pattern.finditer(content)
# 迭代输出匹配项
for i in m:
    print(m)
```

程序输出结果如下：

```
<callable_iterator object at 0x0000016B9AAB2340>
<callable_iterator object at 0x0000016B9AAB2340>
<callable_iterator object at 0x0000016B9AAB2340>
```

从输出结果可以看出，执行 `finditer` 方法后，返回的结果是迭代器，每个迭代器保存有一个匹配对象（Match）。

（7）方法声明如下：

```
sub(repl, string, count=0)
```

返回通过使用 repl 替换在 string 最左边非重叠出现的匹配字符串而获得的字符串，若模式串没有匹配成功，则返回原 string。

repl 可以是字符串或函数，若为字符串，则其中任何反斜杠转义序列都会被处理。repl 若为函数，该函数会对每个非重复出现的匹配字符串进行处理。函数只能传入一个匹配对象（Match 对象），函数会返回替换后的字符串。

可选参数 count 是要替换的最大次数，count 必须是非负整数。如果忽略该参数，或者将其设置为 0，所有的匹配都会被替换。

【例 8-7】 sub 方法的使用

程序清单如下。

```
import re
# 创建正则表达式对象
pattern = re.compile(r"@(\w+).vv")
# 邮箱地址
content ="email:12345678@mail.vv\
email:2345678@mail.vv\
email:345678@mail.vv\
"
# 将 content 的 mail.vv 替换为 net.vv
m = pattern.sub("@net.vv\n",content)
print(m)
```

程序执行结果如下：

```
email:12345678@net.vv
email:2345678@net.vv
email:345678@net.vv
```

【例 8-8】 sub 方法的使用

程序清单如下。

```
import re
# 定义替换处理函数
def p1(matchobj):
    s = "@net.vv\n"
    return s

# 创建正则表达式对象
pattern = re.compile(r"@(\w+).vv")
# 邮箱地址
content ="email:12345678@mail.vv\
email:2345678@mail.vv\
email:345678@mail.vv\
"
# 调用 p1 函数处理待替换的字符串
m = pattern.sub(p1,content)
print(m)
```

例 8-8 定义了 p1 函数，用于处理待替换的字符串，p1 函数仅返回了一个字符串，该字符串将替换掉当前匹配的字符串。

程序执行结果如下：

```
email:12345678@net.vv
email:2345678@net.vv
```

```
email:345678@net.vv
```

（8）方法声明如下：

```
subn(repl, string, count=0)
```

与 sub 方法功能相同，subn 方法返回一个元组（字符串，替换次数）。

2．正则表达式对象的属性

正则表达式对象的属性见表 8-3。

表 8-3　正则表达式对象的属性

属性	描述
flags	正则匹配标志位，用于控制正则表达式的匹配模式
groups	获取模式串中组的数量，即模式串子表达式的数量
groupindex	映射由(?P<id>)定义的命名符号组合和数字组合的字典，若没有符号组，字典为空
pattern	模式串

8.2.2　Math 对象

若 re 模块的 match()、search() 函数匹配成功，则返回 Match 对象；若匹配失败，则返回 None。使用 Match 对象可以获取匹配的结果，Match 对象的主要方法见表 8-4。

表 8-4　**Match 对象的主要方法**

运算	结果	注释
group([group1, …])	返回一个或者多个匹配的子组	（1）
groups(default=None)	返回一个元组，包含所有匹配的子组	（2）
groupdict(default=None)	返回一个字典，包含所有的命名子组	（3）
start([group])　end([group])	返回 group 匹配到的字符串的开始和结束标号	（4）
span([group])	对于一个匹配 m，返回一个二元组	（5）

注释

（1）方法声明如下：

```
group([group1, ...])
```

返回一个或者多个匹配的子组。如果只有一个参数，结果返回一个字符串；如果有多个参数，结果返回一个元组（每个参数对应一个项）；如果没有参数，group1 默认为 0（整个匹配都被返回）。

如果一个 group 的参数值为 0，相应的返回值就是整个匹配字符串；如果它是一个范围 [1…99]，结果就是相应的括号组字符串。

[group1, ...]并不是要传入一个列表实参，而是要传入对应 [group1, ...] 的组号。

【例 8-9】　group 的使用方法

程序清单如下。

```
import re
# 正则表达式
pattern =r "(\w+) (\w+)"
# 使用 re 模块 match 函数进行匹配
m = re.match(pattern, 'Java Python, Net')
if m:
    print(m.group(0,1,2))
```

group 传入的第 1 个参数的值是 0，它会返回整个匹配的字符串；传入第 2 个参数的值是 1，它会返回匹配的第一个括号组字符串 Java；传入第 2 个参数的值是 2，它会返回匹配的第 2 个括号组字符串 Python。

程序执行结果如下：

```
('Java Python', 'Java', 'Python')
```

（2）方法声明如下：

```
groups(default=None)
```

返回一个元组，包含所有匹配的子组，在匹配模式中出现的 1 个以上任意数量的组合。default 参数用于不参与匹配的情况，默认为 None。

【例 8-10】　groups 的使用方法

程序清单如下。

```
import  re
# 正则表达式
pattern = r"(\d+)\.(\d+)"
# 使用 re 模块 match 函数进行匹配
m = re.match(pattern, '36.891')
if m:
    print(m.groups())
```

（3）方法声明如下：

```
groupdict(default=None)
```

返回一个字典，包含所有的命名子组。key 为组名。default 参数用于不参与匹配的组合，默认为 None，命名子组为符合 (?P<name>…) 规则的正则表达式。

【例 8-11】　groupdict 方法的使用

程序清单如下。

```
import  re
# 正则表达式
pattern = r "(?P<first_name>\w+) (?P<last_name>\w+)"
# 使用 re 模块 match 函数进行匹配
m = re.match(pattern, 'Malcolm Reynolds')
if m:
    print(m.groupdict())
```

案例代码使用 (?P<name>…) 规则定义了两个匹配子组，第 1 个匹配子组的名称是 first_name，第 2 个匹配子组的名称是 last_name。

案例代码执行结果如下：

```
{'first_name': 'Malcolm', 'last_name': 'Reynolds'}
```

（4）方法声明如下：

```
start([group])
end([group])
```

start([group]) 返回匹配到的字符串的开始标号，end([group]) 返回匹配到的字符串的结束标号。group 默认为 0（意思是整个匹配的子串）。如果 group 存在，但未产生匹配，则返回−1。

【例 8-12】 start 方法和 end 方法的使用

程序清单如下。

```
import  re
# 正则表达式
email = r "test@mail.vv"
# 使用 re 模块 search 函数进行匹配
m = re.search("mail", email)
if m:
    print(m.start(),m.end())
```

案例代码使用 search 函数查询 email 的子串，若查询成功，m.start() 返回子串的起始索引，m.end() 返回子串的终止索引。

（5）方法声明如下：

```
span([group])
```

返回匹配字符串的起始索引和终止索引，返回方式为二元组 (m.start(group),m.end(group))，其中 group 是匹配的组号，默认值为 0。

【例 8-13】 span 方法的使用

程序清单如下。

```
import  re
# 正则表达式
pattern = r "(\w+) (\w+)"
# 使用 re 模块 match 函数进行匹配
m = re.match(pattern, 'Java Python, Net')
if m:
    print("匹配子串%s 的索引为：%s" % (m.group(2),m.span(2)))
```

程序执行结果如下：

匹配子串 Python 的索引为：(5, 11)

Match 对象的主要属性见表 8-5。

表 8-5　**Match** 对象的主要属性

属性	描述
pos	通过正则表达式对象传递值，当对象调用 search() 或 match() 函数进行匹配时，确定待匹配字符串的起始索引
endpos	同 pos
lastindex	表示最后一个匹配组的起始索引，若没有匹配，该值为 None

续表

属性	描述
`lastgroup`	表示最后一个匹配组的组名，若没有匹配，该值为 `None`
`re`	表示该匹配的正则表达式对象是一个 `Pattern` 类型的对象
`string`	调用 `search()` 或 `match()` 函数传入的匹配字符串

8.3　批量检查和替换文本内容

学习目标：本节是正则表达式的实践内容，用于对文本内容进行过滤、替换、查找等批量操作。

8.3.1　敏感词批量检测

【例 8-14】　检测一组文本内容是否包含敏感词语，并输出检测结果。

1. 示例

待检测的文本内容："每天起床后，你还会收到一张小卡片，这是潮汐在向你报告昨晚睡了个怎样的觉。基于你的入睡时间、睡眠情况和睡眠时长等因素，综合计算后会得出一个指数。"

```
设置敏感词语:["潮汐","时间"]
检测结果:潮汐 (19, 21),时间 (42, 44)
```

2. 编程要求

（1）输入数据：图书资源 data\txt\08 目录下的所有文本文件；

（2）设置敏感词语：["荷塘"，"月光"，"曲曲折折"]；

（3）检测结果以字典格式输出，格式如下：

```
{ "01.txt" : [荷塘(start:end), 月光(start:end),……],……}
程序清单
'''
案例：批量检查文本内容是否包含敏感词语
'''
#导入 os 模块
import os
#导入正则模块
import re

#遍历的目录路径
v_pic_path = "../data/txt/08/"
#设置敏感词语
sensitive_words = ["荷塘","月光","曲曲折折"]

# 程序入口
if __name__ == '__main__':

    # 存储检测结果的字典对象
    result = {}
    #调用 listdir 方法遍历 path 目录
    dirs = os.listdir(v_pic_path)
    # 遍历目录下的所有文本文件
    for file in dirs:
```

```
        # 拼接目录和文件名称为文件路径
        filepath = os.path.join(v_pic_path,file)
        # 目录和文件的判断
        if os.path.isfile(filepath):
            # 分隔文件名称和文件后缀
            path,ext = os.path.splitext(file)
            # 忽略非文本文件
            if ext != ".txt":
                continue
            #从文件对象中读取文件内容
            with open (filepath,"r",encoding='utf-8') as fp:
                # 读取文件
                content = fp.read()
                # 创建正则对象
                # 正则元字符"|"表示或。例如：x|y，匹配的是 x 和 y
                # 字符串对象的 join 方法通过指定字符连接序列元素后生成的新字符串
                pattern1 = re.compile(r"|".join(sensitive_words))
                # 存储匹配结果
                words = []
                # finditer 使用模式串匹配 content，返回一个包含不重复匹配对象的迭代器
                for item in re.finditer(pattern1,content):
                    # 匹配结果添加到列表
                    words.append(item.group()+str(item.span()))
                # key=file, value=words
                result[file] = words
    # 输出检测结果
    print(result)
```

8.3.2 校验通讯录的邮箱格式

【例 8-15】 检测通讯录文件内所有邮箱格式是否正确，并输出检测结果，通讯录文件为 CSV 格式。

1. 示例

CSV 文件内的一条通讯记录：**公司,周**,总经理,1230806,zhou@mail

检测结果：

第 1 条记录：邮箱格式错误，索引范围（10,20）

校验通讯录的
邮箱格式

2. 编程要求

（1）输入数据：图书资源 data\excel\08 目录下文件"通讯录.csv"；

（2）读取 CSV 文件，检测 CSV 文件内的所有记录；

（3）检测结果以字典格式输出，格式如下：

```
{"第 1 条记录": "邮箱格式正确", "第 1 条记录": "邮箱格式错误",……}
程序清单
import os
#导入正则模块
import re
#导入 CSV 模块
import csv

# 通讯录文件
csv_name = "../data/excel/08/通讯录.csv"

# 程序入口
if __name__ == '__main__':
```

```
# 存储校验结果的字典对象
result = {}
# 读取 CSV 文件
with open(csv_name, newline='') as csvfile:
    # 存储返回结果
    result = {}
    # 调用 csv 模块的 reader()函数，返回 reader 对象
    reader = csv.reader(csvfile)
    # 定义校验邮箱格式的正则表达式
    pattern = r "\w+[@][a-zA-Z0-9_]+(\.[a-zA-Z0-9_]+)+"
    # 遍历 csv 文件的所有记录
    count = 1
    for line in reader:
        # 邮箱数据为第 4 个字段
        ret = re.match(pattern,line[4])
        # 匹配成功
        if ret != None:
            result["第%d 条记录" % count] = "邮箱格式正确"
        else:
            result["第%d 条记录" % count] = "邮箱格式错误:" + line[4]
        count += 1
print(result)
```

8.3.3 批量替换指定的文本内容

【例 8-16】 批量读取文本文件，对文本文件内容进行批量替换，将替换后的文本内容存储到一个新文件。

1. 示例

"荷塘"替换为"校园荷塘"
01. txt 文件内容：沿着荷塘，是一条曲折的小煤屑路

输出：

01_new.txt 文件内容：沿着校园荷塘，是一条曲折的小煤屑路

2. 编程要求

（1）输入数据：图书资源 data\txt\08 目录下所有文本文件；

（2）将文本内容"荷塘"替换为"校园荷塘"；

（3）替换后的文本内容存储到一个新文本文件，在原文件名称后面添加"_new"为新文本文件的名称。

程序清单如下。

```
#导入 os 模块
import os
#导入正则模块
import re

#遍历的目录路径
v_pic_path = "../data/txt/08/"

#被替换的内容
old_text = "荷塘"
#替换的内容
new_text = "校园荷塘"

# 程序入口
if __name__ == '__main__':
```

```
#调用 listdir 方法遍历 path 目录
dirs = os.listdir(v_pic_path)
# 遍历目录下的所有文本文件
for file in dirs:

    # 拼接目录和文件名称为文件路径
    filepath = os.path.join(v_pic_path,file)
    # 目录和文件的判断
    if os.path.isfile(filepath):
        # 分隔文件名称和文件后缀
        path,ext = os.path.splitext(file)
        # 忽略非文本文件
        if ext != ".txt":
            continue
    #从文件对象中读取文件内容
    with open (filepath,"r",encoding='utf-8') as fp:
        # 读取文件
        content = fp.read()
        # 内容替换
        new_content = re.sub(old_text,new_text,content)
        # 新文本文件名称
        new_file = path + "_new" + ext
        # 创建一个新文本文件
        with open(v_pic_path+new_file,"w",encoding='utf-8') as newfp:
            # 写入内容到文件
            newfp.write(new_content)
```

8.3.4 批量提取符合规则的内容

批量提取符合
规则的内容

【例 8-17】 从一段 HTML 内容中提取图片的地址。

1. 示例

```
<body>
        <h3>java 课程</h3>
        <img src="images/002.png"  alt="Java 课程"/>
        <p>课程主要介绍 java 基础知识</p>
        <img src="images/001.jpg"  alt="Java 课程"/>
        <video src="images/003.jpg"  alt="Java 课程"/>
</body>
提取的内容
images/002.png
images/001.jpg
images/003.jpg
```

2. 编程要求

（1）输入数据

```
<html>
<head>
    <title>java 课程</title>
</head>
<body>
        <h3>java 课程</h3>
        <img src="https://images/002.png"  alt="Java 课程"/>
        <p>课程主要介绍 java 基础知识</p>
        <img src="https://images/001.jpg"  alt="Java 课程"/>
        <video src="https://images/003.jpg"  alt="Java 课程"/>
</body>
</html>
```

（2）从 HTML 数据中提取图片的网络地址

（3）输出格式

```
['images/002.png', ……]
```

程序清单如下。

```
# 导入正则模块
import re

content = """
<html>
<head>
      <title>java 课程</title>
</head>
<body>
      <h3>java 课程</h3>
      <img src="images/002.png"  alt="Java 课程"/>
      <p>课程主要介绍 java 基础知识</p>
      <img src="images/001.jpg"  alt="Java 课程"/>
      <video src="images/003.jpg"  alt="Java 课程"/>
</body>
</html>"""
# 创建正则对象
pattern = re.compile(r"img.*src=\"(.+?\.[a-z]+)\"")
# 识别图片链接地址
m = pattern.findall(content)
print(m)
```

8.4   编程练习

1. 匹配以数字字符开始的字符串。
2. 匹配以英文字母、下划线开始的字符串。
3. 从下面给出的字符串中提取完整的年月日：

s="新华社郑州 1948 年 11 月 5 日电"

4. 将下面每行中的电子邮件地址替换为自己的电子邮件地址：

```
s="""2273999568@mail.vv, werksdf@961.vv, sdf@io.vv,
    sfjsdf@po.vv, soifsdfj@134.vv,pwoeir423@123.vv"""
```

5. 从下面给出的字符串中，提取所有的单词：

s="""i love you not because of who 234 you are, 234 but 3234ser because of who i am when i am with you"""

6. 从下面给出的字符串中提取数字部分，并按组输出提取的数字：

s = "宫墙高 6 米，底宽 4.4 米，顶宽 2.8 米，用夯土砌筑，外包砖石。墙的东、南、西侧各有一座三层的门楼，在东南和西北角还各有一座角楼。"

7. 匹配长度为 8～10 位的用户密码，密码以字母开头，由字母、数字和下划线构成。
8. 从下面给出的 HTML 文本中，提取图片的链接地址：

```
content = """<html>
<head>
      <title>java 课程</title>
</head>
<body>
      <h3>java 课程</h3>
      <img src="https://images/002.png"  alt="Java 课程"/>
      <p>课程主要介绍 java 基础知识</p>
```

```
            <img src="https://images/001.jpg"  alt="Java课程"/>
            <video src="https://images/003.jpg"  alt="Java课程"/>
</body>
</html>"""
```

9．下面的文本内容是一个通讯录模板：

姓名：name；电话：phone；地址：address

使用正则对象的 sub 方法，将模板中的 name、phone 和 address 字符串，替换为正确的内容。

10．编写一个正则程序，从网上下载任意一个网页，从网页中提取所有的超链接地址及超链接的名称。

11．电子通讯录一般保存在文本文件或 excel 表中，应用从文本文件通讯录读取数据，并通过正则表达式解析出通讯录中每个人的姓名、电话、住址，使用列表来存储每个人的通讯数据，并存储到列表内。

通讯录的存储结构如下：

[[name,phone,address],[……],[name,phone,address]]

通讯录的文本内容如下：

赵三：1230103 苹果路红富士街 201 号
王五：1230105 葡萄路龙珠街 160 号
李甲：1230106 仙桃路油桃街 190 号

第 9 章

Excel 数据分析自动化

9.1　科学计算工具 NumPy

学习目标：NumPy 是数学运算库，我们可以借助它省略向量运算、矩阵运算、基本统计运算等复杂的数学运算，无须为这些复杂的数学运算编写运算代码，而是把精力集中到数据分析过程中，降低数据分析的学习门槛。本节的学习目标就是初步掌握 NumPy 的使用方法。

科学计算工具
NumPy

9.1.1　安装 NumPy

NumPy 是 Python 语言的扩展库，若要使用 NumPy 库，需要在开发环境中安装 NumPy 库，在计算机上安装 NumPy 最简单的方法，是在操作系统的 Shell 窗口输入下面的命令：

```
pip3 install numpy
```

9.1.2　NumPy 数组

数组是有序数据的集合，其结构的特征是通过有序编号固定集合内每个数据的位置，如图 9-1 所示。

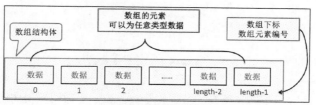

图 9-1　数组结构

有序编号叫作下标（或称为索引），被固定的每个数据叫作元素。数组内所包含元素的数据类型没有限制，可以是任意类型的数据。在 NumPy 中，数组元素为布尔值、实数或复数。

NumPy 数组也称为数组对象，它提供了多个属性和方法用于获取数组的信息，对数组进行运算，数组中的所有元素类型都是相同的，数组对象名为 ndarray，别名为 array。

可以使用多种方式创建 NumPy 数组：

（1）使用 NumPy 的 array 函数从 Python 列表中创建数组，数组类型由列表中的数据类型确定；

（2）使用 NumPy 的 zeros 函数创建数组元素全部为 0 的数组，默认情况下数组元素的类型为 float64；

（3）使用 NumPy 的 ones 函数创建数组元素全部为 1 的数组，默认情况下数组元素的类型为 float64；

（4）使用 NumPy 的 empty 函数创建数组元素为随机内容的数组，随机内容取决于存储器的状态；

（5）使用 NumPy 的 arange 函数创建等差序列数字数组。

1．使用 NumPy 的 array 函数创建数组

NumPy 的 array 函数可以创建一维、二维、……、N 维数组，array 函数要求传入 Python 列表数据，传入 Python 列表数据的嵌套层次决定了创建数组的维数。下面给出了创建一维和二维数组的案例，更多维数组的创建方式与二维数组的创建方式相似。

（1）创建一维数组

要创建一维数组，只需要在 array 函数中传入单层列表数据。在程序中使用 NumPy 数学计算包，需要将 NumPy 包导入程序中。

下面的代码创建了整数类型（int32）的一维数组，数组变量名称为 dim1，np 是 NumPy 包的引用名称，传入 array 函数的是单层列表。

```
>>> import numpy as np
>>> dim1 = np.array([12,19,20,22,66,89])
>>> dim1
array([12, 19, 20, 22, 66, 89])
>>>
```

（2）创建二维数组

在 array 函数中传入两层嵌套的列表数据即可创建二维数组。下面的代码创建了浮点类型（float64）的二维数组。

```
>>> dim2 = np.array([[0.3,0.11,0.98],[0.56,0.99,0.12]])
>>> dim2
array([[0.3 , 0.11, 0.98],
       [0.56, 0.99, 0.12]])
```

2．使用 NumPy 的 zeros、ones、empty 函数创建数组

使用 NumPy 的 zeros、ones、empty 函数可以创建指定维数的数组，zeros 函数用 0 填充所有的数组元素，ones 函数用 1 填充所有的数组元素，empty 函数用随机内容填充所有的数组元素。

（1）创建一维数组

下面的代码分别使用 zeros、ones、empty 函数创建了 a、b、c 三个一维数组。a 数组有 3 个元素，元素内容都为 0；b 数组有 5 个元素，元素内容都为 1；c 数组有 3 个元素，元素内容都为 0（empty 函数填充的随机内容取决于存储器的状态）。

```
>>> import numpy as np
>>> a = np.zeros(3)
>>> a
array([0., 0., 0.])
>>> b = np.ones(5)
>>> b
array([1., 1., 1., 1., 1.])
>>> c = np.empty(3)
>>> c
array([0., 0., 0.])
>>>
```

（2）创建二维或更多维数组

使用 zeros、ones、empty 函数创建二维或更多维数组时，需要传入 Python 元组数据，元组内的元素个数（元组长度）指定了数组的维度，元素的值指定了当前元素所在的数组维度所包含元素的个数。例如，使用元组（3，4）创建的 a 数组是二维数组，第一维有 3 个元素，第二维有 4 个元素；使用元组（3，2，4）创建的 d 数组是三维数组，第一维有 3 个元素，第二维有 2 个元素，第三维有 4 个元素。

```
>>> import numpy as np
>>> a = np.zeros((3,4))
>>> a
array([[0., 0., 0., 0.],
       [0., 0., 0., 0.],
       [0., 0., 0., 0.]])
>>> b = np.ones((2,3))
>>> b
array([[1., 1., 1.],
       [1., 1., 1.]])
>>> c = np.empty((2,1))
>>> c
array([[0.],
       [0.]])
>>> d = np.zeros((3,2,4))
>>> d
array([[[0., 0., 0., 0.],
        [0., 0., 0., 0.]],

       [[0., 0., 0., 0.],
        [0., 0., 0., 0.]],

       [[0., 0., 0., 0.],
        [0., 0., 0., 0.]]])
>>>
```

（3）创建指定类型的数组

使用 zeros、ones、empty 函数可以创建指定数据类型的数组，zeros、ones、empty 函数创建数组时，默认的数据类型是 float64，如果需要创建其他数据类型的数组，可以在函数中指定数据类型。

下面的代码将创建数据类型为 complex 的二维数组。

```
>>> import numpy as np
>>> a = np.zeros((3,4),dtype=complex)
>>> a
array([[0.+0.j, 0.+0.j, 0.+0.j, 0.+0.j],
```

```
     [0.+0.j, 0.+0.j, 0.+0.j, 0.+0.j],
     [0.+0.j, 0.+0.j, 0.+0.j, 0.+0.j]])
>>>
```

3. 使用 NumPy 的 arange 函数创建等间隔的数字数组

NumPy 的 arange 函数可以创建等间隔的数字数组。arange 函数需要传入 3 个参数，第一个参数是起始值，第二个参数是结束值，第三个参数指定了从起始值到结束值的间隔。例如起始值是 1，结束值是 10，间隔是 2，则创建的数组元素为 1、3、5、7、9。当第三个参数省略时，NumPy 会选择数字 1 作为间隔数字。

下面的代码创建了 count 和 index 两个一维数组，count 的间隔为 1，index 的间隔为 2。

```
>>> count = np.arange(1,5)
>>> count
array([1, 2, 3, 4])
>>> index = np.arange(1,10,2)
>>> index
array([1, 3, 5, 7, 9])
>>>
```

4. NumPy 数组对象的属性

NumPy 的 array 数组对象提供了一些关键属性，可以输出数组的特性。表 9-1 中列出了 array 数组对象的关键属性名称及作用。

表 9-1　array 数组对象的关键属性名称及作用

属性名称	作用
ndim	int32 类型，数组维度的数量
shape	Python 元组类型，存储每个维度数组的大小
size	数组元素的总数
dtype	数组元素的数据类型
itemsize	数组中每个元素的字节数
data	包含数组元素的缓冲区，一般使用索引访问数组元素

下面的代码创建了二维数组 a，第一维有 2 个元素，每个元素是一个数组，第二维有 3 个元素。数组的总元素个数为 2×3=6，数组元素的数据类型是 int32，每个元素的长度是 4 字节。

```
>>> import numpy as np
>>> a = np.array([[2,3,6],[1,6,9]])
>>> a.ndim
2
>>> a.shape
(2, 3)
>>> a.size
6
>>> a.dtype
dtype('int32')
>>> a.itemsize
4
>>>
```

9.1.3　数组操作

数组的操作是指在数组上进行数学运算，可以进行数组的乘法、除法和加减运算，并返回运算后的数组，前提条件是参加运算的两个数组的维数、元素个数和数据类型相同。

【例 9-1】　数组的基本运算

程序清单如下。

```
# 导入 numpy 库
import numpy as np
# 定义两个二维数组
a = np.array([[1.0, 2.0], [3.0, 4.0]])
b = np.array([[5.0, 6.0], [7.0, 8.0]])

# 乘法运算
multi = a * b
print("a*b=%s:" % (multi))

# 加法运算
sum = a + b
print("a+b=%s:" % (sum))

# 减法运算
difference = a - b
print("a-b=%s:" % (difference))

# 除法运算
merchant = a / b
print("a/b=%s:" % (merchant))
```

数组的加减乘除运算是对两个数组相对应的元素进行运算。NumPy 的数组对象还提供了一些特殊运算方法，用于计算一个数组全部元素的累加和、最大值、最小值等。表 9-2 中列出了运算方法，其中 a 为 NumPy 数组对象。

表 9-2　**array** 数组对象的运算方法

方法	作用
a.sum()	返回数组全部元素的累加和
a.min()	返回数组元素的最小值
a.max()	返回数组元素的最大值
a.cumsum(axis)	返回沿着指定 axis 的元素累加和所组成的数组，参数 axis 为轴索引，若 a 为 N 维数组，则 axis 的取值范围为[0, $N-1$]

9.1.4　数组的索引和访问

访问数组的单个元素和多个元素都需要通过索引来进行，使用数组索引需要遵循一定的语法规则。本节重点介绍数组的切片、花式索引、布尔索引和 where 函数。

【例 9-2】　访问数组的单个元素

程序清单如下。

```
# 导入 numpy 库
import numpy as np
# 定义 a、b、c 数组
a = np.array([10,11,12,16,30,31])
b = np.array([[1.0,2.0,3.0],[3.0,4.0,5.0]])
```

```
c=np.array([[[11,2,21,33],[100,0.98,0.01,100.12]], [[0.1,0.9,0.178,0.03],[1.26,1.89,
1.09,3.21]]])
# a 是一维数组（与列表相同）
print(a.shape)
# b 是二维数组（矩阵）
print(b.shape)
# c 是三维数组（立体世界）
print(c.shape)
# 输出数组 a 第 3 个元素（只有一个维度）
print("数组 a 第 3 个元素：%d" % (a[2]))
# 输出数组 b 第 2 行第 1 个元素（有两个维度，为行和列）
print("数组 b 第 2 行第 1 个元素：%.2f" % (b[1][0]))
# 输出数组 b 第 1 行第 0 个元素
print("数组 b 第 1 行第 0 个元素：%.2f" % (b[0][0]))
# 输出数组 c 值为 1.26 的元素
print("数组 c 值为 1.26 的元素：%.2f" % (c[1][1][0]))
```

对数组元素的访问是通过元素所在数组位置的索引进行的：在一维数组中，数组的索引是由一个数字构成的，通过这一个数字组成的索引，对一维数组的元素进行访问；在二维数组中，数组的索引是由两个数字构成的，通过这两个数字组成的索引，对二维数组的元素进行访问；在三维数组中，数组的索引是由三个数字构成的，通过这三个数字组成的索引，对三维数组的元素进行访问。依此类推，多维数组的元素访问是通过与维数相同的索引来访问的。

9.1.5　数组的切片

数组的切片是访问数组的多个元素，被切片的元素在数组中不一定连续，它们被放置到一个新的数组内。

1. 一维数组的切片

一维数组的切片与列表的切片相同，遵循列表的切片语法。

【例 9-3】　一维数组的切片

程序清单如下。

```
# 导入 numpy 库
import numpy as np
# 定义一维数组 a
a = np.array([10,11,12,16,30,31,101,102,103])
# 访问数组 a 起始索引为 1，终止索引为 7 的元素（不含终止索引）
b = a[1:7]
print(b)
# 访问数组 a 起始索引为 0，终止索引为 6 的元素
b = a[:6]
print(b)
# 访问数组 a 起始索引为 3，终止索引为数组长度的元素（包含终止索引）
b = a[3:]
print(b)
# 访问数组 a 起始索引为 1，终止索引为 7，步长为 2 的元素（不含终止索引）
b = a[1:7:2]
print(b)
```

2. 二维数组的切片

二维数组可以表示矩阵，是非常重要的一类数组，也称为行列结构。二维数组的切片比一维数组的切片要复杂一些。二维数组的切片语法与一维数组类似，不同点是起始索引为行切

片，终止索引为列切片。以下方的二维数组 a 为例。

```
a = np.array([[10,11,12,18,20],
              [22,32,62,82,102],
              [36,39,29,27,21],
              [79,75,71,70,73],
              [91,92,93,94,95]
             ])
```

（1）a[0,1:4]返回一维数组：

```
[11 12 18]
```

其中起始索引 0 为数组 a 的第 1 行，终止索引 1:4 表示取列索引从 1 到 4（不包含 4）的元素。

（2）a[1:4,0]返回一维数组：

```
[22 36 79]
```

其中起始索引为数组 a 的 1 至 4 行（不包含第 4 行），终止索引 0 表示取第 0 列的元素。

（3）a[0:5:2,0:5:2]返回二维数组：

```
[[10 12 20]
 [36 29 21]
 [91 93 95]]
```

其中起始索引从 0 行到 4 行，行的步长为 2；终止索引从 0 列到 4 列，列的步长为 2。因为是取全部的行和列，a[0:5:2,0:5:2]也可以写成 a[::2,::2]。

（4）a[:,1]返回一维数组：

```
[11 32 39 75 92]
```

其中起始索引从 0 到 4 行，单独使用 ":" 表示选择所有的行，终止索引为第 2 列。

【例 9-4】 二维数组的切片

程序清单如下。

```
# 导入 numpy 库
import numpy as np
# 定义二维数组 a
a = np.array([[10,11,12,18,20],
              [22,32,62,82,102],
              [36,39,29,27,21],
              [79,75,71,70,73],
              [91,92,93,94,95]
             ])
# 选取数组元素
b = a[0,1:4]
print(b)
# 选取数组元素
b = a[1:4,0]
print(b)
# 选取数组元素
b = a[0:5:2,0:5:2]
print(b)
# 选取数组元素
b = a[:,1]
print(b)
```

9.1.6　花式索引

花式索引（Fancy indexing）是一个 NumPy 术语，实际上它是一个索引数组，该索引数组元素的值作为目标数组的索引来选取。若目标数组是一维数组，索引数组的元素值为目标数组元素的索引；若目标数组是二维数组，索引数组的元素值为目标数组的行索引。

【例 9-5】　使用花式索引选取数组元素

```
b = np.array([11,21,32,56,19,20])
b[[0,2,3,5]]返回一维数组
[11 32 56 20]
```

其中列表[0,2,3,5]为索引数组，数组内元素的值对应一维数组 b 的元素的索引。

```
index = np.array([[0,2],[3,5]])
c = b[index]　返回二维数组
[[11 32]
 [56 20]]
```

其中索引数组是二维数组，目标数组被索引后，会返回一个二维数组，二维数组的行元素来自索引数组行元素的值对应一维数组 b 的元素的索引。

```
a = np.array([[10,11,12,18,20],
              [22,32,62,82,102],
              [36,39,29,27,21],
              [79,75,71,70,73],
              [91,92,93,94,95]
              ])
a[[0,2,3]]返回二维数组
[[10 11 12 18 20]
 [36 39 29 27 21]
 [79 75 71 70 73]]
```

其中列表[0, 2, 3]为索引数组，数组内元素的值对应二维数组 a 的行索引。

程序清单如下。

```
# 导入 numpy 库
import numpy as np
# 定义二维数组 a
a = np.array([[10,11,12,18,20],
              [22,32,62,82,102],
              [36,39,29,27,21],
              [79,75,71,70,73],
              [91,92,93,94,95]
              ])
# 定义一维数组 b
b = np.array([11,21,32,56,19,20])
# 访问数组 b 索引为 0、2、3、5 的元素
c = b[[0,2,3,5]]
print(c)
# 建立索引数组 index
index = np.array([[0,2],[3,5]])
# 从 b 数组中构建与索引数组同维度的数组 c
c = b[index]
print(c)
# 访问数组 a 索引为 0、2、3 行的元素
c = a[[0,2,3]]
print(c)
```

9.1.7 布尔索引

布尔索引是建立一个元素类型为布尔值的索引数组，它可以通过指定的布尔值筛选目标数组指定的元素。

【例 9-6】 使用布尔索引选取数组元素

```
索引一维数组
# 定义一维数组 b
b = np.array([11,21,32,56,19,20])
# 定义布尔索引数组
index = np.array([True,False,False,True,True,False])
c = b[index]
```

布尔索引数组 index 的长度与数组 b 的长度一致，元素类型都是布尔值，若目标数组元素索引对应的布尔值为 True，则该元素被选取。

选取后返回的数组：

```
[11 56 19]
索引二维数组
# 定义二维数组 a
a = np.array([[10,11,12,18,20],
              [22,32,62,82,102],
              [36,39,29,27,21],
              [79,75,71,70,73],
              [91,92,93,94,95]
])
# 定义布尔索引数组
index = np.array([True,False,False,True,True])
c = a[index]
```

布尔索引数组 index 的长度与数组 a 的行数相同，若目标数组行索引对应的布尔值为 True，则该行元素被选取。

选取后返回的数组：

```
[[10 11 12 18 20]
 [79 75 71 70 73]
 [91 92 93 94 95]]
```

程序清单如下。

```
# 导入 numpy 库
import numpy as np
# 定义二维数组 a
a = np.array([[10,11,12,18,20],
              [22,32,62,82,102],
              [36,39,29,27,21],
              [79,75,71,70,73],
              [91,92,93,94,95]
              ])
# 定义一维数组 b
b = np.array([11,21,32,56,19,20])
# 定义布尔索引数组
index_1 = np.array([True,False,False,True,True,False])
c = b[index_1]
print(c)
# 定义布尔索引数组
index_2 = np.array([True,False,False,True,True])
```

```
c = a[index_2]
print(c)
```

9.1.8   where 函数

where 函数是对目标数组添加检索条件，符合条件的数组元素被选取。

【例 9-7】   使用 where 函数选取数组元素

```
选取一维数组
# 定义一维数组 b
b = np.array([11,21,32,56,19,20])
# 选取数组 b 的偶数元素
c = np.where(b%2==0)
print(c)
print(b[c])
```

where 函数可以传入条件表达式，使用条件表达式筛选符合条件的数组元素，条件表达式 b%2==0 返回一个布尔索引数组，用于选取数组中的偶数元素。where 函数返回的是一个索引数组。

上述代码输出结果如下：

```
(array([2, 3, 5], dtype=int64),)
[32 56 20]
选取二维数组
# 定义二维数组 a
a = np.array([[10,11,12,18,20],
              [22,32,62,82,102],
              [36,39,29,27,21],
              [79,75,71,70,73],
              [91,92,93,94,95]
             ])
# 选取数组 a 的偶数元素
c = np.where(a%2==0)
print(c)
print(a[c])
```

上述代码输出结果如下：

```
(array([0, 0, 0, 0, 1, 1, 1, 1, 1, 2, 3, 4, 4], dtype=int64), array([0, 2, 3, 4, 0,
1, 2, 3, 4, 0, 3, 1, 3], dtype=int64))
[ 10  12  18  20  22  32  62  82 102  36  70  92  94]
```

返回的索引数组由两个数组构成，分别对应二维数组的行索引和列索引。选取后返回的是一维数组。

程序清单如下。

```
# 导入 numpy 库
import numpy as np
# 定义二维数组 a
a = np.array([[10,11,12,18,20],
              [22,32,62,82,102],
              [36,39,29,27,21],
              [79,75,71,70,73],
              [91,92,93,94,95]
             ])
# 定义一维数组 b
b = np.array([11,21,32,56,19,20])
# 选取数组 b 的偶数元素
c = np.where(b%2==0)
```

```
print(c)
print(b[c])
# 选取数组 a 的偶数元素
c = np.where(a%2==0)
print(c)
print(a[c])
```

数据分析工具
pandas

9.2　数据分析工具 pandas

学习目标：了解数据分析工具 pandas，具体包括 pandas 安装、数据对象、基础操作等内容。

pandas 是基于 Python 语言的数据分析工具，它构建于 NumPy 基础上，封装了大量标准的数据模型，并提供操作大数据所需的工具，降低了编写数据分析程序所需的工作量。

9.2.1　安装 pandas 库

进入操作系统的命令行窗口，在命令行窗口输入并执行下面的命令：

```
pip3 install pandas
```

即可安装 pandas 数据分析工具。

9.2.2　pandas 数据对象

pandas 用于操作数据的对象主要是 Series 和 DataFrame，下面分别介绍这两种数据对象。

1. Series

Series 是一维数组，它在一维数组索引的基础上又添加了数据标签，数组数据既可以通过索引访问，也可以通过数据标签访问（类似于字典对象的 key 和 value）。数组的数据类型可以是整数、浮点数、字符串、列表、布尔值、自定义 Python 类等数据。

Series 数据对象可以使用多种方式创建，Series 的构造方法支持列表、NumPy 数组、字典等数据类型的传入。

【例 9-8】　创建 Series 数据对象
程序清单如下。

```
# 导入 pandas 库
import pandas as pd
# 导入 NumPy 库
import numpy as np

# 通过列表数据创建
# index: 定义数据标签，数据标签与元素个数相同，参数可选
# dtype: 定义数据类型，参数可选
s_data = pd.Series([5.1,3.5,1.4,0.2],index=["Sepal.Length","Sepal.Width","Petal.Length",
"Petal.Width"],dtype=float)
# 索引访问
print(s_data[0])
# 数据标签访问
print(s_data["Sepal.Length"])

# 通过 NumPy 数组创建
s_data = pd.Series(np.array([5.1,3.5,1.4,0.2]))
```

```
print(s_data)

# 通过字典对象创建
s_data = pd.Series({"Sepal.Length":5.1,"Sepal.Width":3.5,"Petal.Length":1.4,"Petal.
Width":0.2})
# 索引访问
print(s_data[0])
# 数据标签访问
print(s_data["Sepal.Length"])
```

Series 数据对象的切片语法与 NumPy 数组的切片语法相同，对 Series 数据对象的切片可参见 NumPy 数组。

2．DataFrame

DataFrame 是一个二维表结构，它包含一组有序的列，每列元素的数据类型可以是整数、浮点数、布尔值、字符串、列表、自定义 Python 类等数据。DataFrame 既可以按行来访问（行索引），也可以按列来访问（列索引），访问单个元素时，需要同时使用行索引和列索引。

DataFrame 数据对象可以使用多种方式创建，DataFrame 的构造方法支持列表、NumPy 数组、字典等数据类型的传入。

【例 9-9】　创建 DataFrame 数据对象

程序清单如下。

```
# 导入 pandas 库
import pandas as pd
# 导入 NumPy 库
import numpy as np

# 通过列表数据创建
# columns: 列数据标签
# index: 行数据标签
s_data = pd.DataFrame([[5.1,3.5,1.4,0.2],
                       [6.1,3.7,4.1,1.5],
                       [5.8,2.7,5.1,1.9]],
                      columns=['feature_one','feature_two','feature_three','feature_four'],
                      index=['one','two','three'])
# 输出 s_data
print(s_data)

# 访问第 1 列
print("访问第 1 列")
print(s_data["feature_one"])

# 访问第 1 行
print("访问第 1 行")
print(s_data.loc["one"])

# 访问第 1 行第 2 列元素
print(s_data.loc["one"]["feature_two"])
```

DataFrame 数据对象的切片语法和 NumPy 数组的切片语法相同。

9.2.3　重新索引

重新索引是 pandas 非常重要的功能，它可以对数据重新建立索引，并且在建立索引的过程中对缺失值进行填充。

Series 和 DataFrame 数据对象的 `reindex` 方法可以对数据重新索引，数据分析程序获取的数据可能会有很多缺失值，需要对这些数据重新建立索引，并且填充缺失值。

【例 9-10】 对数据重新索引

程序清单如下。

```python
# 导入 pandas 库
import pandas as pd
# 导入 NumPy 库
import numpy as np

# 通过列表数据创建
s_data = pd.DataFrame([[5.1,3.5,1.4,0.2],
                       [6.1,3.7,4.1,1.5],
                       [5.8,2.7,5.1,1.9]],
                      columns=['feature_one','feature_two','feature_three','feature_for'],
                      index=['one','two','three']
                      )
# 输出 s_data
print(s_data)

# 重新建立索引
# 列索引增加 1 列，行索引增加 1 行
# fill_value：填充缺失值
s_data = s_data.reindex(columns=['feature_one','feature_two','feature_three',
'feature_for','feature_five'],
                        index=['one','two','three','four'],
                        fill_value=1.0
                        )
print(s_data)
```

9.2.4 算术运算

pandas 可以对数据对象内整体数据或不同索引的数据进行算术运算，多个数据对象也可以进行算术运算。

【例 9-11】 单个数据对象的算术运算

程序清单如下。

```python
# 导入 pandas 库
import pandas as pd

# 创建数据对象
s_data = pd.DataFrame([[5.1,3.5,1.4,0.2],
                       [6.1,3.7,4.1,1.5],
                       [5.8,2.7,5.1,1.9]],
                      columns=['feature_one','feature_two','feature_three','feature_for'],
                      index=['one','two','three']
                      )
# 输出数据
print(s_data)

# 整体数据算术运算
# 运算结果并没有赋值给 s_data
print(s_data*2)

# 按列索引进行算术运算
print(s_data['feature_one']**2)
```

```
# 按行索引进行算术运算
print(s_data.loc['two']**2)
```

【例 9-12】　多个数据对象的算术运算

程序清单如下。

```
# 导入 pandas 库
import pandas as pd

# 创建数据对象
s_data1 = pd.DataFrame([[5.1,3.5,1.4,0.2],
                        [6.1,3.7,4.1,1.5],
                        [5.8,2.7,5.1,1.9]],
                       columns=['feature_one','feature_two','feature_three','feature_for'],
                       index=['one','two','three']
                      )

s_data2 = pd.DataFrame([[5.1,3.5,1.4,0.2],
                        [6.1,3.7,4.1,1.5],
                        [5.8,2.7,5.1,1.9]],
                       columns=['feature_one','feature_two','feature_three','feature_for'],
                       index=['one','two','three']
                      )

s_data3 = pd.DataFrame([[5.1,3.5,1.4],
                        [6.1,3.7,4.1],
                        [5.8,2.7,5.1]],
                       columns=['feature_one','feature_two','feature_three'],
                       index=['one','two','three']
                      )

# 两个行列索引相同的数据对象相加
print(s_data1+s_data2)
# 两个行列索引不相同的数据对象相加
# 可以调用数据对象的 add 方法，传入缺失值的默认值
print(s_data1.add(s_data3,fill_value=0))
```

pandas 数据对象提供的算术方法见表 9-3。

表 9-3　pandas 数据对象常用算术方法

方法	说明
add	两个数据对象相加
sub	两个数据对象相减
div	两个数据对象相除
mul	两个数据对象相乘

9.2.5　使用函数处理数据

pandas 提供了 map()、apply()、applymap()函数，它们将定义的数据处理函数应用于 Series 或者 DataFrame 数据对象中的每个元素。

map()函数仅作用于 Series 数据对象，map()函数会自动遍历 Series 对象的所有元素，并对每一个元素调用函数进行处理。

【例9-13】 `map()`函数的使用

程序清单如下。

```
#计算个人所得税#

# 导入 numpy 库
import numpy as np
# 导入 pandas 库
import pandas as pd

# 通过 NumPy 数组创建
# 数组元素为工资金额
wages = pd.Series(np.array([6910,8320,10300,9300,7100,7690]))

# 定义计算个人所得税的函数
# 设定扣除项为 0,工资不超过 36000
def get_incomt_tax(x):
    return (x-5000)*0.03


# 程序入口
if __name__ == '__main__':

    # 计算个人所得税
    tax = wages.map(get_incomt_tax)
    print(tax)
```

`apply()`函数可以作用于 Series 数据对象的每个元素,也可以作用于 DataFrame 数据对象的每个行或者列。

【例9-14】 `apply()`函数的使用

程序清单如下。

```
#apply()函数使用案例#

# 导入 numpy 库
import numpy as np
# 导入 pandas 库
import pandas as pd

# 定义 DataFrame
# 数据为 3 行 4 列
s_data = pd.DataFrame([[5.1,3.5,1.4,0.2],
                       [6.1,3.7,4.1,1.5],
                       [5.8,2.7,5.1,1.9]],
                      columns=['feature_one','feature_two','feature_three','feature_four'],
                      index=['one','two','three']
                     )
# 定义计算函数
# 计算 x 的累加和
def get_sum(x):
    return x.sum()
# 程序入口
if __name__ == '__main__':

    # 计算第 1 列和第 2 列元素的和
    result = s_data.iloc[:,0:2].apply(get_sum)
    print(result)
```

DataFrame 的 `iloc()`方法使用索引进行切片,切片方法与 NumPy 二维数组切片相同。

iloc() 方法可以用 column 名和 index 名进行定位。

applymap() 函数作用于 DataFrame 数据对象，它会自动遍历 DataFrame 对象的所有元素，并对每一个元素调用函数进行处理。

【例 9-15】 applymap() 函数的使用

程序清单如下。

```
#apply()函数使用案例#

# 导入numpy库
import numpy as np
# 导入pandas库
import pandas as pd

# 定义DataFrame
# 数据为3行4列
s_data = pd.DataFrame([[5.1,3.5,1.4,0.2],
                       [6.1,3.7,4.1,1.5],
                       [5.8,2.7,5.1,1.9]],
                      columns=['feature_one','feature_two','feature_three','feature_four'],
                      index=['one','two','three']
                      )

# 定义计算函数
# 计算x的平方根
def get_square(x):
    return np.square(x)

# 程序入口
if __name__ == '__main__':

    # 对所有元素进行平方根运算
    result = s_data.applymap(get_square)
    print(result)
```

9.3 Excel 工作簿的读取与写入

Excel 工作簿的
读取与写入

学习目标：掌握 pandas 操作 Excel 的基本方法。

9.3.1 Excel 文件构成

工作簿是 Excel 用来存储并处理数据的文件，一个工作簿就是一个 Excel 文件，Excel 文件的扩展名是 ".xlsx"。一个工作簿由若干个工作表构成。新建的 Excel 文件默认会创建一个工作表，工作表的名称为 "Sheet1"，用户可以创建多个工作表，并分别命名不同的工作表名称。

工作表是由若干行和列构成的表，每一行的行号由 1、2、3……数字表示，每一列的列号由 A、B、C……字母表示，Z 列之后是 AA、AB、AC……依此类推。

行和列交叉的格子称为单元格，单元格是存储数据的基本单位，单元格由列号和行号标识。

9.3.2 读取 Excel 工作表

pandas 提供了打开 Excel 工作簿并读取指定工作表的函数，函数为：

read_excel(io, sheet_name=0, header =0, skiprows=None, skip_footer=0,

```
index_col=None, usecols=None).
```

read_excel()函数打开 io 指定的 Excel 工作簿，并读取名称为 sheet_name 的工作表。函数的主要参数说明如下。

io：字符串类型，指向 Excel 文件路径。

sheet_name：字符串或整数类型。若为字符串，则是工作表的名称；若为整数，则是工作表在工作簿中的序号（序号从 0 开始）；若为 None，则读取工作簿的所有工作表；若要读取多个工作表，sheet_name 可以是一个字符串类型或整数类型的列表。

header：pandas 读取 Excel 文件后，会把读取的工作表数据转换为 DataFrame 数据对象，DataFrame 数据对象有行索引和列索引，因此 header 指定哪一行为列索引，默认为 0，即第 1 行作为列索引。该参数也可以是整数类型的列表，此时指定多行作为列索引。

skiprows：读取工作表时，忽略从工作表顶部 skiprows 指定的行数。

skip_footer：读取工作表时，忽略从工作表尾部 skip_footer 指定的行数。

index_col：指定某一列为行索引，默认为 None，函数会自动为 DataFrame 数据对象添加行索引（0、1、2、3、4……）。

usecols：读取指定的列，默认为 None，读取所有列。若需要读取指定的列，可以传入列表对象，例如 usecols=[1, 2]，读取第 1 列和第 2 列。

用 pandas 操作 Excel 文件，依赖于第三方 Excel 库 openpyxl，安装 openpyxl 库需在命令行窗口执行以下命令：

```
pip3 install openpyxl
```

【例 9-16】 读取工作表
程序清单如下。

```
# 导入 pandas 库
import pandas as pd

# 定义 Excel 文件路径
excel_path = "../data/excel/09/check.xlsx"

# 程序入口
if __name__ == '__main__':

    # 按工作表名读取 Sheet1
    data = pd.read_excel(excel_path,sheet_name="Sheet1")
    print(data)

    # 按工作表序号读取 Sheet1
    data = pd.read_excel(excel_path,sheet_name=0)
    print(data)

    # 按工作表序号读取 Sheet2
    data = pd.read_excel(excel_path,sheet_name=1)
    print(data)

    # 读取多个工作表
    data = pd.read_excel(excel_path,sheet_name=[0,1])
    print(data)
```

9.3.3　访问 Excel 单元格数据

pandas 读取 Excel 数据后，会将其转换为 DataFrame 数据对象，DataFrame 数据对象本身是由行和列构成的二维数组，因此访问 Excel 单元格数据，与访问 DataFrame 数据对象元素的操作基本相同。

【例 9-17】　访问 Excel 单元格数据

程序清单如下。

```
# 导入 pandas 库
import pandas as pd

# 定义 Excel 文件路径
excel_path = "../data/excel/09/check.xlsx"

# 程序入口
if __name__ == '__main__':

    # 按工作表名读取 Sheet1
    data = pd.read_excel(excel_path,sheet_name="Sheet1")
    # 输出 2 行 3 列单元格数据
    print(data.iloc[1:2,2:3])
    # 输出第 2 行数据
    print(data.iloc[1:2,:])
    # 输出第 2 列数据
    print(data.iloc[:,1:2])
```

9.3.4　DataFrame 数据写入 Excel 工作簿

有时需要把 DataFrame 数据写入一个新建的 Excel 工作簿，在这种情况下，可以使用 DataFrame 对象的 to_excel() 函数来完成数据的写入操作。

函数说明如下：

```
to_excel(
excel_writer,
sheet_name='Sheet1',
na_rep='',
float_format=None,
columns=None,
header=True,
index=True,
index_label=None,
startrow=0,
startcol=0,
encoding=None
)
```

函数包括多个参数，大多数情况使用参数的默认值即可。主要参数说明如下。

excel_writer：字符串类型或 ExcelWriter 对象。若是字符串类型，指向 Excel 文件路径，该函数只能写入单一工作表。若是 ExcelWriter 对象，可以写入多个工作表。

sheet_name：写入工作表的名称，默认值为 "Sheet1"。

na_rep：若 DataFrame 缺失数据，缺失的数据使用 na_rep 填充。

float_format：格式化浮点数的字符串，默认为 None，不进行格式化。

header：输出列的名称，默认为 `True`。

index：输出行的序号，默认为 `True`。

index_label：字符串或列表类型，索引列的列标签。

startrow：设置 DataFrame 数据写入 Excel 工作簿的起始行号。

startcol：设置 DataFrame 数据写入 Excel 工作簿的起始列号。

encoding：设置字符的编码格式，默认为 `None`，采用默认的字符编码格式。

【例 9-18】　DataFrame 数据写入新的 Excel 工作簿

程序清单如下。

```python
# 导入 pandas 库
import pandas as pd

# 定义 Excel 文件路径
excel_path = "../data/excel/09/new.xlsx"

# 程序入口
if __name__ == '__main__':

    # 创建一个 DataFrame 对象
    s_data = pd.DataFrame([[5.1,3.5,1.4,0.2],
                           [6.1,3.7,4.1,1.5],
                           [5.8,2.7,5.1,1.9]],
                        columns=['feature_one','feature_two','feature_three','feature_four'],
                        index=['one','two','three'])
    # 写入 Excel 工作簿
    s_data.to_excel(excel_path)
```

若把多个工作表写入新建的 Excel 工作簿，需要使用 ExcelWriter 对象，ExcelWriter 对象可以向同一个工作簿的不同工作表中写入对应的表数据。

ExcelWriter 对象的实例化方法如下：

```python
ExcelWriter(path)
```

参数 path 为 Excel 文件路径。

使用 ExcelWriter 对象写入多个工作表数据后，还需要调用 ExcelWriter 对象的 save() 方法和 close() 方法来保存和关闭 Excel 文件。

【例 9-19】　多个工作表写入 Excel 工作簿

程序清单如下。

```python
# 导入 pandas 库
import pandas as pd

# 定义 Excel 文件路径
excel_path = "../data/excel/09/new.xlsx"

# 程序入口
```

```
if __name__ == '__main__':

    # DataFrame 对象，对应工作表 1
    s_data1 = pd.DataFrame([[5.1,3.5,1.4,0.2],
                            [6.1,3.7,4.1,1.5],
                            [5.8,2.7,5.1,1.9]],
                           columns=['feature_one','feature_two','feature_three','feature_four'],
                           index=['one','two','three'])

    # DataFrame 对象，对应工作表 2
    s_data2 = pd.DataFrame([["java","js"],
                            ["C++","Python"],
                            ["Net","VB"]],
                           columns=['编译性语言','脚本语言'],
                           index=['1','2','3'])

    # 实例化 ExcelWriter 对象
    writer = pd.ExcelWriter(excel_path)
    # 写入第一个工作表
    s_data1.to_excel(writer,sheet_name="Sheet1")
    # 写入第二个工作表
    s_data2.to_excel(writer,sheet_name="Sheet2")

    # 调用 writer 对象的 save 方法保存 Excel 文件
    writer.save()
    # 关闭文件
    writer.close()
```

9.4　Excel 的提取与合并

Excel 的提取与
合并

学习目标：掌握多个 Excel 工作簿和工作表的提取与合并。

9.4.1　将多个工作簿提取到一个工作簿

将多个工作簿提取到一个工作簿，是将多个 Excel 文件的数据合并到一个 Excel 文件。若合并的 Excel 文件有多个工作表，合并后的 Excel 文件也需要有多个工作表，每个工作表的数据为合并后的数据。

编程任务：合并图书资源 data\excel\09 目录下的 check_manytable_01.xlsx 工作簿、check_manytable_02.xlsx 工作簿，合并后的数据存储到 combin_manytable.xlsx 工作簿。

【例 9-20】　将多个工作簿提取到一个工作簿

程序清单如下。

```
# 导入 pandas 库
import pandas as pd

# 待提取数据的 Excel 文件
pick_excel_path_list = ["../data/excel/09/check_manytable_01.xlsx",
                        "../data/excel/09/check_manytable_02.xlsx"]
```

```
                            ]
# 函数定义
# 功能：从多个工作簿获取同一名称的工作表
def get_combin_sheet(data,key):
    combin_data = []
    for workbook in data:
        # 处理 key 不存在的异常
        try:
            value = workbook[key]
            combin_data.append(workbook[key])
        except KeyError:
            continue
    return combin_data


# 程序入口
if __name__ == '__main__':

    # 存储工作簿数据的列表
    data_list = []
    # 遍历待提取数据的 Excel 文件
    for item in pick_excel_path_list:
        # 读取所有工作表
        data=pd.read_excel(item,sheet_name=None)
        data_list.append(data)
    # 实例化 ExcelWriter 对象
    writer = pd.ExcelWriter('../data/excel/09/combin_manytable.xlsx')
    # 遍历工作簿
    for workbook in data_list:
        # 遍历工作簿的所有工作表
        # workbook 是字典对象
        # 字典对象的每个元素是一个工作表
        # 字典的 key 是工作表名称，value 是工作表数据
        for key in workbook:
            # 调用 get_combin_sheet 函数从多个工作簿获取同一工作表的数据
            combin_data = get_combin_sheet(data_list,key)
            # 判断 combin_data 是否含有 DataFrame 数据对象
            if len(combin_data) > 0:
                # 调用 concat 函数连接列表内的 DataFrame 数据对象
                newdata = pd.concat(combin_data)
                newdata.to_excel(writer,sheet_name=key,index =False)
            else:
                workbook[key].to_excel(writer,sheet_name=key,index =False)

    # 调用 writer 对象的 save 方法保存 Excel 文件
    writer.save()
    # 关闭文件
    writer.close()
```

案例代码使用了 pandas 提供的 concat() 函数，concat() 函数声明如下：

```
concat(
objs,
axis=0,
join='outer',
join_axes=None,
ignore_index=False,
keys=None,
levels=None,
names=None,
verify_integrity=False,
```

```
copy=True
)
```

函数参数比较多，通常使用参数的默认值即可。主要参数说明如下。

`objs`: DataFrame 序列对象。

`axis`: 连接的维度，默认为 0，即按行连接。

`join`: 如何处理其他轴上的索引，参数的值为"inner"或"outer"，outer 代表联合，inner 代表交集。

9.4.2　将多个工作簿提取到一个工作表

将多个工作簿提取到一个工作表，是将多个 Excel 文件的所有工作表都提取到一个工作簿的工作表内。

【例 9-21】　将多个工作簿提取到一个工作表

合并图书资源 data\excel\09 目录下的 check_01.xlsx 工作簿、check_02.xlsx 工作簿和 check_03.xlsx 工作簿，合并后的数据存储到 combin.xlsx 工作簿。

程序清单如下。

```
# 导入 pandas 库
import pandas as pd

# 待提取数据的 Excel 文件
pick_excel_path_list = ["../data/excel/09/check_01.xlsx",
                        "../data/excel/09/check_02.xlsx",
                        "../data/excel/09/check_03.xlsx"
                        ]

# 程序入口
if __name__ == '__main__':

    # 存储 DataFrame 数据对象的列表
    data_list = []
    # 遍历待提取数据的 Excel 文件
    for item in pick_excel_path_list:
        # 读取 Excel 工作簿数据
        data=pd.read_excel(item)
        # 添加 DataFrame 数据对象到列表
        data_list.append(data)
    # 调用 concat 函数连接列表内的 DataFrame 数据对象
    newdata = pd.concat(data_list)
    # 写入新的 Excel 工作簿
    # index = False 不写入行索引
    newdata.to_excel('../data/excel/09/combin.xlsx',index = False)
```

9.4.3　将同名工作表提取到一个工作表

将同名工作表提取到一个工作表，是将多个工作簿中的同名工作表数据提取到一个工作表中。

【例 9-22】　将同名工作表提取到一个工作表

在图书资源 data\excel\09 目录下有 delivery-a.xlsx 和 delivery-b.xlsx 工作簿，要求将工作簿

内名称为"1 月"的工作表提取到一个新工作表中，该工作表在一个新建的工作簿中。

程序清单如下。

```python
# 导入 pandas 库
import pandas as pd

# 待提取数据的 Excel 文件
pick_excel_path_list = ["../data/excel/09/delivery_a.xlsx",
                        "../data/excel/09/delivery_b.xlsx"
                        ]

# 工作表名称
sheet_name = "1 月"

# 程序入口
if __name__ == '__main__':

    # 存储工作簿数据的列表
    data_list = []
    # 遍历待提取数据的 Excel 文件
    for item in pick_excel_path_list:
        # 读取指定的工作表
        data=pd.read_excel(item,sheet_name=sheet_name,header=None)
        data_list.append(data)
    newdata = pd.concat(data_list)
    # 写入新的 Excel 工作簿
    # index = False 不写入行索引
    # header = False 不写入列索引
    newdata.to_excel('../data/excel/09/delivery_ab.xlsx',sheet_name=sheet_name,index
= False,header=False)
```

9.4.4　将同名工作表提取到一个工作簿

将同名工作表提取到一个工作簿，是将多个工作簿的同名工作表合并到一个工作簿，合并后的工作簿由合并前的同名工作表构成。

【例 9-23】　同名工作表提取到一个工作簿

在图书资源 data\excel\09 目录下有 achievement_01.xlsx 和 achievement_02.xlsx 工作簿，要求将这两个工作簿内名称相同的工作表合并到一个新工作簿，新工作簿中的工作表由合并前的同名工作表构成。

程序清单如下。

```python
# 导入 pandas 库
import pandas as pd
# 待提取数据的 Excel 文件
pick_excel_path_list=["../data/excel/09/achievement_01.xlsx",
                      "../data/excel/09/achievement_02.xlsx"]
# 函数定义
# 功能：从多个工作簿获取同一名称的工作表
def get_combin_sheet(data,key):
    combin_data = []
```

```
    for workbook in data:
        combin_data.append(workbook[key])
    return combin_data

# 程序入口
if __name__ == '__main__':

    # 存储工作簿数据的列表
    data_list = []
    # 遍历待提取数据的 Excel 文件
    for item in pick_excel_path_list:
        # 读取所有工作表
        data=pd.read_excel(item,sheet_name=None)
        data_list.append(data)
    # 实例化 ExcelWriter 对象
    writer = pd.ExcelWriter('../data/excel/09/combin_achievement.xlsx')
    # 遍历工作簿
    for workbook in data_list:
        # 遍历工作簿的所有工作表
        # workbook 是字典对象
        # 字典对象的每个元素是一个工作表
        # 字典的 key 是工作表名称，value 是工作表数据
        for key in workbook:
            # 调用 get_combin_sheet 函数从多个工作簿获取同一工作表的数据
            combin_data = get_combin_sheet(data_list,key)
            # 调用 concat 函数连接列表内的 DataFrame 数据对象
            newdata = pd.concat(combin_data)
            newdata.to_excel(writer,sheet_name=key,index =False)
    # 调用 writer 对象的 save 方法保存 Excel 文件
    writer.save()
    # 关闭文件
    writer.close()
```

数据可视化工具
Matplotlib

9.5　数据可视化工具 Matplotlib

学习目标：初步掌握可视化工具 Matplotlib，熟练使用 Matplotlib 绘制统计图表。

9.5.1　安装 Matplotlib 库

Matplotlib 是图形绘制库，使用 Matplotlib 可以方便地绘制函数图形，以及直方图、条形图、散点图等统计图形。

进入操作系统的命令行窗口，在命令行窗口输入并执行下面的命令：

```
python -m pip install -U pip setuptools
python -m pip install -U matplotlib
```

上述命令可安装最新的 Matplotlib 版本。

9.5.2　使用 Matplotlib 绘图

掌握 Matplotlib 最好的方法是边学习边实践，我们从最简单的绘制函数图像开始。

绘制函数图像之前，先来了解 Matplotlib 相关概念。

1. pyplot（绘图模块）

pyplot 是 Matplotlib 库的核心模块，主要绘制二维图形，将线、图形、文本等绘制到 Figure（画布）。

2. Figure（画布）

Figure 可以理解为画布，也就是绘图区域。画布上有坐标轴，一块画布允许使用多个坐标轴，画布上还有标题、绘图对象、交互组件等。

【例 9-24】　创建 Figure

```
# 导入 pyplot 模块
import matplotlib.pyplot as plt
# 创建没有轴的 figure
fig = plt.figure()
# 设置 figure 的标题
fig.suptitle('No axes on this figure')
# 创建具有 2X2 轴的 figure
fig, ax_lst = plt.subplots(2, 2)
plt.show()
```

pyplot 模块的 `figure()` 函数创建一块空画布，画布上没有轴，函数返回 `figure` 对象。`suptitle()` 是 `figure` 对象的方法，用于设置画布标题。pyplot 模块的 `subplots()` 函数创建具有多个轴的画布，当然也可以只有一个轴，可以把每一个轴看作画布上的一个子图。pyplot 模块的 `show()` 函数会将画布显示到窗口。

例 9-24 代码执行后，程序会显示两块画布，在后面的内容中，画布也称为绘图窗口。如图 9-2 所示。

3. Axes（轴空间）

Axes（轴空间）是 Figure（画布）上的绘图空间，在 Figure（画布）上绘图时，可以把 Figure（画布）分成多个绘图空间，例 9-24 就创建了具有 4 个绘图空间的 Figure（画布）。Axes（轴空间）可以包含多个轴。

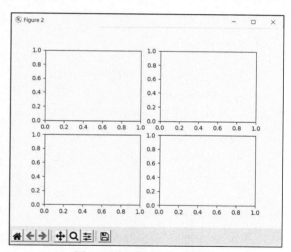

图 9-2　例 9-24 的绘图窗口

4. Axis（轴）

Axis（轴）是绘图用的坐标系。

5. 绘图数据

Matplotlib 的所有绘图函数都以 NumPy 数组或者 NumPy 的 masked 数组（掩码数组）为输入数据。

pyplot 是 Matplotlib 的绘图模块，使用 Matplotlib 绘制图形都要用到 pyplot 模块。该模块的所有函数都会在 Axes（轴空间）和 Axis（轴）内绘图，若开发者没有创建 Axes（轴空间）和 Axis（轴），pyplot 会自动创建它们。在例 9-25 中，pyplot 模块会默认创建 Axes（轴空间）和 Axis（轴），然后调用绘图函数在默认轴上绘制直线,设置 Axes(轴空间)标题,设置绘图标签并添加图例。

【例 9-25】 使用 pyplot 绘制图形

程序清单如下。

```python
# 导入 pyplot 模块
import matplotlib.pyplot as plt
# 导入 numpy 模块
import numpy as np

# 在 0~2 范围内均匀创建 100 个数据点
x = np.linspace(0, 2, 100)

# plot 为绘图函数
# 绘制直线 y=x
plt.plot(x, x, label='linear')
# 绘制二次函数 y=x^2
plt.plot(x, x**2, label='quadratic')
# 绘制三次函数 y=x^3
plt.plot(x, x**3, label='cubic')

# 设置 X 轴标签
plt.xlabel('x label')
# 设置 Y 轴标签
plt.ylabel('y label')

# 设置绘图标题
plt.title("Simple Plot")

# 显示图例
plt.legend()

# 显示绘图窗口
plt.show()
```

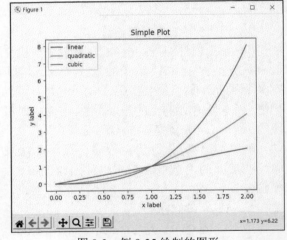

图 9-3 例 9-25 绘制的图形

例 9-25 绘制的图形如图 9-3 所示。

使用 Matplotlib 绘图,需要导入 NumPy 库和 pyplot 模块,绘图程序的顶部导入通常如下所示:

```python
import matplotlib.pyplot as plt
import numpy as np
```

然后进行绘图操作。例如,调用 np 的函数创建绘图数据,调用 pyplot 模块的函数创建 Figure(画布)、Axes(轴空间),调用 pyplot 模块的绘图函数绘制线条、文本等内容。

```python
x = np.arange(0, 10, 0.2)
y = np.sin(x)
fig, ax = plt.subplots()
ax.plot(x, y)
plt.show()
```

在一些情况下,绘图代码需要重复使用,只是绘制不同的数据集,可以参照下面的代码编写绘图通用函数:

```python
def my_plotter(ax, data1, data2, param_dict):
    """
    通用绘图函数

    参数
```

```
    ----------
    ax : Axes（轴空间）
        绘图图形的轴空间

    data1 : array
        二维坐标系的 X 数据

    data2 : array
        二维坐标系的 Y 数据

    param_dict : dict
        传入 ax.plot 的关键字参数

    Returns
    -------
    out : list
        返回绘图对象列表
    """
    out = ax.plot(data1, data2, **param_dict)
    return out
```

调用通用绘图函数的代码样例如下：

```
# 创建绘图数据
data1, data2, data3, data4 = np.random.randn(4, 100)
# 创建 Figure（画布）、Axes（轴空间）
fig, ax = plt.subplots(1, 1)
# 调用绘图函数
my_plotter(ax, data1, data2, {'marker': 'x'})
```

9.5.3 绘制函数图像

【例 9-26】 绘制指数函数

程序清单如下。

```
import matplotlib.pyplot as plt
import numpy as np
import math

# 定义绘图函数
def plotter(ax, data1, data2, param_dict):
    out = ax.plot(data1, data2, **param_dict)
    return out

# 定义指数函数
# x:指数 a:底数
def exponential_func(x, a):
    y=math.pow(a, x)
    return y

# 程序入口
if __name__ == '__main__':

    # 指数函数 x 数据
    x=np.linspace(-4, 4, 40)
    # 指数函数 f(x)=1/3^x 值
    y=[exponential_func(x,1/3) for x in x]
    fig, ax = plt.subplots(1, 1)
    plotter(ax,x,y,{'color': 'red','label':'f(x) = 1/3^x'})

    # 指数函数 f(x)=3^x 值
    y=[exponential_func(x,3) for x in x]
    plotter(ax,x,y,{'color': 'blue','label':'f(x) = 3^x'})
```

```
# 指数函数 f(x)=e^x 值
y=[exponential_func(x,math.e) for x in x]
plotter(ax,x,y,{'color': 'brown','label':'f(x) = e^x'})

#设置图例显示位置
plt.legend()
plt.show()
```

函数 plotter() 是通用绘图函数。参数 ax
是 AxesSubplot 对象，可以理解为基于 Axes
（轴空间）的子图；参数 data1 和 data2 为绘
制的线条数据；参数 param_dict 为关键字参
数，用于设置线条的绘制样式。

函数 exponential_func() 调用 math 库
的 pow 函数计算指数函数值。图 9-4 为例 9-26
绘制的指数函数图像。

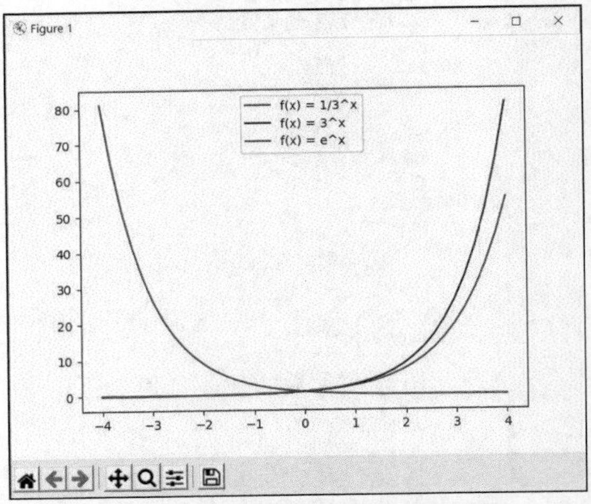

【例 9-27】 绘制三角函数
程序清单如下。

图 9-4　例 9-26 绘制的指数函数图像

```
#导入 numpy 库
import numpy as np
#导入绘图工具库
import matplotlib.pyplot as plt
# np 的 linspace 函数在指定的间隔范围内返回均匀间隔的一组数值
# 例如：np.linspace(start,end,n=50),在 start- end,均匀地返回 n 个数值
# 定义了一个 numpy 的数组 x，从-2π 到 2π，共 200 个值
x=np.linspace(-2*np.pi,2*np.pi,200,endpoint=True)
#对 x 进行 cos 计算
cos= np.cos(x)
#设置 cos 图像的线条颜色、线条粗细和图像标签
plt.plot(x,cos,color='red',linewidth=1.5,label='cos')
#对 x 进行 sin 计算
sin= np.sin(x)
#设置 sin 图像的线条颜色、线条粗细和图像标签
plt.plot(x,sin,color='blue',lw=2.5,label='sin')
#设置图例显示位置
plt.legend(loc='lower left')

#设定 x 轴范围
plt.xlim(-2*np.pi*1.1,2*np.pi*1.1)
#设定 y 轴范围
plt.ylim(cos.min()*1.1,cos.max()*1.1)

#设置 X 轴刻度值
plt.xticks(
    [-2*np.pi,-3*np.pi/2,-np.pi,-np.pi/2,0,np.pi/2,np.pi,3*np.pi/2,2*np.pi],
    [r'-$2\pi$',r'-$3\pi/2$',r'-$\pi$',r'-$\pi/2$','0',r'$\pi/2$',r'$\pi$',
r'-$3\pi/2$',r'$2\pi$']
        )

#设置 Y 轴刻度值
plt.yticks([-1,0,1])
#通过 plt.gca() 获取坐标轴对象，然后设置属性
ax=plt.gca()
#隐藏 top 和 right 轴
ax.spines['top'].set_color("none")
ax.spines['right'].set_color("none")
```

```
#把左下设置为 0 点
ax.spines['left'].set_position(('data',0))
ax.spines['bottom'].set_position(('data',0))
plt.show()
```

程序首先调用 NumPy 库的 linspace() 函数，创建绘制三角函数图像需要的数据，即三角函数变量 x 的取值范围。linspace() 函数在指定的间隔范围内返回均匀间隔的一组数值，x 的取值范围为-2π 到$+2\pi$ 范围，在该范围内均匀取 200 个数值。

np.cos(x) 返回 x 取不同值时 cos 的函数值，返回一个存储 cos 函数值的列表对象。

Matplotlib 库 pyplot 模块的 plot() 函数使用给出的数据在坐标轴上绘制曲线，参数 x 和 cos 是要绘制的数据点，color 是曲线的颜色，lw 是曲线的宽度，label 是标识曲线的标签。

pyplot 模块的 legend() 函数设置图例的位置，当需要在一个坐标轴上绘制多条曲线时，显示图例是不错的绘图方法。

pyplot 模块的 xlim() 函数设置坐标轴的取值范围，X 轴的取值范围为-2π、$-3\pi/2$、$-\pi$、$-\pi/2$、0、$\pi/2$、π、$3\pi/2$、2π。Y 轴的取值范围为 cos 列表元素的最小值和 cos 列表元素的最大值，即 1 和-1。

pyplot 模块的 xticks() 函数设置 X 轴刻度的显示样式，若不设置显示样式，Matplotlib 会把 X 轴刻度显示为数值，这里希望显示为弧度。"-π" 为 laText 排版系统的语法，在 Python 中使用 laText，需要在文本的前后加上$符号，pi 是$\pi$，Matplotlib 会自动解析 laText 内容并排版输出。

最后调用 pyplot 模块的 gca() 函数获取轴对象，隐藏 top 和 right 轴，Matplotlib 在绘图时默认会有 4 个轴（两个横轴和两个竖轴）。图 9-5 为例 9-27 绘制的三角函数图像。

中国古代数学家刘徽在求圆周率时用到割圆术，用来计算圆的周长。当内接正多边形的面积与圆的面积非常相近时，内接正多边形的周长就可以表示圆的周长，这个方法称为割圆术。割圆术是用圆内接正多边形的面积去无限逼近圆的面积，并以此求圆的周长的方法。

我们可以编写一个 Python 程序，动态展示圆内接正多边形边数不断增大时，内接正多边形的面积逼近圆面积的过程，以理解割圆术与极限思想。

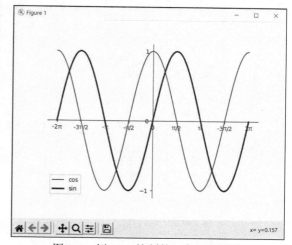

图 9-5　例 9-27 绘制的三角函数图像

【例 9-28】　绘制参数动态变化的图像

程序清单如下。

```
import numpy as np
import matplotlib.pyplot as plt
# 导入 matplotlib 库的交互组件
from matplotlib.widgets import Slider,Button
# 绘制内接正多边形
# r:半径　 sidenum: 正多边形边数
def polygon(r,sidenum):
    # 0~360° 范围内均匀创建 sidenum 个数据点
```

```
        data = np.linspace(0,2*np.pi,sidenum,False)
        # 计算边数为 sidenum 的正多边形的顶点 x 坐标
        x = r * np.sin(data)
        # 正多边形顶点首尾相连
        x = np.append(x,x[0])
        # 计算边数为 sidenum 的正多边形的顶点 y 坐标
        y = r * np.cos(data)
        # 正多边形顶点首尾相连
        y = np.append(y,y[0])
        return (x,y)


# 绘制正多边形的外接圆
def circle(r):
        # 0~360° 范围内均匀创建 200 个数据点
        data = np.linspace(0, 2 * np.pi, 200)
        # 计算圆周点 x 坐标
        x =  r * np.cos(data)
        # 计算圆周点 y 坐标
        y =  r * np.sin(data)
        return (x,y)



# 程序入口
if __name__ == '__main__':

        # 调整绘图区域，使底部容纳 Slider 组件
        plt.subplots_adjust(bottom=0.25)
        # 获取正多边形数据
        # r:20  sidenum:6
        x,y = polygon(20,6)
        # 绘制正多边形
        # plot 函数返回存储 Line2D 绘图实例对象的列表
        figure, = plt.plot(x,y,color='blue',linewidth=1.5,label='polygon')
        # 获取正多边形外接圆数据
        # r:20
        x1,y1 = circle(20)
        # 绘制正多边形外接圆
        plt.plot(x1,y1,color='r',linestyle='-')
        plt.plot(x1,-y1,color='r',linestyle='-')
        # 绘制圆心
        plt.scatter(0,0,c='r',marker='o')
        # 调整坐标轴，使坐标轴各轴数据单位相同
        plt.axis("equal")
        # 设置 Slider 组件绘图区域
        s_area = plt.axes([0.1,0.1,0.75,0.03])
        # 创建 Slider 组件
        slider_control = Slider(s_area,'slider',0,30,6)

        # 定义更新绘图函数
        def update(var):
            # 获取 slider_control 的当前数值
            num = int(slider_control.val)
            # 获取正多边形数据
            x,y = polygon(20,num)
            # 设置 Line2D 绘图实例对象的数据
            figure.set_data(x,y)
            # 按照设置的数据绘制正多边形
            plt.draw()
```

```
# 绑定 Slider 组件 on_changed 事件
slider_control.on_changed(update)
plt.show()
```

图 9-6 为例 9-28 绘制的动态图像。

从割圆术可以理解极限思想，极限是一个
动态逼近的过程，从内接正六边形到内接正九
十六边形，再到内接正 *n* 边形，内接正多边形
的面积随着边数的不断增大，会越来越近似于
圆的面积，在经过无限增大过程后，多边形就
会变换为圆，多边形面积便转化为圆面积。

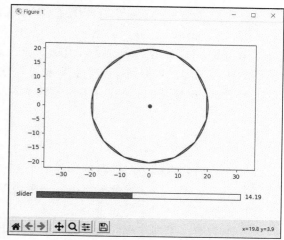

图 9-6　例 9-28 绘制的动态图像

9.5.4　绘制柱状图

柱状图由一系列高度不等的纵向条纹表示
数据分布的情况，数据集一般是二维数据集。
例如，鸢尾属植物数据集包括三类不同的鸢尾属植物，利用柱状图来表示不同鸢尾属植物花萼
长度均值分布。

【**例 9-29**】　绘制不同鸢尾属植物花萼长度均值分布柱状图

程序清单
```python
# 导入 numpy 库
import numpy as np
import matplotlib.pyplot as plt
import matplotlib.ticker as mtick

# 获取不同类别花萼长度数组
def calyx_length(data,category):
    xindex,yindex = np.where(data==category)
    calyx = [float(data[i][0]) for i in xindex]
    return calyx


# 程序入口
if __name__ == '__main__':

    # 从数据集文件读取第 1 列特征数据
    data = np.genfromtxt('../data/数据集/iris.data',delimiter=',',dtype='str')
    # 提取不同类别花萼长度
    setosa = calyx_length(data,"Iris-setosa")
    versicolor = calyx_length(data,"Iris-versicolor")
    virginica = calyx_length(data,"Iris-virginica")
    # 计算花萼长度均值
    mean = [np.mean(setosa),np.mean(versicolor),np.mean(virginica)]
    fig, ax = plt.subplots()
    # 设置 Y 轴刻度显示格式
    yticks = mtick.FormatStrFormatter('%.2fcm')
    ax.yaxis.set_major_formatter(yticks)
    # 获取 x 数据
    x = np.arange(3)
    # 设置 X 轴刻度显示格式
    plt.xticks(x, ('setosa', 'versicolor', 'virginica'))
    # 绘制柱状图
    plt.bar(x,mean)
    #柱状图上显示具体数据
    for x_text,y_text,label in zip(x,mean,mean):
        plt.text(x_text,y_text,label,ha='center',va='bottom')
    plt.show()
```

程序从文件 iris.data 读取鸢尾属植物数据集，然后分别调用 calyx_length() 函数从数据集提取 Iris-setosa、Iris-versicolor、Iris-virginica 类别的花萼长度，计算每个类别花萼长度的均值，调用 pyplot 模块的 bar() 函数绘制柱状图，如图 9-7 所示。

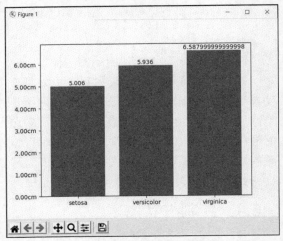

图 9-7　例 9-29 绘制的柱状图

9.5.5　绘制折线图

折线图适合将单个二维数据集和多个二维数据集进行比较。在二维数据集中，一个维度的数据一般表示时间、类别等类型，另一个维度表示与时间、类别对应的数据值，反映数据随时间变化的趋势、或不同类别数据的比较。

数据集 "30-70cancerChdEtcnew.csv" 存储了三个不同地区 30 岁至 70 岁死于心血管疾病、癌症、糖尿病或慢性呼吸系统疾病的概率，区间为 2000 年至 2016 年。

该数据集由四个维度构成：

（Location，Period，Sex，Probability）

维度 Location 记录了样本所属地区，维度 Period 记录了样本时间，维度 Sex 记录了样本所属群体的性别，Probability 记录样本发生的概率。

【例 9-30】　绘制某地区样本数据折线图

程序清单如下。

```
# 导入 numpy 库
import numpy as np
import matplotlib.pyplot as plt
import matplotlib.ticker as mtick
from matplotlib.ticker import MultipleLocator, FormatStrFormatter

# 提取数据集部分数据
def get_subdata(data,name):
    xindex,yindex = np.where(data==name)
    calyx = [list(data[i]) for i in xindex]
    return calyx

# 按年分组
def get_group(data):
    key_set = set()
    # 提取年份
    for item in data:
        key_set.add(item[1])
    year_list = list(key_set)
    # 列表排序
    year_list.sort()
```

```
        return year_list

# 定义绘图函数
def plotter(ax, year, data, param_dict):
    x,y = [],[]
    for item in data:
        if item[1] == year:
            x.append(item[2])
            y.append(float(item[3]))
    # 绘制曲线
    out = ax.plot(x,y, **param_dict)
    ax.scatter(x,y)
    return out

# 程序入口
if __name__ == '__main__':

    # 定义曲线颜色列表
    colors = ['#1f77b4',
              '#ff7f0e',
              '#2ca02c',
              '#d62728',
              '#9467bd',
              '#8c564b',
              '#e377c2',
              '#7f7f7f',
              '#bcbd22',
              '#17becf']


    # 读取数据集 30-70cancerChdEtcnew.csv
    data = np.genfromtxt('../data/数据集
/30-70cancerChdEtcnew.csv',delimiter=',',dtype='str')
    # 从数据集提取某地区数据
    region_data = get_subdata(data,"region_A")
    # 提取某地区数据的年份
    year_group = get_group(region_data)

    fig, ax = plt.subplots(1, 1)
    yticks = mtick.FormatStrFormatter('%.2f')
    ax.yaxis.set_major_formatter(yticks)
    yticks_value = MultipleLocator(1.5)
    ax.yaxis.set_major_locator(yticks_value)
    # 循环绘制不同年份折线
    # sex 维度为 X 轴, probability 维度为 Y 轴
    colorindex = 0
    for year in year_group:
        plotter(ax,year,region_data,{'color': colors[colorindex],'label':year})
        colorindex = colorindex + 1
        if colorindex > 9:
            colorindex = 0

#显示图例
```

```
plt.legend()
plt.show()
```

程序从 30-70cancerChdEtcnew.csv 数据文件中提取 region_A 的数据并对其进行分析，分析 region_A 在 2000 年至 2016 年间，30 岁至 70 岁不同性别死于心血管疾病、癌症、糖尿病或慢性呼吸系统疾病的发展趋势。

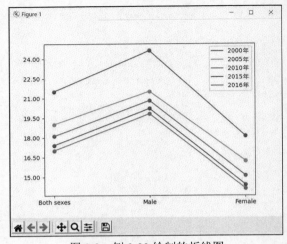

分析结果以折线统计图表示，每条折线描述了不同年份内 Both sexes、Male、Female，死于心血管疾病、癌症、糖尿病或慢性呼吸系统疾病的趋势数据线，如图 9-8 所示。

观察统计图发现，人们因心血管疾病、癌症、糖尿病或慢性呼吸系统疾病的发生的概率逐年降低，Male 因上述疾病死亡的概率远高于 Female。

图 9-8　例 9-30 绘制的折线图

9.5.6　绘制散点图

散点图是二维数据在直角坐标系平面上的分布图，多用于回归分析，发现因变量随自变量变化的大致趋势，并根据趋势选择合适的函数进行拟合，建立变量间的函数模型。

数据集 SOCR-HeightWeight.csv 记录了 25000 个 18 岁的不同人的身高（英寸）和体重（磅），建立用于确定人的身高或体重的预测模型。

【例 9-31】　绘制数据散点图

程序清单如下。

```python
# 导入 numpy 库
import numpy as np
import matplotlib.pyplot as plt
import matplotlib.ticker as mtick

# 数据集归一化处理
def normalization(data):
    # 获取数据集的最大值和最小值
    max, min = data.max(), data.min()
    # max - min 作为基数对数据进行归一化处理
    result = (data - min)/(max - min)
    return result
# 程序入口
if __name__ == '__main__':

    # 从数据集文件读取 2、3 列
    data = np.genfromtxt('../data/数据集
/SOCR-HeightWeight.csv',delimiter=',',skip_header=1,dtype='float',usecols=[1,2])
    x = normalization(data[::,0])
    y = normalization(data[::,1])
    fig, ax = plt.subplots(1, 1)
    # 绘制散点图
    ax.scatter(x,y, s=20, c=x)
    plt.show()
```

程序从 SOCR-HeightWeight.csv 数据文件中提取第 1 列和第 2 列数据，第 1 列数据是人的身高，第 2 列数据是人的体重。程序对读取的数据进行了归一化处理，将全部数据映射到区间[0, 1]。图 9-9 为例 9-31 生成的散点图。

观察人的身高和体重散点图发现，除去一些特殊的数据点外，身高和体重有近似的线性关系，即体重和身高是线性关系。

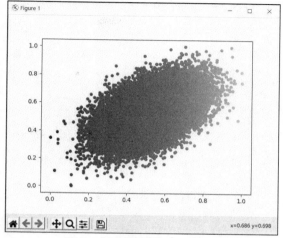

图 9-9　例 9-31 生成的散点图

9.6　Excel 汇总统计

学习目标：使用 pandas 对多个 Excel 工作簿或工作表进行汇总统计。

9.6.1　同一工作簿下的多工作表汇总

多工作表汇总是将一个工作簿的多个工作表数据汇总到一个新工作表。例如，新乐超市每周需要对每天的销售报表进行汇总，每周的销售报表都放在同一工作簿内，现在要求汇总一周的销售数据到一个新的工作表。

汇总表列字段构成为：商品名称、单位、售出数量、金额合计。在汇总过程中，需要对商品一周的售出数量和售出金额进行汇总。

编程任务：图书资源 data\excel\09 目录下的 seal.xlsx 工作簿为新乐超市某一周的销售报表，现在需要对销售报表进行汇总，并绘制商品销售金额周汇总柱状统计图。

【例 9-32】　同一工作簿多工作表汇总
程序清单如下。

Excel 汇总
统计

```python
# 导入 pandas 库
import pandas as pd
# 导入 openpyxl 库 load_workbook 模块
from openpyxl import load_workbook
# 导入 openpyxl 库 Image 模块
from openpyxl.drawing.image import Image

# 导入 numpy 库
import numpy as np
import matplotlib.pyplot as plt
import matplotlib.ticker as mtick


# 销售报表路径
seal_path = "../data/excel/09/seal.xlsx"

# 销售报表统计图文件路径
```

```python
seal_pic_path = "../data/excel/09/seal.jpg"

# 新工作表名称
sheet_name = "周汇总"

# 绘制柱状图
def to_histogram(data):

    # 设置图例中文显示
    plt.rcParams['font.sans-serif'] = ['SimHei']
    # DataFrame 数据转换为 numpy 数组，存储 y 坐标数据
    y = (np.array(data.iloc[:,3:4]).T)[0]
    # DataFrame 数据（商品名称）转换为元组
    name = tuple((np.array(data.iloc[:,0:1]).T)[0])

    # 创建 numpy 数组，存储 x 坐标数据
    x = np.arange(len(y))
    # 设置 X 轴刻度显示格式
    plt.xticks(x,name)
    # 设置绘图标题
    plt.title("商品销售金额周汇总柱状统计图")
    # 绘制柱状图
    plt.bar(x,y)
    #柱状图上显示具体数据
    for x_text,y_text,label in zip(x,y,y):
        plt.text(x_text,y_text,label,ha='center',va='bottom')
    # 统计图保存为图片文件
    plt.savefig(seal_pic_path)


# 程序入口
if __name__ == '__main__':

    # 加载 Excel 文件，返回 excel 对象
    book = load_workbook(seal_path)
    # 读取 Excel 文件，读取全部工作表
    df_dict = pd.read_excel(seal_path,sheet_name=None)
    df = pd.DataFrame()
    # 合并工作表数据
    for key in df_dict:
        df = df.append(df_dict[key])
    # 调用 DataFrame 对象的 groupby 按商品名称分组
    # 汇总售出数量和售出价两列数据
    df_group = df.groupby(["商品名称","零售价"],as_index=False).agg({"售出数量":"sum","售出价":"sum"})
    # 绘制统计图
    to_histogram(df_group)
    # 实例化 ExcelWriter 对象
    writer = pd.ExcelWriter(seal_path)
    # excel 对象赋值给 writer 属性 book
    # 允许 writer 在原有 Excel 数据中写入新的工作表
    writer.book = book
    df_group.to_excel(writer,sheet_name=sheet_name,index =False)
    # 通过 excel 对象获取工作表对象
    newsheet = book[sheet_name]
```

```
# 加载统计图
img = Image(seal_pic_path)
# 在新工作簿 f2 单元格插入图片
newsheet.add_image(img, 'f2')
# 调用 writer 对象的 save 方法保存 Excel 文件
writer.save()
# 关闭文件
writer.close()
```

9.6.2 将多个工作簿汇总到一个工作簿

将多个工作簿汇总到一个工作簿，是将多个工作簿同一名称的工作表汇总到一个工作簿内。

【例 9-33】 多个工作簿汇总到一个工作簿

图书资源 data\excel\09 目录下有损益表 01.xlsx、损益表 02.xlsx、损益表 03.xlsx，这三个工作簿分别存储了某事业部 1 至 3 月份的损益数据，如 1 月的损益数据如图 9-10 所示。

现在需要汇总 1～3 月的本月金额数据为季度数据，并形成一个新的工作簿，工作簿模板如图 9-11 所示。

	A	B	C
1	损益表		
2			
3	编制单位：项目产品部	2021/1/28	单位：元
4			
5	项　　目	本月金额	累计金额
6	一、主营业务收入	153,908.10	451,901.60
7	减：主营业务成本		
8	主营业务税金及附加		
9	二、主营业务利润	153,908.10	451,901.60
10	加：其他业务利润（亏损以“-”号填列）		
11	减：营业费用		
12	管理费用	30,324.60	30,324.60
13	财务费用		
14	三、营业利润（亏损以“-”号填列）	123,583.50	421,577.00
15	加：投资收益（亏损以“-”号填列）		
16	补贴收入		
17	营业外收入		
18	减：营业外支出		
19	四、利润总额（亏损以“-”号填列）	123,583.50	421,577.00
20	减：所得税		
21	五、净利润（净亏损以“-”号填列）	123,583.50	421,577.00
22			

图 9-10 损益表

	A	B
1	季度损益表	
2		
3	编制单位：项目产品部	2021/4/3
4		
5	项　　目	本季度金额
6	一、主营业务收入	
7	减：主营业务成本	
8	主营业务税金及附加	
9	二、主营业务利润	
10	加：其他业务利润（亏损以“-”号填列）	
11	减：营业费用	
12	管理费用	
13	财务费用	
14	三、营业利润（亏损以“-”号填列）	
15	加：投资收益（亏损以“-”号填列）	
16	补贴收入	
17	营业外收入	
18	减：营业外支出	
19	四、利润总额（亏损以“-”号填列）	
20	减：所得税	
21	五、净利润（净亏损以“-”号填列）	

图 9-11 季度损益表

模板内的“本季度金额”列为 1～3 月汇总后的数据。

程序清单如下。

```
# 导入 pandas 库
import pandas as pd
# 导入 openpyxl 库
from openpyxl import load_workbook

# 待提取数据的 Excel 文件
pick_excel_path_list = ["../data/excel/09/损益表 01.xlsx",
                        "../data/excel/09/损益表 02.xlsx",
                        "../data/excel/09/损益表 03.xlsx",
                           ]
# 汇总 Excel 模板文件
template_excel_path = "../data/excel/09/损益表(季度汇总)模板.xlsx"

# 汇总 Excel 文件
```

```
jdhz_excel_path = "../data/excel/09/损益表(季度汇总).xlsx"

# 写入列数据
def to_excel_column(data):

    # 加载 Excel 模板文件
    workbook = load_workbook(template_excel_path)
    # 设置当前工作表
    sheet = workbook.active
    # 遍历 data
    for i,item in enumerate(data):
        # 拼接 Excel 单元格
        column_name = "B" + str(i+6)
        # 单元格赋值
        sheet[column_name] = item
    workbook.save(jdhz_excel_path)


# 程序入口
if __name__ == '__main__':

    # 存储工作簿数据的列表
    data_list = []

    # 遍历 Excel 工作簿
    for item in pick_excel_path_list:
        # 读取所有工作表
        # skiprows=4: 从第 4 行开始读取数据
        # usecols=[1]: 读取第 1 列数据
        dict_data = pd.read_excel(item,sheet_name=None,skiprows=4,usecols=[1])
        # 提取 DataFrame 数据对象
        # Sheet1 为工作表名称
        df = dict_data["Sheet1"]
        # 若有空值，用 0 填充
        df = df.fillna(0)
        # 获取"本月金额"列数据
        temp = list(df["本月金额"])
        data_list.append(temp)
    # 计算三个月的"本月金额"累加和
    column_data = list(map(lambda x :x[0]+x[1]+x[2] ,zip(data_list[0],data_list[1],
data_list[2])))
    # 写入 Excel 文件
    to_excel_column(column_data)
```

9.6.3 自动生成数据透视表

透视表是对 Excel 数据进行汇总分析后生成的表，可以在同一工作表中选择不同列数据进行汇总分析。

图书资源 data\数据集目录下的 iris.xlsx 是鸢尾属植物数据工作簿，鸢尾属植物数据集包括三类不同的鸢尾属植物，分别是 Iris Setosa、Iris Versicolour 和 Iris Virginica，每类收集了 50 个样本，每个样本描述了花萼长度、花萼宽度、花瓣长度、花瓣宽度，单位是厘米，该数据集共有 150 个样本。

数据集以文本格式存储，每行 1 个样本，共 150 行，每行有 5 列，前 4 列描述了样本的 4 个特征，第 5 列是鸢尾属植物名称，如图 9-12 所示。

现在需要对鸢尾属植物数据进行汇总分析，按鸢尾属植物类别分组，并分别计算花萼长度、花萼宽度、花瓣长度、花瓣宽度的平均值，最后在新工作表中生成图 9-13 所示的数据透视表。

	A	B	C	D	E
1	花萼长度	花萼宽度	花瓣长度	花瓣宽度	鸢尾属分类
2	5.1	3.5	1.4	0.2	Iris-setosa
3	4.9	3	1.4	0.2	Iris-setosa
4	4.7	3.2	1.3	0.2	Iris-setosa
5	4.6	3.1	1.5	0.2	Iris-setosa
6	5	3.6	1.4	0.2	Iris-setosa
7	5.4	3.9	1.7	0.4	Iris-setosa
8	4.6	3.4	1.4	0.3	Iris-setosa
9	5	3.4	1.5	0.2	Iris-setosa
10	4.4	2.9	1.4	0.2	Iris-setosa
11	4.9	3.1	1.5	0.1	Iris-setosa
12	5.4	3.7	1.5	0.2	Iris-setosa
13	4.8	3.4	1.6	0.2	Iris-setosa
14	4.8	3	1.4	0.1	Iris-setosa
15	4.3	3	1.1	0.1	Iris-setosa

图 9-12　鸢尾属数据集

	A	B	C	D	E
1					
2					
3	鸢尾属分类	平均值项:花萼长度	平均值项:花萼宽度	平均值项:花瓣长度	平均值项:花瓣宽度
4	Iris-setosa	5.006	3.418	1.464	0.244
5	Iris-versicolor	5.936	2.77	4.26	1.326
6	Iris-virginica	6.588	2.974	5.552	2.026
7					

图 9-13　鸢尾属数据透视表

DataFrame 对象的 `pivot_table()` 方法可以生成数据透视表,`pivot_table()` 方法声明如下。

```
pivot_table(
data,
values=None,
index=None,
columns=None,
aggfunc='mean',
fill_value=None,
margins=False,
dropna=True,
margins_name='All'
)
```

`pivot_table()` 函数对传入的 **data** 数据进行汇总分析,并生成透视表。函数的主要参数说明如下。

`data`:DataFrame 对象。

`values`:聚合的列索引名称。若需要聚合多个列数据,传入列表类型,默认值为 None。

`index`:数据透视表用于索引的分组依据,默认值为 None。

`columns`:数据透视表列数据的分组依据,默认值为 None。

`aggfunc`:设置对数据进行聚合处理时所调用的函数,默认情况下计算数据的均值。

`fill_value`:填充数据透视表的缺失值,默认为 None。

`margins`:在数据透视表内添加行或列的总计,默认为 False,不添加总计。

`dropna`:数据透视表内不包含所有数据均为 Nan 的列。

【例 9-34】　自动生成数据透视表

程序清单如下。

```
# 导入 pandas 库
import pandas as pd
# 导入 openpyxl 库 load_workbook 模块
from openpyxl import load_workbook
```

```
# 数据透视表案例 Excel 文件
pivot_table_path = "../data/数据集/iris.xlsx"

# 程序入口
if __name__ == '__main__':

    # 读取工作表数据
    df = pd.read_excel(pivot_table_path,sheet_name="iris")
    # 生成数据透视表
    pivot_df = df.pivot_table(index='鸢尾属类别',
                              values=['花萼长度','花萼宽度','花瓣长度','花瓣宽度'],
                              aggfunc='mean')
    # 修改列索引值
    pivot_df.columns=['平均值项：花萼长度', '平均值项：花萼宽度',"平均值项：花瓣长度",
"平均值项：花瓣宽度"]
    # 加载 Excel 文件，返回 excel 对象
    book = load_workbook(pivot_table_path)
    # 实例化 ExcelWriter 对象
    writer = pd.ExcelWriter(pivot_table_path)
    # 允许 writer 在原有 Excel 数据中写入新的工作表
    writer.book = book
    pivot_df.to_excel(writer,sheet_name="数据透视表")
    # 调用 writer 对象的 save 方法保存 Excel 文件
    writer.save()
    # 关闭文件
    writer.close()
```

9.7 数据分析案例

数据分析案例

学习目标：通过泰坦尼克号沉船乘客数据分析案例，掌握数据分析的基本过程和步骤，并利用 pandas 对沉船乘客数据进行汇总分析，找出影响船上乘客存活率的因素。

9.7.1 泰坦尼克号沉船乘客数据

泰坦尼克号是英国白星航运公司下的一艘奥林匹克级邮轮，1912 年 4 月 14 日在航行中与冰山相撞沉没，2224 名船员及乘客中有 1517 人丧生。

泰坦尼克号沉船乘客数据为 1912 年泰坦尼克号沉船事件中一些船员的个人信息以及存活状况，数据集主要有 10 个特征，特征描述如表 9-4 所示。

表 9-4 乘客数据特征表

pclass	survived	name	age	Embarked	dest	room	ticket	sex
船票类别	是否获救 0：未获救 1：获救	乘客姓名	乘客年龄	登船港口	目的地	船舱号	船票座次号	性别

9.7.2 缺失值和异常值的处理

观察数据，对数据进行一些必要的人工处理是数据分析的第一步。图书资源 data\数据集

目录下的 titanic.csv 是泰坦尼克号沉船数据集，通过观察数据发现，在给出的数据集特征数据（列数据为特征数据）中，能够影响乘客存活率的因素主要有船票类别（pclass）、乘客年龄（age）、船舱号（room），性别（sex）、登船港口（embarked）5 个特征数据。

进一步观察初步选择的特征数据，发现登船港口（embarked）列数据缺失值太多，对数据分析影响较大，可以剔除该特征数据。

其他特征数据也包含缺失值、异常值或重复值，程序需要对这些值进行预处理。

1. 船票类别（pclass）

船票类别（pclass）即船舱等级，在数据集中是字符串类型，值为"1st""2nd""3rd"，分别表示一等舱、二等舱和三等舱，为方便数据处理，将字符串类型转换为整数，分别用整数 1、2、3 表示"1st""2nd""3rd"。该列特征数据若有缺失值，在 1～3 范围内随机选取整数填充。

2. 乘客年龄（age）

观察乘客年龄（age）特征数据，发现有缺失值和异常值（如 0.9167），缺失值使用年龄均值填充。当值为 0、小数或大于 100 时，被认为是异常值，异常值同样使用年龄均值填充。

3. 船舱号（room）

船舱号（room）即船舱的房间号，该列特征数据为字符串类型，缺失值较多，缺失值在船舱号范围内随机填充。

4. 性别（sex）

缺失值随机填充"male"或"female"，若存在异常值，随机选取"male"或"female"值进行替换。

9.7.3 统计男女乘客人数、船舱等级分布人数和儿童人数

男女乘客人数、船舱等级分布人数和儿童人数都可以通过 DataFrame 对象的 where() 查询获取，where() 方法的使用可参考 9.1 节。

【例 9-35】 统计男女乘客人数、船舱等级分布人数和儿童人数

程序清单如下。

```
# 导入 pandas 库
import pandas as pd
# 导入 random（随机数）模块
import random


# 数据透视表案例 Excel 文件
titanic_path = "../data/数据集/titanic.xlsx"


# 生成 start~end 范围内的随机整数
def generate_random_int(start,end):
    return random.randint(start,end)

# 数据预处理
def process_data(data):
    # 预处理 pclass 特征数据
    class_data = data["pclass"]
```

```
        for index,item in enumerate(class_data):
            if item == "1st":
                data["pclass"].iloc[index] = 1
            elif item == "2nd":
                data["pclass"].iloc[index] = 2
            elif item == "3rd":
                data["pclass"].iloc[index] = 3
            elif item == None:
                data["pclass"].iloc[index] = generate_random_int(1,3)
            else:
                data["pclass"].iloc[index] = generate_random_int(1,3)

        # 预处理 age 特征数据
        age_data = data["age"]
        # 填充缺失值
        age_data = age_data.fillna(age_data.mean())
        # 处理异常值
        # 小于 1 的值为异常值，用均值填充
        age_data.iloc[age_data[:] < 1 ] = age_data.mean()
        # age 特征数据取整
        # astype 为数据对象的类型转换方法
        age_data = age_data.astype(int)
        data["age"] = age_data

        # 预处理 sex 特征数据
        sex = ["male","female"]
        sex_data = data["sex"]
        # 填充缺失值
        sex_data = sex_data.fillna(sex[generate_random_int(0,1)])
        # 异常值处理
        sex_data.iloc[(sex_data[:] != "male") & (sex_data[:] != "female") ]
= sex[generate_random_int(0,1)]
        data["sex"] = sex_data
        return data


    # 程序入口
    if __name__ == '__main__':

        # 读取工作表数据
        df = pd.read_excel(titanic_path,sheet_name="titanic")
        # 缺失值和异常值处理
        df = process_data(df)
        # 汇总男女乘客人数
        frmale_count = df["sex"].where(df["sex"]=='female').count()
        male_count = df["sex"].where(df["sex"]=='male').count()
        # 汇总船舱等级分布人数
        first_class_count = df["pclass"].where(df["pclass"]== 1 ).count()
        second_class_count = df["pclass"].where(df["pclass"]== 2 ).count()
        third_class_count = df["pclass"].where(df["pclass"]== 3 ).count()
        # 汇总儿童人数
        # 儿童设置在 10 岁以内
        child_count = df["age"].where(df["age"] < 10 ).count()
        # 统计结果合并为 DataFrame
        df_result = pd.DataFrame([[frmale_count,male_count,first_class_count,second_class_count,
third_class_count,child_count]],
                            columns=['男性','女性','一等舱','二等舱',"三等舱","儿童"],
                            index=['人数'])
        # 写入 Excel 工作簿
        df_result.to_excel("../data/数据集/titanic_statistics1.xlsx")
```

9.7.4　分别统计船舱等级、性别、年龄段对应的获救情况

分别统计船舱等级、性别、年龄段对应的获救情况，并绘制条形柱状图。

年龄进行分段统计：12 岁以下为少儿；13～17 岁为青少年；18～45 岁为青年；46～69 岁为中年；＞69 岁为老年。

【例 9-36】　统计不同因素下的获救情况

程序清单如下。

```python
import pandas as pd
# 导入 random（随机数）模块
import random
import numpy as np
import matplotlib.pyplot as plt
# 导入 openpyxl 库 load_workbook 模块
from openpyxl import load_workbook
# 导入 openpyxl 库 Image 模块
from openpyxl.drawing.image import Image

# 数据分析案例的 Excel 文件
titanic_path = "../data/数据集/titanic.xlsx"

# 数据分析统计结果文件
titanic_result_path = "../data/数据集/titanic_result.xlsx"

# 生成 start~end 范围内的随机整数
def generate_random_int(start,end):
    return random.randint(start,end)

# 数据预处理
def process_data(data):
    # 预处理 pclass 特征数据
    class_data = data["pclass"]
    for index,item in enumerate(class_data):
        if item == "1st":
            data["pclass"].iloc[index] = 1
        elif item == "2nd":
            data["pclass"].iloc[index] = 2
        elif item == "3rd":
            data["pclass"].iloc[index] = 3
        elif item == None:
            data["pclass"].iloc[index] = generate_random_int(1,3)
        else:
            data["pclass"].iloc[index] = generate_random_int(1,3)

    # 预处理 age 特征数据
    age_data = data["age"]
    # 填充缺失值
    age_data = age_data.fillna(age_data.mean())
    # 处理异常值
    # 小于 1 的值为异常值，用均值填充
    age_data.iloc[age_data[:] < 1] = age_data.mean()
    # age 特征数据取整
    # astype 为数据对象的类型转换方法
    age_data = age_data.astype(int)
    data["age"] = age_data

    # 预处理 sex 特征数据
    sex = ["male","female"]
```

```
        sex_data = data["sex"]
        # 填充缺失值
        sex_data = sex_data.fillna(sex[generate_random_int(0,1)])
        # 异常值处理
        sex_data.iloc[(sex_data[:] != "male") & (sex_data[:] != "female") ] =
sex[generate_random_int(0,1)]
        data["sex"] = sex_data
        return data

# 绘制不同船舱等级乘客获救情况
def to_histogram_class(classdata):

        # 设置图例中文显示
        plt.rcParams['font.sans-serif'] = ['SimHei']
        # X 轴刻度
        x_labels = ['一等舱', '二等舱', '三等舱']
        # 总人数数据
        y_class = np.array(classdata.iloc[0,:]).T
        # 获救人数数据
        y1_class = np.array(classdata.iloc[1,:]).T
        # 未获救人数数据
        y2_class = np.array(classdata.iloc[2,:]).T

        # x 坐标点数量
        x = np.arange(len(x_labels))
        # 柱状图的宽度
        width = 0.2

        fig, ax = plt.subplots()

        # 分别绘制总人数、获救人数、未获救人数柱状图
        ax.bar(x - width*2, y_class, width, label='总人数')
        ax.bar(x - width+0.01, y1_class, width, label='获救人数')
        ax.bar(x + 0.02, y2_class, width, label='未获救人数')

        ax.set_title('不同船舱等级乘客获救情况')
        ax.set_xticks(x)
        ax.set_xticklabels(x_labels)
        ax.legend()

        # 在柱状图上显示数据
        to_text(x - width*2,y_class,y_class)
        to_text(x - width+0.01,y1_class,y1_class)
        to_text(x + 0.02,y2_class,y2_class)

        # 统计图保存为图片文件
        plt.savefig("..//data//不同船舱等级乘客获救情况.jpg")

# 在柱状图上显示具体数据
def to_text(x,y,data):
        for x_text,y_text,label in zip(x,y,data):
            plt.text(x_text,y_text,label,ha='center',va='bottom')


# 程序入口
if __name__ == '__main__':

        # 读取工作表数据
        df = pd.read_excel(titanic_path,sheet_name="titanic")
        # 缺失值和异常值处理
        df = process_data(df)
        # 汇总船舱等级生存人数
```

```python
df_class_group = pd.DataFrame(columns=('一等舱','二等舱','三等舱'),
                              index = ('总人数','获救人数','未获救人数'))
df_class_group.loc['总人数'] = [df["pclass"].where(df["pclass"]== 1).count(),
                               df["pclass"].where(df["pclass"]== 2).count(),
                               df["pclass"].where(df["pclass"]== 3).count()
                               ]
df_class_group.loc['获救人数'] = [df["pclass"].where((df["pclass"]== 1) &
                                 (df["survived"]==1)).count(),
                                 df["pclass"].where((df["pclass"]== 2) &
                                 (df["survived"]==1)).count(),
                                 df["pclass"].where((df["pclass"]== 3) &
                                 (df["survived"]==1)).count()
                                 ]
df_class_group.loc['未获救人数'] = [df["pclass"].where((df["pclass"]== 1) &
                                  (df["survived"]==0)).count(),
                                  df["pclass"].where((df["pclass"]== 2) &
                                  (df["survived"]==0)).count(),
                                  df["pclass"].where((df["pclass"]== 3) &
                                  (df["survived"]==0)).count()
                                  ]
# 汇总性别生存人数
df_sex_group = pd.DataFrame(columns=('男性','女性'),
                            index = ('总人数','获救人数','未获救人数'))
df_sex_group.loc['总人数'] = [df["sex"].where(df["sex"]=='male').count(),
                             df["sex"].where(df["sex"]=='female').count(),
                             ]
df_sex_group.loc['获救人数'] = [df["sex"].where((df["sex"]=='male') &
                               (df["survived"]==1) ).count(),
                               df["sex"].where((df["sex"]=='female') &
                               (df["survived"]==1)).count()
                               ]
df_sex_group.loc['未获救人数'] = [df["sex"].where((df["sex"]=='male') &
                                (df["survived"]==0) ).count(),
                                df["sex"].where((df["sex"]=='female') &
                                (df["survived"]==0)).count()
                                ]

# 汇总年龄生存人数
df_age_group = pd.DataFrame(columns=('少儿','青少年','青年','中年','老年'),
                            index = ('总人数','获救人数','未获救人数'))
df_age_group.loc['总人数'] = [df["age"].where(df["age"] <= 12 ).count(),
                             df["age"].where((df["age"] >=13) & (df["age"] < =17))
                             .count(),
                             df["age"].where((df["age"] >=18) & (df["age"] < =45))
                             .count(),
                             df["age"].where((df["age"] >=46) & (df["age"] < =69))
                             .count(),
                             df["age"].where(df["age"] >=69).count()
                             ]
df_age_group.loc['获救人数'] = [df["age"].where((df["age"] < = 12) &
                               (df["survived"] ==1)).count(),
                               df["age"].where((df["age"] >=13) & (df["age"] < =17)&
                               (df["survived"] ==1)).count(),
                               df["age"].where((df["age"] >=18) & (df["age"] < =45)&
                               (df["survived"] ==1)).count(),
                               df["age"].where((df["age"] >=46) & (df["age"] < =69)&
                               (df["survived"] ==1)).count(),
                               df["age"].where((df["age"] >=69) & (df["survived"] ==
                               1)).count()
                               ]
```

```
df_age_group.loc['未获救人数'] = [df["age"].where((df["age"] < = 12) &
                                 (df["survived"] ==0)).count(),
                                 df["age"].where((df["age"] >=13) & (df["age"] < =17)&
                                 (df["survived"] ==0)).count(),
                                 df["age"].where((df["age"] >=18) & (df["age"] < =45)&
                                 (df["survived"] ==0)).count(),
                                 df["age"].where((df["age"] >=46) & (df["age"] < =69)&
                                 (df["survived"] ==0)).count(),
                                 df["age"].where((df["age"] >=69) & (df["survived"] ==
                                 0)).count()
                                 ]
# 绘制统计图
to_histogram_class(df_class_group)

# 实例化 ExcelWriter 对象
writer = pd.ExcelWriter(titanic_result_path)
# 不同船舱等级乘客获救情况统计数据
df_class_group.to_excel(writer,sheet_name="不同船舱等级乘客获救情况")
# 不同年龄段乘客获救情况统计数据
df_age_group.to_excel(writer,sheet_name="不同年龄段乘客获救情况")
# 不同性别乘客获救情况统计数据
df_sex_group.to_excel(writer,sheet_name="不同性别乘客获救情况")

# 调用 writer 对象的 save 方法保存 Excel 文件
writer.save()
# 关闭文件
writer.close()


# 在工作表"不同船舱等级乘客获救情况"添加统计图
book = load_workbook(titanic_result_path)
sheet = book["不同船舱等级乘客获救情况"]
# 加载统计图
img = Image("..//data//不同船舱等级乘客获救情况.jpg")
# 在工作簿单元格插入图片
sheet.add_image(img, 'f2')
book.save(titanic_result_path)
```

9.8 Excel 报表自动化

学习目标：对于使用频率较高的日报、周报、月报等统计汇总报表，可以使用 Python 编写脚本程序实现报表生成的自动化。

Excel 报表
自动化

9.8.1 报表任务

图 9-14 是某网商企业的订单数据，每条记录描述了当日产生的订单信息，订单信息包括商品的单价、数量、金额和成交日期。

每个周末需要对该订单数据进行汇总，形成商品销售周统计报表，统计本周的累计销售额和订单数量、上周同期销售额和订单数量、环比增长和同比增长。

周统计报表式如图 9-15 所示。

如果手动制作报表，统计人员需要在订单数据表中筛选出本周的订单，并计算累计销售额和订单数，还需要筛选出上周的销售额，计算上周同期数据，同时要计算环比增长率和同比增长率。

图 9-14 订单数据表   图 9-15 商品销售周统计报表

9.8.2 日期和时间类型

报表任务要用到日期和时间类型，本节先介绍 Python 的日期和时间类型。

Python 的 time 模块提供了时间的访问和转换函数。

在介绍 time 模块提供的函数之前，先来认识 struct_time 结构，该结构是一个 9 元组，结构中的值可以通过索引和属性名称访问。

struct_time 结构参见表 9-5。

表 9-5 **struct_time** 结构

索引	属性	值
0	tm_year	4 位数字，例如 2020
1	tm_mon	1～2 位数字，1～12
2	tm_mday	1～2 位数字，1～31
3	tm_hour	1～2 位数字，0～23
4	tm_min	1～2 位数字，0～59
5	tm_sec	1～2 位数字，0～59
6	tm_wday	1 位数字，0～6，周一为 0
7	tm_yday	1～3 位数字，1～366
8	tm_isdst	设置夏令时，1 为夏令时，0 为正常

time 模块常用函数参见表 9-6。

表 9-6 **time** 模块常用函数

函数	描述
time()	返回当前系统时间（单位秒），类型为浮点数
localtime([secs])	返回 secs 的当地时间 struct_time 结构对象
mktime(t)	t 是 struct_time 结构，返回 t 的秒数
strftime(format[, t])	返回使用 format 格式化 struct_time 结构的时间字符串
strptime(string[, format])	根据格式解析表示时间的字符串，返回当地时间 struct_time 结构对象

续表

函数	描述
asctime([t])	将 struct_time 结构对象的时间形式转换为："Sun Jun 20 23:21:05 1993" 的字符串
thread_time()	返回当前线程的系统和用户 CPU 时间之和的值（单位秒），类型为浮点数

1. date 对象

date 对象是 date 类的实例化，date 类包含在 datetime 模块内，主要处理公历的年、月、日。表 9-7 列出了 date 对象的构造方法。

表 9-7　date 对象的构造方法

构造方法	描述
date(year, month, day)	返回一个 date 对象，参数为年、月、日
datetime.today()	返回一个 date 对象，时间为本地当前时间

date 对象的主要属性见表 9-8。

表 9-8　date 对象的主要属性

属性	描述
min	date 对象可表示的最小日期，如 0001-01-01
max	date 对象可表示的最大日期，如 9999-12-31
resolution	两个 date 对象间的最小时间间隔
year	表示年的整数，范围为 1～9999
month	表示月的整数，范围为 1～12
day	表示天的整数，范围在 1 至给定年月对应的天数

date 对象的主要方法见表 9-9。

表 9-9　date 对象的主要方法

方法	描述
replace(year=self.year, month=self.month, day=self.day)	返回一个新的 date 对象，date 对象的年、月、日由传入的参数指定
timetuple()	返回当地时间 struct_time 结构对象
isoweekday()	返回一个整数代表星期几，星期一为 1，星期日为 7
isoformat()	返回一个以 ISO 8601 格式 YYYY-MM-DD 表示日期的字符串
ctime()	返回一个表示日期的字符串。例如，'Wed Dec 4 00:00:00 2002'
strftime(format)	返回一个由显式格式字符串所指明的代表日期的字符串

2. time 对象

time 对象表示某一天的（本地）时间，它假设每一天都恰好等于 24×60×60 秒。
表 9-10 列出了 time 对象的构造方法。

表 9-10　**time** 对象的构造方法

构造方法	描述
time(hour=0,minute=0,second=0, microsecond=0, tzinfo=None, *, fold=0)	返回一个 time 对象，参数为可选参数

time 对象的主要属性见表 9-11。

表 9-11　**time** 对象的主要属性

属性	描述
min	time 对象可表示的最小时间，如 time(0, 0, 0, 0)
max	time 对象可表示的最大时间，如 time(23, 59, 59, 999999)
resolution	两个 time 对象间的最小时间间隔
hour	表示小时的整数，范围为 1～23
minute	表示分钟的整数，范围为 1～59
second	表示秒的整数，范围为 1～59
microsecond	表示毫秒的整数，范围为 1～1000

time 对象的主要方法参见表 9-12。

表 9-12　**time** 对象的主要方法

方法	描述
isoformat(timespec='auto')	返回 ISO 8601 格式的时间字符串
strftime(format)	返回一个由显式格式字符串所指明的代表时间的字符串

3. datetime 对象

datetime 对象是 date 对象和 time 对象的合体，方便开发人员编写处理时间的代码。
表 9-13 列出了 datetime 对象的构造方法。

表 9-13　**datetime** 对象的构造方法

构造方法	描述
datetime(year, month, day, hour=0, minute=0, second=0, micro second=0, tzinfo=None, *, fold=0)	返回一个 datetime 对象，参数为年、月、日、时、分、秒
datetime.today()	返回表示当前系统时间的 datetime 对象
datetime.now()	返回表示当前系统时间的 date 和 time 对象

datetime 对象的主要属性参见表 9-14。

表 9-14　**datetime** 对象的主要属性

属性	描述
min	datetime 对象可表示的最小日期，如 0001-01-01 00:00:00
max	datetime 对象可表示的最大日期，如 9999-12-31 23:59:59.999999
resolution	两个 datetime 对象间的最小时间间隔
year	表示年的整数，范围为 1～9999
month	表示月的整数，范围为 1～12
day	表示天的整数，范围为 1 至给定年月对应的天数
hour	表示小时的整数，范围为 1～23
minute	表示分钟的整数，范围为 1～59
second	表示秒的整数，范围为 1～59
microsecond	表示毫秒的整数，范围为 1～1000

datetime 对象的主要方法见表 9-15。

表 9-15　**datetime** 对象的主要方法

方法	描述
date()	返回 date 对象
time()	返回 time 对象
timetuple()	返回一个表示本地系统时间的 struct_time 结构对象
isoformat(sep='T', timespec='auto')	返回一个以 ISO 8601 格式表示的日期和时间字符串
ctime()	返回一个表示日期和时间的字符串
strftime(format)	返回一个由显式格式字符串所指明的代表日期和时间的字符串

4．timedelta 对象

timedelta 对象表示两个 date 或者 time 的时间间隔。

表 9-16 列出了 timedelta 对象的构造方法。

表 9-16　**timedelta** 对象的构造方法

构造方法	描述
timedelta(days=0,seconds=0,　microseconds=0, milliseconds=0, minutes=0, hours=0, weeks=0)	返回一个 timedelta 对象，参数为天、秒、毫秒、微秒、分、时、周

timedelta 对象的主要属性见表 9-17。

表 9-17　**timedelta** 对象的主要属性

属性	描述
min	timedelta 对象可表示的最小的时间差，如–999999999 days, 0:00:00
max	timedelta 对象可表示的最大时间差，如 999999999 days, 23:59:59.999999

属性	描述
resolution	两个 timedelta 对象间的最小时间间隔，如 0:00:00.000001
days	实例属性（只读），取值范围为−999999999～999999999，包括 999999999
seconds	实例属性（只读），取值范围为 0～86399，包括 86399
microseconds	实例属性（只读），取值范围 0～999999，包括 999999

timedelta 对象支持的主要运算见表 9-18（表中 t、t1、t2、t3 是 timedelta 对象实例）。

表 9-18　**timedelta** 对象支持的主要运算

运算	结果
t1 = t2 + t3	t1 为 t2 和 t3 的时间和
t1 = t2 -t3	t1 为 t2 和 t3 的时间差
t1 = t2 * i or t1 = i * t2	t1 乘以一个整数或小数，左乘或右乘都可以
f = t2 / t3	t2 除以 t3，返回一个 float 对象
seconds	实例属性（只读），取值范围为 0～86399，包含 86399
microseconds	实例属性（只读），取值范围 0～999999，包含 999999

5. 时间的运算

在数据库查询程序中，我们可能需要查询一个时间段的数据，例如查询一周、一个月或者一个季度的数据，这时需要用到时间运算。例如，查询 2020 年 1 月 20 日后近一个月的数据，需要计算出一个月后的时间。

不仅是数据库查询程序，其他领域开发的程序，也需要计算两个时间的间隔，或者进行时间运算。

date 对象和 datetime 对象都支持表 9-19 中列出的时间运算。

表中的 datetime1、datetime2 是 datetime 对象，timedelta 是 timedelta 对象。

表 9-19　**date** 对象和 **datetime** 对象都支持的时间运算

运算	结果
datetime2 = datetime1 + timedelta	datetime1 的时间值加上 timedelta 时间间隔，等于 datetime2 的时间值
datetime2 = datetime1 - timedelta	datetime1 的时间值减去 timedelta 时间间隔，等于 datetime2 的时间值
timedelta = datetime1 - datetime2	获取 datetime1 和 datetime2 时间间隔
datetime1 > datetime2 or datetime1 < datetime2	比较 datetime1 和 datetime2 的时间值

9.8.3　数据分析

周统计报表主要涉及"本周累计""上周同期""环比增长率""同比增长率"四个数据指标。

"本周累计"是本周日销售金额和日订单数量的累加和。"上周同期"是上周日销售金额和日订单数量的累加和。"环比增长率"是本周与上周的数量做比较。"同比增长率"是本周与上月同期数量的比较。

环比增长率=（本期数−上期数）÷上期数×100%

同比增长率=（本期数−同期数）÷同期数×100%

9.8.4　生成报表

报表生成过程如下：

（1）设置统计周的起始日期和终止日期；

（2）读取订单数据；

（3）提取本周和上周数据；

（4）计算本周累计、环比增长率和同比增长率；

（5）打开"商品销售周统计报表"模板，统计数据写入模板，并保存为一个新的 Excel 工作簿。

【例 9-37】　生成商品销售周统计报表

程序清单如下。

```python
import numpy as np
# 导入 pandas 库
import pandas as pd
# 导入 openpyxl 库
from openpyxl import load_workbook
# 导入日历模块
import calendar
# 导入时间计算模块
from datetime import timedelta
from datetime import datetime,date,time

# 订单数据文件
order_path = "../data/excel/09/order.xlsx"

# 周统计报表模板文件
template_weekorder_path = "../data/excel/09/weekorder.xlsx"

# 设置星期一为一周的开始
firstweekday = 0

# 设置统计年度为 2021 年
firstyear = 2021

# 周起始日期和结束日期生成函数
def weeks_in_month(year,month):
    c = calendar.Calendar(firstweekday)
    for weekstart in filter(lambda d: d.weekday() == firstweekday,
c.itermonthdates(year, month)):
        weekend = weekstart + timedelta(6)
        yield (weekstart, weekend)

# 计算上月同周起始日期和结束日期
```

```
def get_premonth_week(month,week):
    premonth = month - 1
    year = firstyear
    # 若上月值小于或等于 0，设置上月为上年 12 月
    if premonth <= 0:
        year = firstyear - 1
        premonth = 12
    count = 1
    for weekstart, weekend in weeks_in_month(year,premonth):
        if count == week:
            return (weekstart, weekend)
        count += 1


# 程序入口
if __name__ == '__main__':

    month = int(input("请输入报表所在月份：\n"))
    week = int(input("请输入报表所在周：\n"))
    # 本周起始日期和结束日期
    week_start = ""
    week_end = ""
    # 上周起始日期和结束日期
    pre_week_start = ""
    pre_week_end = ""
    # 上月同周起始日期和结束日期
    premonth_week_start = ""
    premonth_week_end = ""
    count = 1
    for weekstart, weekend in weeks_in_month(firstyear,month):
        if count == week:
            week_start = weekstart
            week_end = weekend
            # 计算上周起始日期和结束日期
            pre_week_start = week_start - timedelta(7)
            pre_week_end = pre_week_start + timedelta(6)
            # 计算上月同周起始日期和结束日期
            premonth_week_start,premonth_week_end = get_premonth_week(month,week)
            break
        count += 1
    # 读取订单数据
    df = pd.read_excel(order_path,converters={'成交日期': pd.to_datetime})
    # 提取本周数据
    week_start_datetime = datetime.combine(week_start,time())
    week_end_endtime = datetime.combine(week_end,time())
    df_week = df[(df["成交日期"] >= week_start_datetime) &
(df["成交日期"] <= week_end_endtime)]


    # 提取上周数据
    week_start_datetime = datetime.combine(pre_week_start,time())
    week_end_endtime = datetime.combine(pre_week_end,time())
    df_preweek = df[(df["成交日期"] >= week_start_datetime) &
(df["成交日期"] <= week_end_endtime)]


    # 提取上月同期数据
    week_start_datetime = datetime.combine(premonth_week_start,time())
    week_end_endtime = datetime.combine(premonth_week_end,time())
    df_premonthweek = df[(df["成交日期"] >= week_start_datetime) &
(df["成交日期"] <= week_end_endtime)]
```

```python
# 计算本周累计金额和订单数量
week_amount = df_week["金额"].sum()
week_order = len(df_week)

# 计算上周累计金额和订单数量
preweek_amount = df_preweek["金额"].sum()
preweek_order = len(df_preweek)

# 计算上月同期累计金额和订单数量
premonthweek_amount = df_premonthweek["金额"].sum()
premonthweek_order = len(df_premonthweek)

# 计算环比增长率
wtow_amount  = "{:.2f}%".format((week_amount-preweek_amount)/ preweek_amount*100)
wtow_order  = "{:.2f}%".format((week_order-preweek_order)/ preweek_order*100)

# 计算同比增长率
mtom_amount  = "{:.2f}%".format((week_amount-premonthweek_amount)/
premonthweek_amount*100)
mtom_order  = "{:.2f}%".format((week_order-premonthweek_order)/
premonthweek_order*100)

# 加载 Excel 模板文件
workbook = load_workbook(template_weekorder_path)
# 设置当前工作表
sheet = workbook.active
# 单元格赋值
sheet["B3"] = week_amount
sheet["B4"] = week_order
sheet["C3"] = preweek_amount
sheet["C4"] = premonthweek_order
sheet["D3"] = wtow_amount
sheet["D4"] = wtow_order
sheet["E3"] = mtom_amount
sheet["E4"] = mtom_order
workbook.save("../data/excel/09/weekorder01.xlsx")
```

9.9　编程练习

需求描述

"图书销售订单数据.xlsx"是某出版单位 2021 年来自网络的订单数据，要求对"图书销售订单数据.xlsx"进行分析和汇总，具体内容要求如下：

（1）按月汇总订单，汇总字段包括金额、订单数量、折扣总额；

（2）分析下单时间，以 2 小时为一个时间段，汇总该时间段的订单总量，绘制折线图，观察每个时间段的订单量；

（3）分析订单数据，找出销量较高的 10 本书，绘制柱状图。

第 10 章

图片批处理

10.1 Pillow 库

学习目标：安装 Pillow 库，了解 Pillow 库的 Image 对象和 ImageDraw 对象。

10.1.1 安装 Pillow 库

进入操作系统的命令行窗口，在命令行窗口输入并执行下面的命令：

```
pip3 install Pillow
```

即可安装 Pillow 库。

10.1.2 Image 对象

Image 对象（图像对象）由 Image 模块的 open() 函数返回，open() 函数加载图像文件并返回 Image 对象。open 函数声明如下：

```
open(fp, mode='r')
```

函数会打开图片文件，但不会读取文件数据。参数 fp 可以是图片文件路径，也可以是文件对象，若是文件对象，文件对象必须以二进制模式打开。参数 mode 是图像加载模式，默认值是 r，如果给出该参数，参数值必须是 r。

若函数调用成功，会返回 Image 对象；若调用失败，会抛出 IOError 异常。

Image 对象的主要属性参见表 10-1。

表 10-1　**Image** 对象的主要属性

方法	描述
filename	图像文件路径及名称
format	图像格式，如 PNG、JPG

续表

方法	描述
mode	图像模式（色彩空间），如 RGBA
size	图像尺寸（单位为像素），二元组（宽度，高度）
width	图像宽度（单位为像素），整数类型
height	图像高度（单位为像素），整数类型

Image 对象的主要方法见表 10-2。

表 10-2   Image 对象的主要方法

方法	描述
new(mode, size, color=0)	根据模式、大小和颜色创建一个新的 Image 对象
copy()	复制一个图像，返回一个新的 Image 对象
crop(box=None)	返回此图像的一个矩形区域，为一个 Image 对象。参数 box 为四元组（左，上，右，下）
resize(size)	调整图像大小，size 为以像素为单位的二元组（宽度，高度）
rotate(angle)	旋转图像，并返回旋转后的图像副本，返回一个新的 Image 对象。参数 angle 为旋转角度，旋转方向为逆时针
filter(filter)	使用给定的过滤器过滤（滤镜）此图像，返回一个新的 Image 对象。参数 filter 是 ImageFilter 对象，主要对图像进行平滑、锐化、边界增强等滤波处理
save(fp,format=None, **params)	保存图像到参数 fp 指定的文件路径或已打开的文件对象。参数 format 指定保存的图像格式，默认为 None，图像格式为 fp 指定的格式。params 为保存图像相关的关键字参数

【例 10-1】   Image 对象的使用

```python
# 从 Pillow 库导入 Image 模块
from PIL import Image

#图像文件路径
image_path = "../data/img/10/IMG_1310.JPG"

# 程序入口
if __name__ == '__main__':

    # open 函数会抛出异常，使用异常处理
    try:
        # 打开图像文件
        imageObj = Image.open(image_path)
        # 输出图像信息
        print("文件路径及名称: %s \n \
            图像尺寸: %s \n \
            图像格式: %s \n \
            色彩空间: %s \n" % (imageObj.filename,str(imageObj.size),
                              imageObj.format,imageObj.mode))
```

```
    # 旋转图像 90 度
    newImage = imageObj.rotate(90)
    # 保存旋转后的图像
    newImage.save("../data/img/10/rotate_img.png")
except IOError:
    print(repr(e))
```

10.1.3　ImageDraw 对象

ImageDraw 对象可以在创建的 Image 对象上进行 2D 绘图和绘制文字。

ImageDraw 模块的 draw() 函数可以创建一个 ImageDraw 对象，draw() 函数声明如下：

draw(im, mode=None)

函数创建一个 ImageDraw 对象并返回该对象。参数 im 是 Image 对象，ImageDraw 将在该对象上进行 2D 图形或文字绘制。

ImageDraw 对象的主要方法见表 10-3。

表 10-3　**ImageDraw 对象的主要方法**

方法	描述
line(xy)	使用 xy 给出的坐标绘制一条直线。参数 xy 为二元组序列。例如 [(x,y),(x,y),……]
point(xy)	使用 xy 给出的坐标绘制点，参数 xy 为二元组序列
polygon(xy)	使用 xy 给出的坐标绘制多边形，参数 xy 为二元组序列
rectangle(xy)	绘制矩形，参数 xy 为[(x0,y0),(x1,y1)]或[x0,y0, x1, y1]
ellipse(xy)	绘制椭圆，参数同上
text(xy, text, font=None, fill=None,)	绘制文本，参数 xy 为二元组，设置文本左上角坐标，参数 text 为绘制的字符串，参数 font 为 ImageFont 对象。默认为 None，参数 fill 为文本颜色，例如 RGB 颜色

【例 10-2】　在图像上添加文字

```
# 从 Pillow 库导入 Image 模块
from PIL import Image,ImageDraw,ImageFont

#图像文件路径
image_path = "../data/img/10/IMG_1310.JPG"

# 程序入口
if __name__ == '__main__':

    # open 函数会抛出异常，使用异常处理
    try:
        # 打开图像文件
        imageObj = Image.open(image_path)
        # 创建 ImageDraw 对象
        drawObj = ImageDraw.Draw(imageObj)
        # 创建字体对象
        ft = ImageFont.truetype("C:\\WINDOWS\\Fonts\\simsun.ttc",60)
        # 在 imageObj 对象上绘制文本
        drawObj.text((100,100),u"拍摄时间：2021 年 3 月 12 日",font=ft)
```

```
        imageObj.save("../data/img/10/text_img.png")
except IOError:
        print(repr(e))
```

案例程序使用了 ImageFont 对象，用于支持绘制中文字符。ImageFont 对象加载本地字体，并可以设置字号大小。在 Windows 系统下，字体文件位于 C:\Windows\Fonts 文件夹下。本案例用到的 simsun.ttc 为宋体字体文件，开发者可以根据自己的需要，从 Fonts 文件夹下选择所需字体文件。

10.2　图片格式批量转换

学习目标：掌握批量转换图片格式、调整图片尺寸的程序设计方法。

图片格式批量
转换

10.2.1　读取图片文件

批量读取指定目录下的图片文件，可以通过 os 模块的 listdir(path) 函数实现。该函数列出了指定目录中所有的文件，包括子目录和非图片文件。

在遍历指定目录所有文件的过程中，通过判断文件的扩展名识别图片文件，下面给出遍历指定目录图片文件的参考代码：

```
#导入 os 模块
import os
#待遍历的目录路径
path = "../data/img/10/"
#调用 listdir 方法遍历 path 目录
dirs = os.listdir(path)

# 根据扩展名判断图片文件
def is_img(ext):
    ext = ext.lower()
    if ext == '.jpg':
        return True
    elif ext == '.png':
        return True
    elif ext == '.jpeg':
        return True
    elif ext == '.bmp':
        return True
    else:
        return False

# 遍历 path 目录下的图片文件
for file in dirs:
    # 拼接目录和文件名称为文件路径
    filepath = os.path.join(path,file)
    # 目录和文件的判断
    if os.path.isfile(filepath):
        # 判断是否是图片文件
        if is_img(os.path.splitext(file)[1]):
            print(filepath)
```

10.2.2　设置图片尺寸

编程任务要求把所有图片文件的宽度调整为 800 像素，可以使用 Image 对象的 resize(size)

方法来重新设置图片的宽度和高度。该方法需要传入参数 `size`，`size` 是二元组`(width, height)`，由传入的参数可以了解到 `resize()`方法会同时设置图片的宽度和高度。

当程序需要调整图片的宽度时，高度也需要按比例调整。下面的函数可以计算要调整的图片高度或宽度，确保图片按比例缩放。

```
# 获取图片新的宽度和高度，确保图片按比例缩放
def get_img_newsize(filePath, width=None, height=None):
    if width == None and height == None:
        # 若 width 和 height 都为 None，返回图片原来的宽度和高度
        width, height = Image.open(filePath).size
        return width, height
    # 获取图片原来的宽度和高度
    _width, _height = Image.open(filePath).size
    if width == None:
        width = int(height * _width / _height)
    if height == None:
        height = int(width * _height / _width)
    return width, height
```

10.2.3　图片格式转换

使用 Image 对象对图片格式进行转换非常简单，直接调用 Image 对象的 `save()`方法，以指定的图片格式来保存文件。`save()`方法的第一个参数 `fp` 是要保存的文件路径，在 `fp` 中指定相应图片格式的扩展名即可。

例如：

```
Image.save("..//data//rotate_img.png")
```

10.2.4　格式批量转换示例

在办公场景中，对图片文件进行批量处理也是日常工作之一。例如，图片格式的批量转换，图片尺寸的批量调整等工作。

【例 10-3】　图书资源 data\img\10 目录下存储了一批格式为 JPEG 的图片文件，现在需要将这些文件转换为 PNG 格式，并将所有图片文件的宽度调整为 800 像素，图片高度不限。

程序清单如下。

```
'''
案例：图片格式批量转换
'''

#导入 os 模块
import os
#待遍历的目录路径
path = "../data/img/10/"
#调用 listdir 方法遍历 path 目录
dirs = os.listdir(path)
# 导入 Image 模块
from PIL import Image

# 根据扩展名判断图片文件
def is_img(ext):
    ext = ext.lower()
```

```
        if ext == '.jpg':
            return True
        elif ext == '.png':
            return True
        elif ext == '.jpeg':
            return True
        elif ext == '.bmp':
            return True
        else:
            return False

# 获取图片新的宽度和高度，确保图片按比例缩放
def get_img_newsize(path, width=None, height=None):
    if width == None and height == None:
        # 若 width 和 height 都为 None，返回图片原来的宽度和高度
        width, height = Image.open(path).size
        return width, height
    # 获取图片原来的宽度和高度
    _width, _height = Image.open(path).size
    if width == None:
        width = int(height * _width / _height)
    if height == None:
        height = int(width * _height / _width)
    return width, height


# 程序入口
if __name__ == '__main__':

    # 遍历 path 目录下的图片文件
    for file in dirs:
        # 拼接目录和文件名称为文件路径
        filepath = os.path.join(path,file)
        # 目录和文件的判断
        if os.path.isfile(filepath):
            # 判断是否是图片文件
            if is_img(os.path.splitext(file)[1]):
                # 获取图片调整后的宽度和高度
                # 宽度设置为 800 像素
                w,h = get_img_newsize(filepath,800)
                # 创建 Image 对象
                imageObj = Image.open(filepath)
                # 调整尺寸
                newImagObj = imageObj.resize((w,h))
                # 保存调整后的图像到新的图片文件
                # 保存格式为 PNG
                newimgpath = os.path.join(path,os.path.splitext(file)[0]+".png")
                newImagObj.save(newimgpath)
```

10.3 图片效果处理

学习目标：掌握图片灰度、模糊、轮廓、浮雕效果的处理方法。

图片效果处理

10.3.1 ImageFilter 对象

ImageFilter 是滤镜对象，对图像进行平滑、锐化、边界增强等滤镜处理。常用的滤镜定义及效果参见表 10-4。

表 10-4　**ImageFilter** 对象常用滤镜定义

滤镜名称	说明
`ImageFilter.BLUR`	模糊滤镜，对图像进行模糊处理
`ImageFilter.CONTOUR`	轮廓滤镜，提取图像的轮廓
`ImageFilter.EMBOSS`	浮雕滤镜，突出图像的变化部分
`ImageFilter.SMOOTH`	平滑滤镜，使图像亮度平缓渐变，改善图像质量

Image 对象的 `filter(filter)` 方法对图像进行滤镜处理，传入的参数 `filter` 就是 ImageFilter 对象预定义的滤镜名称。

例如：

```
im1 = im.filter(ImageFilter.BLUR)
```

10.3.2　模糊滤镜的使用

ImageFilter.BLUR 是模糊滤镜的预定义名称，模糊滤镜可以使图像中过于清晰或对比度过于强烈的区域产生模糊效果，使图像更加柔和。

【例 10-4】　模糊滤镜的使用

```
# 从 Pillow 库导入 Image 模块
from PIL import Image
# 导入 ImageFilter 模块
from PIL import ImageFilter

#图像文件路径
image_path = "../data/img/10/IMG_1310.JPG"

# 程序入口
if __name__ == '__main__':

    # open 函数会抛出异常，使用异常处理
    try:
        # 打开图像文件
        imageObj = Image.open(image_path)
        # 对图像进行模糊处理
        newImg = imageObj.filter(ImageFilter.BLUR)
        # 保存处理后的图像
        newImg.save("../data/img/10/blur_img.png")
    except IOError:
        print(repr(e))
```

10.3.3　轮廓滤镜的使用

ImageFilter.CONTOUR 是轮廓滤镜的预定义名称，用于提取图像中的轮廓信息。

【例 10-5】　轮廓滤镜的使用

```
# 从 Pillow 库导入 Image 模块
from PIL import Image
# 导入 ImageFilter 模块
from PIL import ImageFilter

#图像文件路径
image_path = "../data/img/10/person.JPG"
```

```
# 程序入口
if __name__ == '__main__':

    # open 函数会抛出异常，使用异常处理
    try:
        # 打开图像文件
        imageObj = Image.open(image_path)
        # 提取图像的轮廓
        newImg = imageObj.filter(ImageFilter.CONTOUR)
        # 保存处理后的图像
        newImg.save("../data/img/10/contour_img.png")
    except IOError:
        print(repr(e))
```

10.3.4　浮雕滤镜的使用

ImageFilter.EMBOSS 是浮雕滤镜的预定义名称，对图像进行灰度处理，用于突出图像的变化部分，使图像呈现立体感。

【例 10-6】　浮雕滤镜的使用

```
# 从 Pillow 库导入 Image 模块
from PIL import Image
# 导入 ImageFilter 模块
from PIL import ImageFilter

#图像文件路径
image_path = "../data/img/10/person.JPG"

# 程序入口
if __name__ == '__main__':

    # open 函数会抛出异常，使用异常处理
    try:
        # 打开图像文件
        imageObj = Image.open(image_path)
        # 对图像进行浮雕处理
        newImg = imageObj.filter(ImageFilter.EMBOSS)
        # 保存处理后的图像
        newImg.save("../data/img/10/emboss_img.png")
    except IOError:
        print(repr(e))
```

10.3.5　彩色图像处理为灰度图像

图像是一个由像素组成的二维矩阵，每个元素是一个颜色值，若图像是 RGB 色彩空间，该值是 RGB 颜色值。

彩色图像要转换为灰度图像，可将图像每个像素的 RGB 颜色值转换为灰度值。Image 模块的 convert(mode) 函数已经实现了不同色彩空间的转换，参数 mode 为转换模式（字符串类型），Pillow 库预定义了 9 种转换模式，分别为 1、L、P、RGB、RGBA、CMYK、YCbCr、I、F。其中模式"1"为黑白图像，模式"L"为灰度图像。

【例 10-7】　彩色图像转换为灰度图像

```
# 从 Pillow 库导入 Image 模块
from PIL import Image
```

```
# 导入 ImageFilter 模块
from PIL import ImageFilter

#图像文件路径
image_path = "../data/img/10/person.JPG"

# 程序入口
if __name__ == '__main__':

    # open 函数会抛出异常，使用异常处理
    try:
        # 打开图像文件
        imageObj = Image.open(image_path)
        # 转换为灰度图像
        newImg = imageObj.convert('L')
        newImg.save("../data/img/10/gray_img.png")
    except IOError:
        print(repr(e))
```

10.3.6 图片效果示例

【例 10-8】 编写一个程序，对图片添加模糊、轮廓、浮雕、灰度效果，程序要求如下。

（1）程序启动时，由外部传入三个参数，第 1 个参数是输入的图片的文件名称，第 2 个参数是处理效果（1：灰度；2：模糊；3：轮廓；4：浮雕），第 3 个参数是输出的图片的文件名称，程序根据外部传入的参数对图片进行相应处理。

（2）图片处理功能通过类来实现。

（3）程序分为主模块和功能模块两个文件。主模块负责与用户交互，并调用功能模块完成图片处理任务；功能模块负责对图片进行灰度、模糊、轮廓、浮雕效果处理。

程序清单如下。

程序主模块——main.py

```
# 主模块 #
import sys
from imageprocess import ImageEffect

if __name__ == '__main__':

    #获取命令行参数
    # 参数 1：输入的图片的文件名称
    in_img_path = sys.argv[1]
    # 参数 2：处理效果
    mode = int(sys.argv[2])
    # 参数 3：输出的图片的文件名称
    out_img_path = sys.argv[3]

    # 实例化 ImageProcess 类
    process = ImageEffect(in_img_path,mode,out_img_path)
    if  process.effect() == "OK":
        print("图片处理成功")
    else:
        print("图片处理失败")
```

程序功能模块——imageprocess.py

```
# 图像处理类 #
```

```
# 从 Pillow 库导入 Image 模块
from PIL import Image
# 导入 ImageFilter 模块
from PIL import ImageFilter

class ImageEffect:
    def __init__(self,in_img_path, filter_mode,out_img_path):
        self.in_img_path = in_img_path
        self.filter_mode = filter_mode
        self.out_img_path = out_img_path
        try:
            print(self.in_img_path)
            self.img = Image.open(self.in_img_path)
        except IOError:
            self.img = None
    def effect(self):
        if self.img != None:
            # 灰度
            if self.filter_mode == 1:
                self.newImg = self.img.convert('L')
            # 模糊
            elif self.filter_mode == 2:
                self.newImg = self.img.filter(ImageFilter.BLUR)
            # 轮廓
            elif self.filter_mode == 3:
                self.newImg = self.img.filter(ImageFilter.CONTOUR)
            # 浮雕
            elif self.filter_mode == 4:
                self.newImg = self.img.filter(ImageFilter.EMBOSS)
            self.newImg.save(self.out_img_path)
            return "OK"
        return "ERROR"
```

10.4　图片添加文字和水印

学习目标：掌握为图片添加文字和水印的程序设计方法。

图片添加文字
和水印

10.4.1　图片添加文字

借助 ImageDraw 对象的 text()方法可以在图片指定位置绘制文字，方法的第一个参数 xy 是一个二元组，第二个参数 text 是要绘制的文本，第三个参数 font 是 ImageFont 对象，可以设置字体和字号，若忽略 font 参数，text()方法以默认的字体和字号来绘制文字。

图片添加文字的代码段如下：

```
# 打开图像文件
imageObj = Image.open(image_path)
# 创建 ImageDraw 对象
drawObj = ImageDraw.Draw(imageObj)
# 创建字体对象
ft = ImageFont.truetype("C:\\WINDOWS\\Fonts\\simsun.ttc",60)
# 在 imageObj 对象上绘制文本
drawObj.text((100,100),u"拍摄时间：2021 年 3 月 12 日",font=ft)
```

10.4.2　图片添加水印

在图片中添加水印有两种方式：一种方式是利用 ImageDraw 对象的 text()方法，在图片指定位置绘制文本水印；另一种方式是利用 Image 对象的 paste(im, box=None) 方法将水印图片粘贴到参数 box 指定的位置，box 是一个二元组（left，top）或者四元组（left，top，right，bottom），参数 im 是一个 Image 对象。

添加图片水印的代码段如下：

```
from PIL import Image
# 添加水印的图片
im1=Image.open(".//data//IMG_1310.JPG")
# 水印图片
im2=Image.open(".//data//logo.JPG")
# 在图片的右下角添加水印
left = (im1.size[0] - im2.size[0])-50
top = (im1.size[1] - im2.size[1]) -50
im1.paste(im2,(left,top))
im1.save(".//data//logo_img.jpg")
```

10.4.3 添加文字和水印示例

【例 10-9】 编写一个程序，对指定目录下的图片添加文字说明和水印。程序要求如下：

（1）程序启动时，由外部传入三个参数，第 1 个参数是目录，第 2 个参数是文字说明，第 3 个参数是水印图片文件名称；

（2）编写一个功能类，实现为图片添加文字和水印的功能；

（3）程序分为主模块和功能模块两个文件，主模块负责遍历目录，找出所有图片文件，并调用功能模块对图片进行处理；功能模块完成图片添加文字说明和水印功能。

程序清单如下。

程序主模块——main.py

```
# 主模块 #
import sys
from watermark import ImageWaterMark

if __name__ == '__main__':

    #获取命令行参数
    # 参数1：添加水印的图片文件名称
    img_path = sys.argv[1]
    # 参数2：添加到图片的文本
    text = sys.argv[2]
    # 参数3：水印图片文件名称
    markimg_path = sys.argv[3]
    # 参数4：输出图片文件名称
    out_img_path = sys.argv[4]

    # 实例化 ImageWaterMark 类
    markimg = ImageWaterMark(img_path,text,markimg_path,out_img_path)
    if  markimg.add_watermark() == "OK":
        print("图片处理成功")
    else:
        print("图片处理失败")
```

程序功能模块——watermark.py

```
# 图像添加文字水印功能类 #
```

```
# 从 Pillow 库导入 Image 模块
from PIL import Image,ImageDraw,ImageFont

class ImageWaterMark:
    def __init__(self,img_path,text,mark_img_path,out_img_path):
        self.img_path = img_path
        self.text = text
        self.mark_img_path = mark_img_path
        self.out_img_path = out_img_path
        try:
            self.img = Image.open(self.img_path)
        except IOError:
            self.img = None
    def add_watermark(self):
        if self.img != None:
            drawObj = ImageDraw.Draw(self.img)
            # 创建字体对象
            ft = ImageFont.truetype("C:\\WINDOWS\\Fonts\\simsun.ttc",60)
            # 在图像左上角绘制文本
            drawObj.text((50,50),self.text,font=ft)
            # 打开水印图片
            markimg =Image.open(self.mark_img_path)
            # 计算水印位置，水印放置在图像右下角
            left = (self.img.size[0] - markimg.size[0])-50
            top = (self.img.size[1] - markimg.size[1]) -50
            self.img.paste(markimg,(left,top))
            self.img.save(self.out_img_path)
            return "OK"
        return "ERROR"
```

10.5   编程练习

需求描述

编写一个图片批处理程序，对图片进行批处理操作，程序要求如下：

（1）输出指定目录下所有图片文件的图片信息（尺寸、图片格式、色彩空间），将所有图片旋转 180 度，并保存为新的图片文件；

（2）为指定目录下的图片文件添加文字和水印；

（3）对指定目录下的图片文件进行模糊处理。

第 11 章

爬取互联网数据

11.1 入门爬虫

学习目标：通过一个简单的爬虫案例，初步了解爬虫技术框架和开发过程。

入门爬虫

11.1.1 安装 Scrapy

Scrapy 是一个用于爬取网站数据，提取结构化数据的应用框架。要使用 Scrapy，需要先安装 Scrapy 开发环境。因为 Scrapy 开发环境依赖一些外部库，在安装 Scrapy 之前，需要先安装依赖库。这里介绍 Windows 操作系统下 Scrapy 及依赖库的安装。

1. 依赖库 lxml 的安装

lxml 是一个解析库，支持 HTML 和 XML 的解析，支持 XPath 解析方式，而且解析效率非常高。爬取的网页内容需要使用 lxml 来解析。

在 Windows 命令行窗口输入以下命令：

```
pip3 install lxml
```

pip3 会自动下载 lxml 并安装。

2. 依赖库 pyOpenSSL 的安装

pyOpenSSL 是一个支持数据安全的库，当爬虫爬取基于 https 协议的网站时，需要对请求数据进行加密，同时需要对爬取的数据进行解密。

在 Windows 命令行窗口输入命令：

```
pip3 install pyOpenSSL
```

pip3 会自动下载 pyOpenSSL 并安装。

3. 依赖库 Twisted 的安装

Twisted 是一个异步通信编程库，可以完成客户端与服务端的通信，支持许多常见的传输及应用层协议，包括 TCP、UDP、SSL/TLS、HTTP、IMAP、SSH、IRC 以及 FTP。

使用 pip3 安装 Twisted 库可能会失败，在这种情况下，可以在网上下载 Twisted 库的 wheel 文件。wheel 文件是 Python 库的安装压缩包，将 Python 库对应的 wheel 文件下载到本地，再利用 pip3 来安装 Twisted 库。

Twisted 库提供了多个 wheel 文件，对应不同的 Python 版本和操作系统。为找到正确的 wheel 文件，需要在 Windows 命令行窗口输入"python -V"命令，查看当前 Python 的安装版本。

下载 Twisted 库的网站提供了 Python 不同模块的 wheel 文件，内容非常丰富，要找到 Twisted 库对应的 wheel 文件，可以通过搜索"Twisted"定位到下载 Twisted 库的页面。

如图 11-1 所示，下载项中 cp 后面的数字代表该 wheel 文件对应的 Python 版本，38 表示对应的是 Python3.8 版本。下载项中的 win32 表示对应 32 位 Windows 操作系统，win_amd64 表示对应 64 位 Windows 操作系统。

```
Twisted: an event-driven networking engine.
Twisted-20.3.0-cp39-cp39-win_amd64.whl
Twisted-20.3.0-cp39-cp39-win32.whl
Twisted-20.3.0-cp38-cp38-win_amd64.whl
Twisted-20.3.0-cp38-cp38-win32.whl
Twisted-20.3.0-cp37-cp37m-win_amd64.whl
Twisted-20.3.0-cp37-cp37m-win32.whl
Twisted-20.3.0-cp36-cp36m-win_amd64.whl
Twisted-20.3.0-cp36-cp36m-win32.whl
Twisted-19.10.0-cp35-cp35m-win_amd64.whl
Twisted-19.10.0-cp35-cp35m-win32.whl
Twisted-19.10.0-cp27-cp27m-win_amd64.whl
Twisted-19.10.0-cp27-cp27m-win32.whl
Twisted-18.9.0-cp34-cp34m-win_amd64.whl
Twisted-18.9.0-cp34-cp34m-win32.whl
```

图 11-1 Twisted 下载列表

注意：下载的 wheel 文件名称不能改动。

在 Windows 命令行窗口输入以下命令：

```
pip3 install d:\python\Twisted-20.3.0-cp38-cp38-win_amd64.whl
```

在上述命令中，install 后面的内容是 wheel 文件的路径。

4. 依赖库 pywin32 的安装

pywin32 是一个封装 Windows API 的库，使用该模块，Python 程序可以方便地调用 Windows API 执行系统级别的功能。

在 Windows 命令行窗口输入以下命令：

```
pip3 install pywin32
```

pip3 会自动下载 pywin32 并安装。

所有依赖库都安装完成后，即可安装 Scrapy 库。

在 Windows 命令行窗口输入以下命令：

```
pip3 install scrapy
```

pip3 会自动下载 Scrapy 并安装。

11.1.2　一个简单的爬虫项目

本节从一个案例入手，逐步掌握爬虫技术。

下面使用 Scrapy 框架创建一个爬取百度热点新闻的案例，创建案例程序需要五个步骤：

（1）使用 Scrapy 创建一个爬虫项目；

（2）定义一个存储爬取数据的容器；

（3）配置项目文件 settings.py；

（4）创建爬虫，编写代码；

（5）运行爬虫程序。

1. 使用 Scrapy 创建一个爬虫项目

在 Windows 命令行窗口，将存储项目文件的目录设置为当前目录，使用 scrapy 命令创建爬虫项目 stock，项目名称也可以是其他名称。

```
scrapy startproject stock
```

这行代码中，scrapy 是 Scrapy 框架提供的命令行程序，startproject 是命令行程序的参数，该参数会创建一个新的爬虫项目，stock 是项目名称。

该命令执行后，会在命令行窗口当前目录下创建 stock 目录，目录结构如图 11-2 所示。

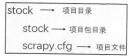

Scrapy 创建的 stock 爬虫项目会有两个 stock 目录。外层的 stock 目录是项目目录，项目目录下有项目文件 scrapy.cfg

图 11-2　stock 爬虫项目目录结构

和项目包目录 stock：项目包目录 stock 是项目的顶层包，其中有子包和模块文件（代码文件也称为模块文件）。

项目包目录 stock 存储了爬虫项目的子包和模块文件，其结构如图 11-3 所示。

图 11-3　stock 包目录结构

- spiders 子包用于存储编写的爬虫业务逻辑代码；

- items.py 用于定义爬取数据的容器，items.py 定义了一个类，该类可以定义要爬取数据的字段名称；

- settings.py 是项目的配置文件，用于设置项目的基础参数，如爬取数据的时间间隔、爬取时是否遵循 Robot 协议等；

- pipelines.py 用于对爬取的数据做进一步处理，如输出到 JSON 文件、MySQL 数据库等；

- middlewares.py 用于在 Scrapy 爬取数据的流程中，开发者可以添加一些自定义的中间件，从而开发出适应不同情况的爬虫。

2. 配置 settings.py 文件

该配置文件可根据项目的需求随时更改配置项。

3. 修改 ROBOTSTXT_OBEY 配置项

ROBOTSTXT_OBEY 配置项用于配置爬虫是否遵循 Robot 协议。网站的根目录下

的 robots.txt 文件给出了允许爬虫爬取网页的范围,将该项设置为 False,爬虫可以不受robots.txt
文件的约束。

```
ROBOTSTXT_OBEY = False
```

4．定义 item 容器

爬虫需要把爬取的数据存储到一个数据结构,item 容器可以定义这样的数据结构。爬取
网页之前,需要分析爬取网页的数据构成,items.py 文件定义了与其对应的数据结构。

文件代码如下:

```
# 导入 scrapy 库
import scrapy
#自定义 StockItem,用于存储爬虫所抓取的字段内容
class StockItem(scrapy.Item):
    # define the fields for your item here like:
    # name = scrapy.Field()
    # 新闻标题
    news_title = scrapy.Field()
    # 新闻链接
    news_link = scrapy.Field()
```

代码定义了 news_title、news_link 数据字段,news_title 存储百度热点新闻的标题,news_link
存储百度热点新闻的超链接,这些数据字段的类型是 Field 类。

5．创建爬虫,编写代码

爬虫代码的入口文件由 scrapy 命令创建,进入 Windows 命令行窗口,将项目目录设置
为当前工作目录,输入下面的命令创建爬虫入口文件。

```
scrapy genspider spider_stockstar news.baidu.com
```

scrapy 命令的 genspider 参数是创建一个爬虫,spider_stockstar 是爬虫的名称,爬
虫名称也可以选择其他名称,news.baidu.com 是要爬取的网页路径,即起始 URL,也可以
是其他网页路径。

命令执行完成后,scrapy 会在项目的 spiders 包目录下创建 spider_stockstar.py 模块文件。
文件代码如下:

```
import scrapy
class SpiderStockstarSpider(scrapy.Spider):
    name = 'spider_stockstar'
    allowed_domains = [' news.baidu.com ']
    start_urls = [' https://news.baidu.com/ ']
    def parse(self, response):
        pass
```

allowed_domains 定义爬虫爬取的范围,爬取范围被限定在 news.baidu.com 域名下,
start_urls 定义爬虫要爬取的起始网页,案例中起始网页的内容是百度新闻的首页。

parse 是网页内容解析函数,需要用户自行编写解析代码。

```
import scrapy
# 导入 scrapy 选择器
```

```
from scrapy.selector import Selector
# 导入 StockItem
from stock.items import StockItem
class SpiderStockstarSpider(scrapy.Spider):
    name = 'spider_stockstar'
    allowed_domains = ['news.baidu.com']
    start_urls = ['https://news.baidu.com/']
    def parse(self, response):
        # 爬取的 HTML 代码
        html = response.text
        # 使用 xpath 表达式搜寻指定的 a 标签节点，节点以列表方式返回
        item_nodes = response.xpath("//div[@class='hotnews']/ul/li/strong/a").extract()
        # 遍历节点
        for item_node in item_nodes:
            # 使用 xpath 表达式获取节点的 href 属性值
            a_href = Selector(text=str(item_node)).xpath('//@href').extract()
            # 使用 xpath 表达式获取节点的文本内容
            a_text = Selector(text=str(item_node)).xpath('//text()').extract()
            item = StockItem()
            item["news_title"] = a_text
            item["news_link"] = a_href
            # 使用 yield 语句返回 item 给 parse 的调用者
            yield item
```

6.运行爬虫程序

在项目目录下，建立 main.py 文件，用于运行爬虫。

文件代码如下：

```
from scrapy.cmdline import execute
execute(["scrapy","crawl","spider_stockstar","-o","items.json"])
```

Scrapy 的 execute 函数用于在 Python 程序启动 spider_stockstar 爬虫，并将爬取的数据存储到 items.json 文件。函数的执行类似于在 Windows 命令行窗口执行下面的命令：

```
scrapy crawl spider_stockstar -o items.json
```

爬虫运行后，会将爬取的内容以 JSON 数据格式存储到项目目录，JSON 文件名称为 items.json。

项目案例代码参见图书资源 unit11/stock。

11.2 HTML 与 XPath

11.2.1 标记语言

XPath 是一种在使用标记语言构成的文档中查询元素的语言，XML 和 HTML 都是标记语言，因此使用 XPath 可以在 XML 和 HTML 文档中查询元素。

在标记语言中，标记也称为标签（也可以称为文档的元素），在 XPath 中称为节点，标记一般是成对的，有起始标签和结束标签，这两种标签之间是标签的内容，内容包含标签和文本信息。

例如：

```
<html>
    <head>……</head>
    <body>
        <div>……</div>
        ……
        <div>……</div>
    </body>
</html>
```

上述案例是一个基本的 HTML 文档结构，案例中使用的标签有<html>、<head>、<body>、<div>等。

标签一般都是成对使用的，<html>是起始标签，</html>是结束标签。

HTML 文档是一个层级结构，层级数量没有限制，文档中的同级标签为一层，标签也称为节点。

<html>标签是根节点，是 HTML 文档的第一层；<head>标签和<body>标签是<html>根节点的子节点，是 HTML 文档的第二层；<body>节点内的<div>节点是<body>节点的子节点，是 HTML 文档的第三层，同级的<div>节点是兄弟节点，在<div>节点下还可以有子节点。

1．XPath 的节点

XPath 中有七种类型的节点：元素、属性、文本、命名空间、处理指令、注释以及文档节点。在本书中，我们主要关注元素、属性、文本、文档节点。

```
<html>
<head>
    <title>我的第一个网页</title>
</head>
<body>
    <h1>这是第一个网页</h1>
    <hr>
    <p class="c1">这是一个段落</p>
</body>
</html>
```

在上面的 HTML 文档中：

- <html>标签是文档节点；
- <head>、<body>、<h1>、<hr>、<p class="c1">是元素节点；
- class="c1"是元素节点<P>的属性节点；
- 元素节点内的文本是文本节点。

2．XPath 的节点关系

XPath 的节点关系有父关系（parent）、子关系（children）、兄弟关系（sibling）、先辈关系（ancestor）、后代关系（descendant）。

（1）父关系（parent）

除文档节点外，每个元素节点都有直接的上层节点，元素节点与直接的上层节点的关系就是父关系，元素节点的直接上层节点也称为该元素的父节点。

例如：

`<head>`、`<body>`、`<h1>`等节点与`<html>`节点是父关系，`<html>`是这些节点的父节点。

`<h1>`、`<hr>`、`<p>`节点与`<body>`节点是父关系，`<body>`节点是这些节点的父节点。

（2）子关系（children）

元素节点的直接下层节点与该元素节点为子关系，元素节点的直接下层节点称为该元素的子节点。

例如：

`<body>`的子节点有`<h1>`、`<hr>`、`<p>`节点。

（3）兄弟关系（sibling）

同层的元素节点为兄弟关系，这些元素节点也称为兄弟节点。

例如：

`<h1>`、`<hr>`、`<p>`这些节点是兄弟节点。

（4）先辈关系（ancestor）

元素节点父节点的父节点……与该元素节点是先辈关系，这些元素节点也称为该元素节点的先辈节点。

例如：`<h1>`、`<hr>`、`<p>`节点的先辈节点是`<html>`文档节点。

（5）后代关系（descendant）

元素节点子节点的子节点……与该元素节点是后代关系，这些元素节点也称为该元素节点的后代节点。

例如：

`<html>`文档节点的后代节点有`<h1>`、`<hr>`、`<p>`节点。

11.2.2 XPath 语法

XPath 使用路径表达式在 HTML 或 XML 文档中选取节点或节点集，节点集是指多个节点的集合，节点或节点集是通过沿着文档节点层次路径来选取的。

XPath 使用的路径表达式类似于文件系统的路径，符号"/"是路径节点间的分隔符，类似于文件系统的目录分隔符。

例如下面的 HTML 文档：

```
<html>
<head>
    <title>我的第一个网页</title>
</head>
<body>
    <h1>这是第一个网页</h1>
    <hr>
    <p class="c1">这是一个段落</p>
</body>
```

```
</html>
```

要选取<h1>元素节点的文本内容，可以编写如下 XPath 路径表达式：

```
/html/body/h1/text()
```

text()是 XPath 函数，用于获取已选取节点的文本内容，XPath 函数将在后面介绍。

用 Python 执行 XPath 表达式，需要先导入 lxml 库。

案例代码如下：

```
#导入 lxml 库
from lxml import etree
#定义 HTML 文档
htmcontent="<html>\
<head>\
    <title>我的第一个网页</title>\
</head>\
<body>\
    <h1>这是第一个网页</h1>\
    <hr>\
    <p class="c1">这是一个段落</p>\
</body>\
</html>\
"
# 读取 HTML 文档内容，返回选择器
selector = etree.HTML(htmcontent)
# 执行 XPath 表达式
# 选取的节点集内容以列表方式返回
select = selector.xpath("/html/body/h1/text()")
print(select)
```

11.2.3　定位符号

定位符号是构成路径表达式的基本符号。定位符号的详细内容参见表 11-1。

表 11-1　XPath 定位符号

符号	符号描述	实例	实例描述
/	绝对路径，从根节点开始选取，也是节点名称之间的绝对路径分隔符	/html/body/div	选取 body 节点下所有 div 节点
//	相对路径，从任意节点开始选取，也是节点名称之间的相对路径分隔符	//p	选取所有的 p 节点
.	选取当前节点	.//p	选取当前节点下的所有 p 节点
..	选取当前节点的父节点	..//	选取当前节点的父节点下的所有 p 节点
@	选取节点的属性	/html/body/p/@style	选取 p 节点的 style 属性
*	通配符，表示任意节点或任意属性	/ /*	选取所有节点

11.2.4　运算符

运算符主要用于节点间的算术运算、关系运算、逻辑运算和集合运算。表 11-2 列出了 XPath 表达式支持的运算符。

表 11-2　XPath 表达式支持的运算符

运算符	描述	实例	返回值
|	合并两个节点集，该运算符也可以放在谓词之外使用	`//div|//p`	所有的 `div` 和 `p` 节点
+、-、*、div、mod	基本的算术运算符，`div` 是除法运算符、`mod` 是取余运算符	`9 div 3`	返回 3
=、!=、<、<=、>、>=\	关系运算符，=运算符用于判断节点或属性值是否相等	`//div/a[@href='#article1']/text()`	返回 a 节点属性 `href` 等于 `#article1` 的字符串
or、and	逻辑运算符	`//div/a[@href='#article1'or@href='#article2']/text()`	返回 a 节点属性 `href` 等于 `#article1` 或 `#article2` 的字符串

11.2.5　谓词

谓词是一个由节点属性值、运算符、XPath 函数组合构成的表达式，被放置在一对中括号内，用于节点集的筛选。谓词的计算结果可返回节点集、字符串、逻辑值或数值。

11.2.6　XPath 函数

XPath 提供了上百个函数，用于对标签文档中的字符串、数值、日期和时间等进行计算和过滤节点集。XPath 函数可以在谓词中使用，也可以在路径表达式中使用。

这里主要是学习从网页爬取内容的技术，并非专门讲解 XPath。下面列出了用于爬取网页内容常用的 XPath 函数，更多 XPath 函数可参考 XPath 技术相关的书籍。

本节的案例文件采用的网页文件 sample.html 位于图书资源 data/html/sample.html 中，运行案例代码时需要将网页文件和代码文件放在同一目录下。下面列出了常用的 XPath 函数。

1．函数声明：text()

若在路径表达式中使用 text() 函数，函数返回节点或节点集的文本内容；在谓词中使用 text() 函数，可以过滤没有文本内容的节点。

案例 1：提取节点的文本内容

```
#导入 lxml 库
from lxml import etree
#HTML 文件路径
filename = "sample.html"
try:
    #使用 r 模式打开文件，编码方式为 utf-8
    fp = open(filename,"r",encoding='utf-8')
```

```
    content = fp.read()
    #关闭文件对象
    fp.close()
    # 读取 HTML 文档内容，返回选择器
    selector = etree.HTML(content)
    #选取 body 后代所有节点的文本内容
    select = selector.xpath("/html/body/*/text()")
    print(select)

except IOError:
    print("文件打开失败，%s 文件不存在" % filename)
```

案例 2：过滤没有文本内容的节点

```
#导入 lxml 库
from lxml import etree
#HTML 文件路径
filename = "sample.html"
try:
    #使用 r 模式打开文件，编码方式为 utf-8
    fp = open(filename,"r",encoding='utf-8')
    content = fp.read()
    #关闭文件对象
    fp.close()
    #读取 HTML 文档内容，返回选择器
    selector = etree.HTML(content)
    #过滤没有文本内容的节点
    select = selector.xpath("/html/body/*[text()]")
    print(select)

except IOError:
    print("文件打开失败，%s 文件不存在" % filename)
```

2. 函数声明：contains (string1, string2)

用于过滤节点。参数 string1 是节点属性的值，参数 string2 是给出的字符串。若 string1 包含 string2，该节点被选取，否则该节点被放弃。

案例代码如下：

```
#导入 lxml 库
from lxml import etree
#HTML 文件路径
filename = "sample.html"
try:
    #使用 r 模式打开文件，编码方式为 utf-8
    fp = open(filename,"r",encoding='utf-8')
    content = fp.read()
    #关闭文件对象
    fp.close()
    # 读取 HTML 文档内容，返回选择器
    selector = etree.HTML(content)
    #选取 body 后代所有 style 属性值中包含"font-weight:bolder"内容的节点
    select = selector.xpath("/html/body/*[contains(@style,'font-weight:bolder')]/text()")
    print(select)
```

```
except IOError:
     print("文件打开失败，%s 文件不存在" % filename)
```

案例代码先选取 body 节点的子节点集，然后从选取的子节点集过滤掉节点属性 style 的值不包含 "font-weight: bolder" 内容的节点，最后返回选取节点的文本内容。

3. 函数声明：`starts-with(string1, string2)`

用于过滤节点。参数 string1 是节点属性的值，参数 string2 是给出的字符串。若 string1 的起始部分为 string2（含两个串相等），该节点被选取，否则该节点被放弃。

案例代码如下：

```
导入 lxml 库
from lxml import etree
#HTML 文件路径
filename = "sample.html"
try:
     #使用 r 模式打开文件，编码方式为 utf-8
     fp = open(filename,"r",encoding='utf-8')
     content = fp.read()
     #关闭文件对象
     fp.close()
     # 读取 HTML 文档内容，返回选择器
     selector = etree.HTML(content)
     #选取 body 节点下所有 name 属性值的起始子串为 art 的 a 节点
     select = selector.xpath("/html/body/a[starts-with(@name,'art')]")
     print(select)

except IOError:
     print("文件打开失败，%s 文件不存在" % filename)
```

案例代码先选取 body 节点下的所有 a 节点，然后从选取的节点集过滤掉节点属性 name 的值不以 "art" 为开始的节点。

4. 函数声明：`not(arg)`

该函数通常与 contains() 函数、starts-with() 函数、ends-with() 函数联合使用，用于对上述函数过滤的节点取反。

案例代码如下：

```
#导入 lxml 库
from lxml import etree
#HTML 文件路径
filename = "sample.html"
try:
     #使用 r 模式打开文件，编码方式为 utf-8
     fp = open(filename,"r",encoding='utf-8')
     content = fp.read()
     #关闭文件对象
     fp.close()
     # 读取 HTML 文档内容，返回选择器
     selector = etree.HTML(content)
     #选取 body 后代所有 style 属性值中不包含"font-weight:bolder"内容的节点
```

```
        select = selector.xpath("/html/body/*[not(contains(@style,'font-weight:bolder'))]")
        print(select)

except IOError:
        print("文件打开失败，%s 文件不存在" % filename)
```

案例代码先选取 body 节点的子节点集，然后从选取的子节点集过滤掉节点属性 style 的值包含 "font-weight: bolder" 内容的节点。

5. 函数声明：position()

该函数通过设置节点在节点集的索引范围来筛选节点，position() 函数一般与关系运算符联合使用构成关系表达式，也可以通过逻辑运算符连接两个关系表达式。

案例代码如下：

```
#导入 lxml 库
from lxml import etree
#HTML 文件路径
filename = "d://sample.html"
try:
        #使用 r 模式打开文件，编码方式为 utf-8
        fp = open(filename,"r",encoding='utf-8')
        content = fp.read()
        #关闭文件对象
        fp.close()
        # 读取 HTML 文档内容，返回选择器
        selector = etree.HTML(content)
        #选取 body 后代所有节点索引小于或等于 2 的 p 节点
        select = selector.xpath("/html/body/p[position()< =2]/text()")
        print(select)

except IOError:
        print("文件打开失败，%s 文件不存在" % filename)
```

案例代码先选取 body 节点的子节点 p，然后从返回的子节点集选取索引小于或等于 2 的节点 p，节点索引序号从 1 开始。

11.3　Scrapy 框架

学习目标：了解 Scrapy 框架的工作机制、请求与响应、选择器、数据定义与处理等。

11.3.1　爬虫的基本工作原理

爬虫就是一个程序，这个程序的任务是从给出的一组种子 URL 开始爬取网页，并通过网页间的链接爬取更多的网页。根据爬虫任务的需求，最终可能会爬取整个网站的网页。

爬虫的工作原理如图 11-4 所示。

URL 就是网页的网址，种子 URL 就是爬虫要首先爬取的网页网址，确定爬虫程序首先从哪些网页开始爬取。一组种子 URL 是指一个或多个网页地址。

爬虫程序开始工作后，种子 URL 会首先加入待爬取网页的队列中，爬虫程序按照先进先出的原则从队列获取网页 URL，爬取网页并下载整个网页内容，然后提取网页内容，分析出网页内容包含的 URL，并把新的 URL 加入队列。

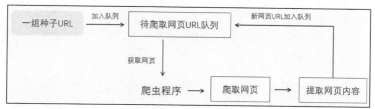

图 11-4　爬虫的工作原理

当队列为空时，爬虫停止工作，否则爬虫会继续从队列获取网页 URL，爬取下一个网页。

11.3.2　Scrapy 爬虫的工作机制

基于当前学到的 Scrapy 知识，整理出 Scrapy 的工作机制，如图 11-5 所示。

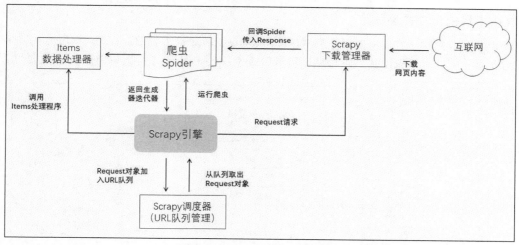

图 11-5　Scrapy 的工作机制

Scrapy 引擎是 Scrapy 框架的核心，它可以启动多个爬虫，并管理爬虫的运行。

Scrapy 引擎将 Request 对象放入 Scrapy 调度器（Scrapy 调度器可以看作 URL 队列管理），同时它会调用 Items 数据处理器处理 Items 数据。

Scrapy 引擎会维持爬虫的运行，维持爬虫运行的机制是不断地从 URL 队列管理器获取 Request 对象，调用下载管理器向 Request 对象指定的 URL 发出 Request 请求，下载 URL 所在服务器返回的内容，并返回 Response 对象。

Request 对象会回调在 Request 对象设置的回调函数，并传入 Response 对象。若 Request 对象没有设置回调函数，将会调用 Spider 的 `parse()` 方法。

11.3.3　请求与响应

请求是 Request 对象，响应是 Response 对象。请求是通过程序访问 URL，URL 封装在 Request 对象内，URL 所在的服务器接收到 URL 请求后，会返回与 URL 相关的内容，返回的内容封装在 Response 对象内，如图 11-6 所示。

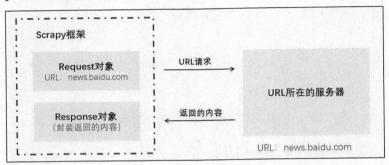

图 11-6　请求与响应

11.3.4　Request 对象

Request 对象封装了爬虫要爬取的 URL。Request 对象被放置在 Scrapy 调度器内，Scrapy 调度器实际上是一个 URL 队列管理器，负责管理 Request 对象的入队与出队，如图 11-7 所示。

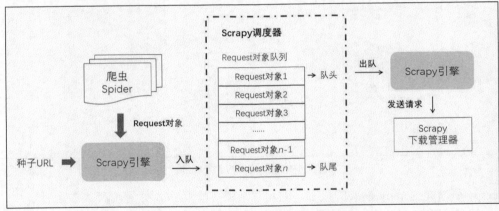

图 11-7　Request 对象与队列管理器

Request 对象从两个方向入队：一个方向是种子 URL，Scrapy 引擎会把种子 URL 封装为 Request 对象，加入 Request 对象队列；另一个方向是爬虫程序解析出的 URL，爬虫程序会把解析出的 URL 封装为 Request 对象，提交给 Scrapy 引擎，Scrapy 引擎将 Request 对象加入队列。

Request 对象的出队来自 Scrapy 引擎的请求，Scrapy 引擎会向 Scrapy 调度器发送 Request 对象出队请求，Scrapy 调度器从队列头部获取 Request 对象提交给 Scrapy 引擎，并从队列中移除该 Request 对象。

那么如何创建一个 Request 对象？

Request 对象是 Request 类的实例化，Request 类提供了 `Request()` 构造方法创建一个

Request 对象，或者说实例化一个 Request 对象。

Request() 构造方法声明如下：

```
Request(url[, callback, method='GET', headers, body, cookies, meta,
encoding='utf-8', priority=0, dont_filter=False, errback])
```

从构造方法的声明中可以看出，Request 类的构造方法是在 Scrapy 框架的 http 模块内定义的，构造方法会返回一个实例化的 Request 对象。

11.3.5　改进百度新闻爬虫项目

在原来的项目中，爬虫只是爬取了百度新闻网站的首页新闻条目，并没有爬取新闻类别网页内的新闻条目。

现在需要对原来的项目进行改进，爬虫需要爬取新闻类别网页内的新闻条目，如图 11-8 所示。

图 11-8　百度新闻页面

1．观察新闻类别网页源代码，找出数据爬取规则

观察新闻类别网页源代码发现，新闻条目的源代码一般都通过下面的超链接标签实现：

```
<a href="domain/s?id=1675955343019719321" mon="col=4&amp;a=2&amp;z=shenghuoxf&pn=1" t
arget="_blank">想要干成大事？你需要掌握这三点，否则将一事无成！</a>
```

提取新闻条目的 XPath 表达式如下：

```
//a[contains(@mon,'col') and not(contains(@mon,'col=carouse'))]
```

上面的 XPath 表达式从网页提取所有的 a 标签，筛选条件是属性 mon 包含 col 且不包含 col=carouse。

2．提取新闻类别的超链接，构造 request 请求对象

在爬虫的 parse() 方法内，提取分类导航超链接，对每个分类导航的超链接构造 Request 请求对象。

```
        category_node = response.xpath("//div[@id='channel-all']/div/ul/li[position()>1]
/a/@href").extract()
        for request_node in category_node:
            url = response.urljoin(request_node)
            request = scrapy.Request(url,callback=self.parse_category,dont_filter=True)
            yield request
```

response 的 urljoin() 方法将相对 url 变换为绝对 url。下面是相对 url 和绝对 url 的区别如下：

相对 url：

```
<a href="/guonei">国内</a>
```

其中 "/guonei" 是相对 url。

绝对 url:

```
<a href="https://news.baidu.com/guonei">国内</a>
```

其中 "https: //news.baidu.com/guonei" 是绝对 url。

构造 Request 对象时，传入了 parse_category() 方法名称。parse_category() 方法是在 SpiderNewsbaiduSpider 类内部定义的一个方法，该方法也可以称为回调方法或回调函数。Scrapy 下载管理器发送 Request 请求并返回 Response 对象后，会调用该回调函数并传入 Response 对象。回调函数的代码如下：

```
# 处理类别网页的回调方法
    def parse_category(self, response):
        html = response.text
        # 解析新闻类别名称
        category = response.xpath("//li[contains(@class,'current active')]/a/text()").
extract()
        # 使用 xpath 表达式搜寻指定的 a 标签节点，节点以列表方式返回
        item_nodes = response.xpath("//a[contains(@mon,'col') and not(contains(@mon,
                            'col=carouse'))]").extract()
        # 遍历节点
        for item_node in item_nodes:
            # 使用 Selector 选择器获取超链接的 href 属性值
            a_href = Selector(text=str(item_node)).xpath('//@href').extract()
            # 使用 Selector 选择器获取超链接的文本
            a_text = Selector(text=str(item_node)).xpath('//text()').extract()
            # 若 a_text 不为 None 且长度大于 10，输出到 JSON 文件
            # 长度大于 10 主要过滤一些无关新闻条目的超链接
            if a_text and len(a_text[0]) > 10:
                # 实例化 NewsbaiduItem 对象
                item = NewsbaiduItem()
                # 添加分类名称到新闻标题
                titlelist = ["(" + category[0] + ")" +  a_text[0]]
                item["news_title"] = titlelist
                item["news_link"] = a_href
                # 使用 yield 语句返回 item 给 parse 的调用者
                yield item
```

回调函数 parse_category() 用于提取类别网页内的新闻条目，并在每个新闻条目标题前面添加新闻类别名称，用于后续对新闻条目进行处理时，提取不同类别的新闻条目。

函数通过新闻条目的标题对 **XPath** 表达式返回的节点集进行二次过滤，主要是过滤标题为空和标题字数小于或等于 10 的节点。

完整的爬虫代码如下：

```
import scrapy
# 导入 scrapy 选择器
from scrapy.selector import Selector
# 导入 NewsbaiduItem
from newsbaidu.items import NewsbaiduItem
class SpiderNewsbaiduSpider(scrapy.Spider):
    name = 'spider_newsbaidu'
```

```
allowed_domains = ['https://news.baidu.com']
start_urls = ['https://news.baidu.com/']

def parse(self, response):
    # 获取爬取的网页代码
    html = response.text
    # 处理新闻类别网页
    # 使用 xpath 表达式搜寻新闻类别超链接标签
    category_node = response.xpath("//div[@id='channel-all']/div/ul/li[position()>1]
/a/@href").extract()
    for request_node in category_node:
        url = response.urljoin(request_node)
        request = scrapy.Request(url,callback=self.parse_category,dont_filter=True)
        yield request
    # 使用 xpath 表达式搜寻指定的 a 标签节点，节点以列表方式返回
    item_nodes = response.xpath("//a[contains(@mon,'ct=1')]").extract()
    # 遍历节点
    for item_node in item_nodes:
        # 使用 xpath 表达式获取节点的 href 属性值
        a_href = Selector(text=str(item_node)).xpath('//@href').extract()
        # 使用 xpath 表达式获取节点的文本内容
        a_text = Selector(text=str(item_node)).xpath('//text()').extract()
        # 实例化 NewsbaiduItem 对象
        item = NewsbaiduItem()
        item["news_title"] = a_text
        item["news_link"] = a_href
        # 使用 yield 语句返回 item 给 parse 的调用者
        yield item

# 处理类别网页的回调方法
def parse_category(self, response):
    html = response.text
    # 解析新闻类别名称
    category = response.xpath("//li[contains(@class,'current active')]/a/text()").
extract()
    # 使用 xpath 表达式搜寻指定的 a 标签节点，节点以列表方式返回
    item_nodes = response.xpath("//a[contains(@mon,'col') and not(contains(@mon,
                               'col=carouse'))]").extract()
    # 遍历节点
     for item_node in item_nodes:
        # 使用 Selector 选择器获取超链接的 href 属性值
        a_href = Selector(text=str(item_node)).xpath('//@href').extract()
        # 使用 Selector 选择器获取超链接的文本
        a_text = Selector(text=str(item_node)).xpath('//text()').extract()
        # 若 a_text 不为 None 且长度大于 10，输出到 JSON 文件
        # 长度大于 10 主要过滤一些无关新闻条目的超链接
        if a_text and len(a_text[0]) > 10:
            # 实例化 NewsbaiduItem 对象
            item = NewsbaiduItem()
            # 添加分类名称到新闻标题
            titlelist = ["(" + category[0] + ")" +  a_text[0]]
            item["news_title"] = titlelist
            item["news_link"] = a_href
            # 使用 yield 语句返回 item 给 parse 的调用者
            yield item
```

3．运行爬虫

在 Windows 命令行窗口运行爬虫稍微有些麻烦，可以编写一个执行 Scrapy 命令的 Python 程序来启动爬虫。

在项目的根目录下，建立 main.py 文件，用于运行爬虫。

代码如下：

```
from scrapy.cmdline import execute
execute(["scrapy","crawl","spider_newsbaidu","-o","items.json"])
```

函数的执行类似于在 Windows 命令行窗口执行下面的命令：

```
scrapy crawl spider_newsbaidu -o items.json
```

爬虫会把爬取的内容以 JSON 数据格式存储到项目的根目录，JSON 文件名称为 items.json。项目代码见图书资源（unit11/ newsbaidu）。

11.3.6　选择器

选择器（Selector）提供了执行 XPath 选取、CSS 选取和正则表达式选取的方法。

Scrapy 的 shell 命令与案例文件

Scrapy shell 命令提供爬虫测试环境，在测试环境中可以爬取指定的网页，并在测试环境中构造 Response 实例对象。

开发者可以利用返回的 Response 实例对象，检测使用 XPath 表达式、CSS 选择器、正则表达式提取网页内容的正确性。

运行 shell 命令的语法如下：

```
scrapy shell url
```

其中 url 为要检测爬取内容的网页地址，命令需要在操作系统的 Shell 窗口下运行。若是 Windows 操作系统，则需要在 Windows 命令行窗口运行。

下面的命令用于爬取 Scrapy 官方教程的网页（请读者在实操时，要将代码中的"网页地址"替换为实际需要爬取的网址），并返回 Response 实例对象。

```
scrapy shell 网页地址
```

Scrapy 官方教程案例提供的网页内容如下：

```
<html>
 <head>
  <base href='example' />
  <title>Example website</title>
 </head>
 <body>
  <div id='images'>
   <a href='image1.html'>Name: My image 1 <br /><img src='image1_thumb.jpg' /></a>
   <a href='image2.html'>Name: My image 2 <br /><img src='image2_thumb.jpg' /></a>
   <a href='image3.html'>Name: My image 3 <br /><img src='image3_thumb.jpg' /></a>
   <a href='image4.html'>Name: My image 4 <br /><img src='image4_thumb.jpg' /></a>
```

```
    <a href='image5.html'>Name: My image 5 <br /><img src='image5_thumb.jpg' /></a>
  </div>
 </body>
</html>
```

执行上面的命令后，会在测试环境中构造 Response 实例对象，对象变量名称为 response，开发者可以使用 response 来执行内容的爬取测试任务。

Selector 类提供的方法见表 11-3。

表 11-3　**Selector 类提供的方法**

方法	描述
xpath(query)	执行 xpath 查询，query 为 xpath 路径表达式，返回 SelectorList 类型
css(query)	执行 CSS 查询，query 为符合 CSS 选择器语法的查询语句，返回 SelectorList 类型
re(query)	执行正则表达式，query 为正则表达式，返回字符串列表

11.3.7　数据的定义

通过爬虫爬取数据的主要目的就是从非结构化网页数据中提取结构化数据，并将结构化数据存储到文件或数据库中。

图 11-9 给出了爬虫程序对非结构化网页数据的处理过程。

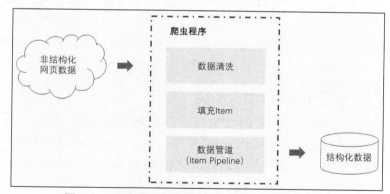

图 11-9　爬虫程序对非结构化网页数据的处理过程

爬虫程序获取非结构化网页数据后会对其进行清洗，清洗过程包括网页数据的选取、过滤无关数据（无关数据也称为数据噪声）；然后对提取的数据进一步处理，处理后的数据需要满足结构化数据的要求。

非结构化网页数据经过数据清洗后，会填充到 Scrapy 框架的 Item 结构，Item 是一个类，它允许开发者定义结构化数据，通过 Scrapy 框架的项目管道（Item Pipeline）对 Item 数据进一步处理，最后写入文件或数据库。

结构化数据的定义与爬虫爬取数据的目的有关，爬取目的不同，定义的数据结构也不同。例如，百度新闻爬虫的目的是获取百度新闻的新闻条目，因此在 Item 定义的结构化数据为：

```
import scrapy
class NewsbaiduItem(scrapy.Item):
    # 定义要爬取的数据：
    # 文章标题
    news_title = scrapy.Field()
    # 文章链接
    news_link = scrapy.Field()
```

开发者自定义的结构化数据要继承 Item 类。例如下面的代码定义了存储图书信息的结构化数据。

```
import scrapy
# 定义结构化数据 Book 类
# Book 类继承 scrapy.Item 类
class Book(scrapy.Item):
    # 定义 name 数据项，存储图书名称
    name = scrapy.Field()
    # 定义 author 数据项，存储图书作者
    author = scrapy.Field()
    # 定义 brief 数据项，存储图书简介
    brief = scrapy.Field()
    # 定义 price 数据项，存储图书价格
    price = scrapy.Field()
```

Book 类是自定义的结构化数据，继承于 scrapy.Item 类。Book 类有四个数据项（数据项也可以称为字段），分别是 name、author、brief、price，数据项的类项是字典。

Item 类有一个很重要的属性 Field，Field 是实例化的字典对象，Field 属性可以直接使用 scrapy.Field() 来访问。

11.3.8　数据的处理 ItemLoader 类

Scrapy 的 ItemLoader 类的实例对象可以用来对数据进行处理，ItemLoader 类在 scrapy.contrib.loader 模块内，爬虫程序要使用 ItemLoader 类，需要导入 ItemLoader 类。

```
import scrapy.contrib.loader.ItemLoader as ItemLoader
```

ItemLoader 类的构造方法参见表 11-4。

表 11-4　ItemLoader 类的构造方法

构造方法	描述	注释
ItemLoader([item,selector,response,]**kwargs)	返回 ItemLoader 类的实例对象	（1）

注释

（1）构造方法声明：

```
ItemLoader([item, selector, response, ]**kwargs)
```

方法返回 ItemLoader 类的实例对象，若没有参数给出，返回一个默认的实例化对象。若

给出了 item、selector 参数，返回的实例对象可以使用 selector 清洗数据并填充到 item。

参数 item 是 Item 类的实例化对象，若传入 selector，该参数必须提供。

参数 selector 是 Selector 类的实例化对象，该对象包含要清洗的数据。若给出了 selector 参数，response 参数一般被忽略。

参数 response 是请求返回的实例对象。若没有给出 selector 参数，该参数用来清洗数据并填充到 item。若给出了 selector 参数，该参数会被忽略。

参数 kwargs 是可选的关键字参数，为处理数据提供更多的选项。

ItemLoader 类的主要方法见表 11-5。

表 11-5　ItemLoader 类的主要方法

方法	描述
get_value(value, *processors, **kwargs)	通过 processors 和 kwargs 对 value 数据进行处理,返回处理后的数据
add_value(field_name,value, *processors, **kwargs)	该方法会先调用 get_value()方法，对 value 数据进行处理，然后将返回的数据添加到 field_name 字段
replace_value(field_name, value, *processors, **kwargs)	该方法会先调用 get_value()方法，对 value 数据进行处理，然后将返回的数据替换 field_name 字段原有的数据
get_xpath(xpath, *processors, **kwargs)	该方法通过 xpath 表达式，从 ItemLoader 关联的选择器中提取字符串列表，并对提取的字符串列表进行数据处理
add_xpath(field_name, xpath, *processors, **kwargs)	该方法会先调用 get_xpath()方法获取处理后的数据，然后将获取的数据添加到 field_name 字段
replace_xpath(field_name, xpath, *processors, **kwargs)	该方法会先调用 get_xpath()方法获取处理后的数据，然后将数据替换 field_name 字段原有的数据
get_css(css,*processors, **kwargs)	同 get_xpath()方法，参数 css 为 CSS 选择器语句
add_css(field_name,css, *processors, **kwargs)	同 add_xpath()方法，参数 css 为 CSS 选择器语句
replace_css(field_name,css, *processors, **kwargs)	同 replace_xpath()方法，参数 css 为 CSS 选择器语句
load_item()	调用 add_value、add_xpath、add_css 等方法处理并填充数据到字段后，需要再调用 load_item()方法完成 Item 对象数据填充，填充过程会调用输出处理器以最终生成结果，最后返回 Item 实例对象
get_collected_values(field_name)	返回数据项 field_name 的值

11.3.9　Scrapy 内置数据处理器

Scrapy 提供了一些常用的内置数据处理器，这些内置的数据处理器可以直接应用到 ItemLoader 类的 get_value、add_value 等方法。

内置的数据处理器在 itemloaders.processors 模块内，见表 11-6。

表 11-6　内置的数据处理器

处理器名称	描述	注释
Compose(*functions, **default_loader_context)	参数 functions 可以传入多个回调函数，回调函数按传入顺序调用，函数的输入数据来自调用函数传入的数据，数据被函数依次处理，最后返回处理后的数据	（1）
Identity()	空处理器，不对输入的数据做任何处理，直接返回输入数据	无
Join(separator=' ')	用来拼接输入数据项，若输入数据是列表数据，则使用给定的分隔符拼接列表中的数据项	（2）
MapCompose(*functions, **default_loader_context)	类似于 Compose 处理器，可以传入多个回调函数。该处理器传入的每个回调函数都会对输入的序列对象进行迭代处理，即对序列对象的每个元素进行处理，并形成新的序列对象，再传递给后面的函数，数据被函数依次处理，最后返回处理后的数据	（3）
TakeFirst()	返回输入数据的第一个非空值	无

注释

（1）数据处理器声明如下：

```
Compose(*functions, **default_loader_context)
```

数据处理器通过多个回调函数，依次对传入的数据进行处理。回调函数由参数 functions 传入，传入的顺序决定了函数的调用顺序。处理器处理的数据来自数据处理器的调用者。

例如：

```
loader = ItemLoader()
value = "<img src=\"image3_thumb.jpg\">"
loader.get_value(value, Compose (process_img,upper),re="img")
```

get_value()方法调用了 Compose 处理器，Compose 处理器的输入数据是经过正则表达式 re 匹配后的 value 数据。

Compose 处理器顺序传入了两个回调函数 process_img 和 upper，process_img 回调函数首先被调用，对 value 数据进行处理，然后将处理后的数据再传递给 upper 回调函数进行处理，最后 Compose 处理器返回处理后的数据。

（2）数据处理器声明如下：

```
Join(separator=' ')
```

若传入的数据是序列数据，该处理器会使用给定的分隔符拼接序列数据中的数据项。

案例代码如下：

```
# 导入 ItemLoader 类
from scrapy.loader import ItemLoader
# 导入要使用的处理器
from scrapy.loader.processors import Compose,Join
# 实例化 ItemLoader 类
```

```
loader = ItemLoader()
# 定义待处理的 value 数据
value = "<img src=\"image0_thumb.jpg\">"
# 定义处理函数
# 函数识别图片格式
def process_img(v):
    # 获取图片的扩展名
    extension = v[0].split(".")[1]
    if extension.lower() == "jpg":
        v[0] = "JPG 图片: " + v[0]
    if extension.lower() == "png":
        v[0] = "PNG 图片: " + v[0]
    if extension.lower() == "bmp":
        v[0] = "BMP 图片: " + v[0]
    return list(v[0])
ret = loader.get_value(value,Compose(process_img,Join("|")),re="img.*src=\"(.+?\.[a-z]+)\"")
print(ret)
```

案例代码的 `get_value()` 方法调用了 `Compose` 数据处理器，`Compose` 数据处理器传入了两个回调函数 `process_img` 和 `Join`，`process_img` 是自定义的函数，`Join` 是 **Scrapy** 内置的数据处理器。

`get_value()` 方法会先调用正则表达式对 `value` 数据进行匹配，正则表达式以列表方式返回匹配后的数据，然后 `get_value()` 方法再调用 `process_img()` 函数对列表数据进行处理，并返回一个列表对象，最后 `get_value()` 方法再调用 `Join` 处理器对 `process_img()` 函数返回的列表对象进行处理。

程序执行结果如下所示：

```
J|P|G|图|片|:|i|m|a|g|e|0|_|t|h|u|m|b|.|j|p|g
```

（3）数据处理器声明如下：

```
MapCompose(*functions, **default_loader_context)
```

类似于 **Compose** 处理器，可以传入多个回调函数。不同之处是 `MapCompose` 用来处理序列对象，即对序列对象的每个元素进行处理，并形成新的序列对象，再传递给后面的函数，数据被函数依次处理，最后返回处理后的数据。

11.3.10　为每个 Item 数据项添加处理器

若需要为每个 `Item` 数据项添加处理器，可以使用 `ItemLoader` 为每个 `Item` 数据项提供的输入处理器和输出处理器。

输入处理器在 `Item` 数据项接收到由 `add_value()`、`add_xpath()` 等方法提取的数据后被调用，对提取的数据进行预处理。此时提取的数据被保存在 `ItemLoader` 实例对象中，并没有真正存储到 `Item` 的数据项内，因此称为输入处理器。

当程序调用 `ItemLoader` 实例对象的 `load()` 方法时，输出处理器会被调用，对先前提取的数据进行输出处理，最后将处理的数据填充到 `Item` 数据项，如图 11-10 所示。

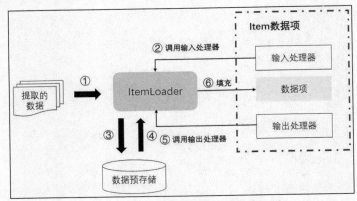

图 11-10 ItemLoader 预处理数据机制

输入处理器和输出处理器可以是自定义函数，也可以是 Scrapy 内置的数据处理器。

为 Item 数据项添加输入处理器和输出处理器有两种方式：一种方式是编写一个 ItemLoader 类的子类，在子类中为 Item 数据项添加输入处理器和输出处理器；另一种方式是在定义 Item 数据项时，为每个数据项添加输入处理器和输出处理器。

1．在 ItemLoader 类的子类内添加输入和输出处理器

案例代码如下：

```python
# 导入默认的处理器
from scrapy.loader.processors import TakeFirst, MapCompose, Join
# 导入 ItemLoader 类
from scrapy.loader import ItemLoader
# 定义 BookLoader 类，用于对数据的清洗
# BookLoader 类继承 ItemLoader 类
class BookLoader(ItemLoader):
    # 设置默认输出处理器
    '''
    属性 default_output_processor 是默认的输出处理器
    属性 default_input_processor 是默认的输入处理器
    若设置了默认的输出处理器，当 Item 数据项没有设置对应
    的输出处理器时，ItemLoader 会使用默认的输出处理器
    '''
    default_output_processor = TakeFirst()

    # 定义 Item 数据项 name 的输入处理器
    # 在 Item 数据项名称后面添加_in
    name_in =  Identity()
    # 定义 Item 数据项 name 的输出处理器
    # 在 Item 数据项名称后面添加_out
    name_out = Join()

    # 定义 Item 数据项 author 的输入处理器
    # 在 Item 数据项名称后面添加_in
    # lstrip 移除字符串的前置空格
    author_in = MapCompose(str.lstrip(' '))
```

案例代码使用的 Item 数据项参见前面的 Book 类。

2. 定义 Item 数据项时添加输入处理器和输出处理器

案例代码如下：

```python
# 导入 scrapy 类
import scrapy
# 导入默认的处理器
from scrapy.loader.processors import TakeFirst, MapCompose, Join

# 定义处理器，过滤不是数字的字符串
def filter_price(value):
    if value.isdigit():
        return value


# Book 类继承 scrapy.Item 类
class Book(scrapy.Item):
    # 定义 name 数据项，存储图书名称
    name = scrapy.Field(
            # 定义输入处理器，移除字符串左侧和右侧的空格
            input_processor=MapCompose(str.lstrip(' '),str.rstrip(' ')),
            # 定义输出处理器，使用默认的空格拼接字符串
            output_processor=Join()
            )
    # 定义 author 数据项，存储图书作者
    author = scrapy.Field(
            # 定义输入处理器，接收第一个非空的值
            input_processor=MapCompose(TakeFirst),
            # 定义输出处理器，使用默认的空格拼接字符串
            output_processor=Join(),
            )
    # 定义 brief 数据项，存储图书简介
    brief = scrapy.Field()
    # 定义 price 数据项，存储图书价格
    price = scrapy.Field(
            # 过滤不是数字的字符串
            input_processor=MapCompose(filter_price),
            # 定义输出处理器，使用默认的空格拼接字符串
            output_processor=Join(),
            )
```

11.3.11 爬虫 Spider 类

爬虫 Spider 类是爬虫程序的核心模块，使用 Scrapy 框架创建爬虫项目后，框架并没有创建 Spider 类，需要使用命令来创建。启动 Windows 命令行窗口，将项目目录设置为当前目录，输入下面的命令：

```
scrapy genspider spider_baidunews news.baidu.com
```

scrapy genspider 是 Scrapy 框架创建的爬虫命令，spider_baidunews 是爬虫模块名称，news.baidu.com 是爬虫要爬取的网站域名。

命令执行后，Scrapy 框架会在项目包目录 spiders 下创建 spider_baidunews.py 模块文件，该模块文件就是爬虫 Spider 类的实现文件。文件代码如下：

```python
import scrapy
class SpiderBaidunewsSpider(scrapy.Spider):
    name = 'spider_baidunews'
```

```
allowed_domains = ['news.baidu.com']
start_urls = ['http://news.baidu.com/']

def parse(self, response):
    pass
```

SpiderBaidunewsSpider 类是爬虫 Spider 类的子类。

属性 name 用于设置爬虫名称，在一个爬虫项目内允许有多个爬虫类，但爬虫名称必须是唯一的。

属性 allowed_domains 用于设置允许爬虫爬取的域名列表，该属性是列表类型，可以设置多个网站域名。

属性 start_urls 用于设置开始爬取的 URL 地址，爬虫将从该列表获取起始的爬取 URL 地址，后续的 URL 将会从爬取到的数据中提取。该属性是列表类型，可以设置多个起始 URL 地址，爬虫将依次爬取列表内的 URL。

parse() 是回调方法，当爬虫完成数据下载后，会自动调用 parse() 方法，并传入生成的 response 实例对象。response 实例对象封装了解析下载数据的方法。该方法返回从下载数据中提取的 Item 实例对象，或者返回 request 实例对象。

图 11-11 所示为 Spider 类的工作流程图。Spider 类将待爬取的 URL 封装为 Request 实例对象，并通过 Scrapy 引擎发送 Request 请求；Scrapy 引擎调用下载管理器下载 Request 请求返回的数据，并生成 Response 实例对象；Scrapy 引擎回调 Request 请求绑定的回调方法，并传入 Response 实例对象。Spider 类默认的回调方法是 parse() 方法。

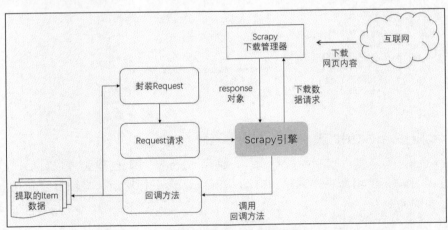

图 11-11　Spider 类工作流程

表 11-7 中列出了 Spider 类的主要属性。

表 11-7　Spider 类的主要属性

属性	描述
name	爬虫名称
allowed_domains	允许爬虫爬取的域名列表

续表

属性	描述
start_urls	爬虫起始爬取的 URL 列表
crawler	指向爬虫实例对象，该属性由 from_crawler() 类方法在初始化类后设置。该属性主要用于爬虫实例对象和 Scrapy 框架的其他组件交换数据
custom_settings	适用于爬虫实例对象内置的配置，该属性为字典类型，该属性中的每个元素是一个配置项，这些配置项为全局配置文件相同的配置项
settings	当前爬虫实例对象的配置，该属性为字典类型
logger	输出日志的实例对象，日志实例对象的名称为爬虫名称。开发者可以使用 logger 输出日志，而不必再实例化一个日志对象

表 11-8 中列出了 Spider 类的主要方法。

表 11-8　Spider 类的主要方法

方法	描述
from_crawler(crawler,*args, **kwargs)	创建 Spider 类实例对象
start_requests()	返回一个可迭代对象，包含进行爬取的 URL
parse(response)	处理请求响应的默认回调方法
log(message[,level, component])	log 日志实例对象，用于输出日志
closed(reason)	当爬虫关闭时，该方法被调用

11.3.12　CrawlSpider 类

CrawlSpider 类是 Spider 类的子类，它继承了 Spider 类的所有属性和方法，同时它定义的一组规则为提取网页中的链接提供了一种方便的机制。

在爬取网站时，网站有很多 URL 指向一些不需要爬取的网址，通过在 CrawlSpider 类添加爬取规则，可以避免爬虫爬取这些内容。

CrawlSpider 类的主要属性参见表 11-9。

表 11-9　CrawlSpider 类的主要属性

属性	描述
rules	存储爬取规则的列表对象，每个爬取规则定义了如何提取 URL 链接，若多个爬取规则匹配同一个链接，则使用出现在列表中的第一个爬取规则

CrawlSpider 类的主要方法参见表 11-10。

表 11-10　CrawlSpider 类的主要方法

方法	描述
parse_start_url(response, **kwargs)	该方法为回调方法，Spider 类的 start_url 属性中的 url 生成的每个响应调用此方法。它允许解析初始响应，并且必须返回 item 对象

Spider 类的 Rule() 方法用于设置爬取规则：

```
Rule(link_extractor=None, callback=None, cb_kwargs=None,follow=None, process_l
inks=None, process_request=None, errback=None)
```

该方法用于设置一个或多个爬取规则。

参数 link_extractor 是一个 LinkExtractor 对象，用于定义需要提取的链接。

参数 callback 是回调方法，用于处理 LinkExtractor 内的 URL 请求返回的响应。

注意：设置爬虫规则，要避免使用 parse 作为回调函数。因为 CrawlSpider 使用 parse 方法来实现其逻辑，如果覆盖了 parse 方法，CrawlSpider 将会运行失败。

参数 cb_kwargs 是传递给回调方法的关键字参数。

参数 follow 是一个布尔值，用于设置根据该规则从 response 提取的链接是否继续爬取。若 callback 为 None，那么 follow 默认设置为 True，否则默认为 False。

参数 process_links 是一个回调方法。若提供了该参数，当提取到一个 URL 链接时，该方法将被调用，主要用于过滤 URL 链接。

参数 process_request 是一个回调方法。若提供了该参数，在发送 Request 请求之前，该方法将被调用，主要用于过滤 Request 请求。

参数 errback 是一个回调方法。若提供了该参数，当发生异常时，该方法将被调用。

LinkExtractor 对象

LinkExtractor 对象是从响应中提取链接的对象。LinkExtractor 类的构造方法为：

```
LinkExtractor(allow=(), deny=(), allow_domains=(), deny_domains=(), deny_extensions=None,
restrict_xpaths=(), restrict_css=(), tags='a', 'area', attrs='href', canonicalize=False,
unique=True, process_value=None, strip=True)
```

构造方法有很多关键字参数。实际上在创建一个 LinkExtractor 实例对象时，不需要传入这么多关键字参数，每个关键字参数都有默认值。其主要参数说明如下。

参数 allow：括号内为提取 URL 链接的正则表达式，与正则表达式匹配的 URL 链接会被提取。若没有提供参数或参数为空，则全部匹配。

参数 deny：括号内为不提取 URL 链接的正则表达式，与正则表达式匹配的 URL 链接将不会被提取。若没有提供参数或参数为空，该参数将被忽略。

参数 allow_domains：URL 链接在 allow_domains 域内会被提取。

参数 restrict_xpaths：括号内为 XPath 表达式，与参数 allow 共同作用过滤 URL 链接。顺序为 XPath 表达式返回节点列表，再由 allow 正则表达式处理节点列表。

11.3.13 配置文件

Scrapy 配置文件存放于项目的根目录下，文件名称是 settings.py。

爬虫项目创建完成后，settings.py 的主要内容如下：

```
BOT_NAME = 'newsbaidu'
SPIDER_MODULES = ['newsbaidu.spiders']
NEWSPIDER_MODULE = 'newsbaidu.spiders'
```

```
ROBOTSTXT_OBEY = True
# 项目新添加的配置项
FEED_EXPORT_ENCODING = 'utf-8'
```

配置文件的注释行没有列出，其中一些默认的配置项也被注释，若要用到这些配置项，需要把注释删除。

配置项是一个键值对，键是配置项的名称，值是配置项的内容。Scrapy 框架应用配置文件中的多个配置项来定制或扩展爬虫的行为和功能，多个配置项为一个配置组，主要有项目信息、数据爬取方式、爬取日志与统计、爬取性能、文件下载、管道、Scrapy 扩展等配置组。

例如在上面的配置文件中，项目信息配置组有下面的配置项：

```
BOT_NAME = 'newsbaidu'
SPIDER_MODULES = ['newsbaidu.spiders']
NEWSPIDER_MODULE = 'newsbaidu.spiders'
```

配置项 `BOT_NAME` 配置了爬虫项目的名称，该名称也是日志记录的名称；配置项 `SPIDER_MODULES` 存储了项目拥有的爬虫模块，配置项的值是一个列表对象，可以存储多个爬虫模块；配置项 `NEWSPIDER_MODULE` 存储了使用 genspide 命令创建新爬虫时，爬虫程序文件存储的包路径。

项目添加的配置项 `FEED_EXPORT_ENCODING` 用于解决中文编码问题，该配置项可以设置输出文件的字符编码方式，Scrapy 输出文件的默认字符编码是 ASCII，ASCII 编码不能表示中文字符，因此在输出的 JSON 文件内，中文字符会显示为十六进制形式的字符编码。要解决这个问题，需要在 setting.py 文件中添加配置项 `FEED_EXPORT_ENCODING`，将 Scrapy 输出文件字符编码设置为 utf-8。

11.3.14 Pipeline 管道类

如图 11-12 所示，Pipeline 管道类用于处理爬虫爬取的 Item 数据，Item 数据装配完成后，会提交给 Pipeline 管道类，Pipeline 管道类会对 Item 数据做进一步处理，包括数据的清洗、验证和存储。Pipeline 管道类最终会决定爬取的 Item 数据是否保留。

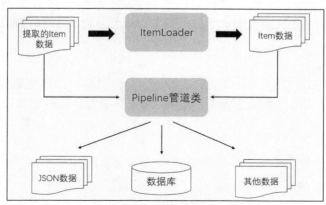

图 11-12　Pipeline 管道类的工作流程

Item 数据可以直接提交给 Pipeline 管道类，也可以通过 ItemLoader 类处理后再提交给 Pipeline 管道类。

Pipeline 管道类会对 Item 数据做进一步处理，包括数据的清洗和验证。若 Item 数据有问题，可以直接放弃该数据；若 Item 数据没有问题，则存储 Item 数据，可以以多种方式存储 Item 数据，根据爬虫的目的和需求，可以将 Item 数据存储到数据库，也可以存储为 JSON 数据或其他数据格式。

项目创建后，Scrapy 框架会自动创建一个管道类，模块名称是 pipelines.py，该管道类对 Item 数据不做任何处理，直接返回 Item 数据。pipelines.py 代码如下：

```
from itemadapter import ItemAdapter
class NewsbaiduPipeline:
    def process_item(self, item, spider):
        return item
```

从给出的代码也可以看出，NewsbaiduPipeline 管道类对传入的 Item 数据不做任何处理，直接返回 Item。若程序需要验证 Item 数据或存储到数据库，可以在这里添加相关代码。

Pipeline 管道类是一个独立的 **Python** 类，该类必须实现下面的方法：

```
process_item(self, item, spider)
```

该方法用于处理传入的 item 数据项，并且必须返回一个处理后的 **Item** 对象，或者直接返回原 item 对象。若该方法没有返回 **Item** 对象，后续的 Pipeline 管道类将停止处理 **Item** 对象。

参数 item 是传入的 **Item** 实例对象。

参数 spider 是爬虫实例对象。

另外，Pipeline 管道类也可以实现下面的两个方法。

```
open_spider(self, spider)
```

当爬虫启动时，该方法被调用。若程序需要在爬虫启动时，对 Pipeline 管道类进行初始化，可以在该方法内部进行。

```
close_spider(spider)
```

当爬虫关闭时，该方法被调用。若程序需要在爬虫关闭时，释放管道类使用的资源，可以在该方法内部进行。

启动 Pipeline 管道

Scrapy 创建的爬虫项目包含了一个默认的 **Pipeline** 模块文件，模块文件名称是 pipelines.py，该管道默认是关闭的，爬取数据的处理流程并不包括该管道。若启动该管道，需要修改配置文件 ITEM_PIPELINES 配置项，默认配置文件中 ITEM_PIPELINES 配置项是被注释掉的，删除相关语句的注释即可：

```
ITEM_PIPELINES = {
    'newsbaidu.pipelines.NewsbaiduPipeline': 300,
}
```

`ITEM_PIPELINES` 配置项的值是字典对象，字典对象的每个元素是一个 `Pipeline` 管道类，可以添加多个 `Pipeline` 管道类。`key` 是 `Pipeline` 管道类的类名称，`value` 是一个整数，该整数确定了多个 `Pipeline` 管道类的运行顺序，`Item` 数据将按照运行顺序依次被处理。通常将这些数字定义在 0～1000 范围内（0～1000 随意设置，数值越低，对应的 `Pipeline` 管道类的运行顺序越靠前）。

在 `Pipeline` 管道类处理链中，任一 `Pipeline` 管道类若没有返回处理后的 `Item` 数据项，Scrapy 将停止处理 `Item` 数据项。

11.4 爬取互联网文本内容

学习目标：掌握 CrawlSpider 类的使用方法，能够编写复杂的爬虫项目。

11.4.1 任务描述

CrawlSpider 爬虫将从百度新闻首页爬取，过滤掉所有非百家号文章的链接，下载百家号文章网页，从百家号文章网页提取文章内容存储到 CSV 文件。

具体开发过程遵循下面的步骤：

（1）使用 Scrapy 命令创建 CrawlSpider 爬虫；

（2）定义一个存储百家号文章的 Item 数据容器；

（3）定义数据处理 ItemLoader 类，用于删除文章内容的 HTML 标签；

（4）定义 Pipeline 管道类，将爬取的数据存储到 CSV 文件；

（5）编辑 CrawlSpider 爬虫代码。

11.4.2 创建 CrawlSpider 爬虫

使用下面的命令创建 CrawlSpider 爬虫：

```
scrapy genspider -t crawl spider_bjhbaidu https: //news.baidu.com
```

创建爬虫命令使用命令选项-t 设置爬虫的模板，`crawl` 是爬虫模板，`spider_bjhbaidu` 是爬虫名称，`https: //news.baidu.com` 是该爬虫要爬取的网站域名。

设置项目所在目录为当前工作目录，在 Windows 命令行窗口输入下面的命令：

```
scrapy genspider -t crawl spider_bjhbaidu https://news.baidu.com
```

命令执行完成后，在项目的 spiders 目录下创建模块文件 spider_bjhbaidu.py，该模块文件就是 CrawlSpider 爬虫代码。

```
import scrapy
from scrapy.linkextractors import LinkExtractor
from scrapy.spiders import CrawlSpider, Rule

class SpiderBjhbaiduSpider(CrawlSpider):
    name = 'spider_bjhbaidu'
    allowed_domains = ['https://news.baidu.com']
```

```
    start_urls = ['https://news.baidu.com/']

    rules = (
        Rule(LinkExtractor(allow=r'Items/'), callback='parse_item', follow=True),
    )

    def parse_item(self, response):
        item = {}
        #item['domain_id'] = response.xpath('//input[@id="sid"]/@value').get()
        #item['name'] = response.xpath('//div[@id="name"]').get()
        #item['description'] = response.xpath('//div[@id="description"]').get()
        return item
```

从代码中可以看出，SpiderBjhbaiduSpider 继承了 CrawlSpider 类，Request 请求响应默认处理的方法是 parse_item()，该方法替换了 parse() 方法。CrawlSpider 中不能再创建以 parse 为名字的请求响应处理方法，这个方法被 CrawlSpider 用来实现基础 url 提取等功能。

代码中的 rules 定义了一个 URL 提取规则，Rule() 方法返回一个规则。Rule() 方法的第一个参数是 LinkExtractor 实例对象，它使用正则表达式和 XPath 表达式来过滤从网页中提取的 URL 链接；Rule() 方法的第二个参数 callback 用来设置请求响应的回调方法，默认的回调方法是 parse_item；Rule() 方法的第三个参数 follow 用于设置根据该规则从 response 提取的链接是否继续爬取。

在编写爬虫代码之前，需要先完成 Item 数据容器、数据处理类 ItemLoader 类、Pipeline 管道类的定义。

11.4.3　定义 Item 数据容器

百家号文章存储 4 个数据项（也称为字段），分别是作者、文章标题、文章内容、发布时间。

在百度新闻项目包目录下，新建 article_item.py 模块文件。代码如下：

```
import scrapy
# 定义结构化数据 Article 类
# Article 类继承 scrapy.Item 类
class Article(scrapy.Item):
    # 定义 title 数据项，存储文章标题
    title = scrapy.Field()
    # 定义 author 数据项，存储文章作者
    author = scrapy.Field()
    # 定义 content 数据项，存储文章内容
    content = scrapy.Field()
    # 定义 date 数据项，存储文章发布时间
    date = scrapy.Field()
```

11.4.4　定义数据处理 ItemLoader 类

百家号文章数据爬取完成后，需要对数据进行处理（也称为清洗），过滤掉非必要的数据，提取需要的数据，清洗前的数据称为脏数据。

在清洗任何脏数据之前，首先要理解脏数据的构成，才能确定要对哪些数据进行清洗。ItemLoader 类主要对百家号文章的 4 项数据进行清洗。

1．文章标题数据的清洗

观察百家号文章网页的源代码，文章标题数据项构成如下：

```
<div class="article-title"><h2>工程师招聘规模削减约三成降至七千人</h2></div>
```

在爬虫类的解析方法中可以使用 XPath 表达式直接提取干净且完整的标题内容，该数据项无须进行清洗。

2．文章作者数据的清洗

观察百家号文章网页的源代码，文章作者的数据项构成如下：

```
<p class="author-name">科技新闻</p>
```

可以使用 XPath 直接提取作者名称，该数据项无须进行清洗。

3．文章内容数据的清洗

观察百家号文章网页的源代码，文章内容为 HTML 数据，需要对文章内容进行清洗，过滤掉 HTML 标签。

4．文章发布时间数据的清洗

观察百家号文章网页的源代码，文章发布时间数据项构成如下：

```
<span class="date">发布时间：10-06</span>
```

爬虫提取的发布时间不是标准时间格式，需要对提取的发布时间进行清洗，将时间转换为标准时间格式：**XXXX-XX-XX**（如 2020-10-06）。

在百度新闻项目包目录下，新建 article_itemload.py 模块文件。代码如下：

```python
# 导入时间处理类 datetime
from datetime import datetime
# 导入默认的处理器
from scrapy.loader.processors import Compose
# 导入 ItemLoader 类
from scrapy.loader import ItemLoader
# 导入正则模块
import re

# 列表转换为字符串对象
def tostring(value):
    if type(value) is list:
        data = ""
        # 合并列表元素
        for item in value:
            data += item
        return data


# 删除所有 HTML 标签，仅保留文本
def remove_tag(value):
    pattern = re.compile(r'<[^>]+>',re.S)
```

```
    result = pattern.sub('',value)
    return result

# 转换为标准时间格式 XXXX-XX-XX
def convert_date(date):
    # 获取当前年份
    value = str(datetime.now().year) + "-"
    for ch in date:
        if ch.isdigit() or ch == '-':
            value+=ch
    return value

# 定义 BaiJiaHaoLoader 类，用于对数据的清洗
# BaiJiaHaoLoader 类继承 ItemLoader 类
class BaiJiaHaoLoader(ItemLoader):

    # 定义数据项 content 输入处理器
    content_in =  Compose(tostring,remove_tag)

    # 定义数据项 date 的输入处理器
    date_in = Compose(tostring,convert_date)
```

tostring(value) 函数将列表所有的元素合并为一个字符串对象。

remove_tag(value) 函数使用正则表达式过滤掉 value 所有的 HTML 标签。

convert_date(date) 函数将提取的时间转换为标准时间格式 XXXX-XX-XX。

11.4.5　定义 Pipeline 管道类

爬取的数据要存储到 CSV 文件，因此要定义一个负责存储爬取数据的 Pipeline 管道类。在项目包目录下，新建 pipelinesbjhcsv.py 模块文件，代码如下：

```
# 导入 csv 模块
import csv
import os

class BjhPipeline:

    # 定义构造方法，打开 CSV 文件
    def __init__(self):

        # 定义 CSV 文件的存储路径
        store_file = os.path.dirname(__file__) + '/bjh.csv'
        # 以 a+模式创建 CSV 文件
        self.file = open(store_file,'a+',newline='')
        # 实例化 writer 对象
        self.writer = csv.writer(self.file)

    def process_item(self, item, spider):

        # 获得 item 数据项适配器
        adapter = ItemAdapter(item)
        if adapter:
            # row 为列表对象
            row = [adapter['title'][0],
```

```
                    adapter['author'][0],
                    adapter['content'][0],
                    adapter['date'][0]]
            # row 写入 CSV 文件
            self.writer.writerow(row)
        return item

    # 爬虫程序关闭时，该方法被调用
    def close_spider(self,spider):
        # 关闭文件
        self.file.close()
```

11.4.6　编辑 CrawlSpider 爬虫代码

最后的工作是编辑 CrawlSpider 爬虫代码，CrawlSpider 爬虫在前面已经创建成功，爬虫模块文件名称是 spider_bjhbaidu.py。

完整的 spider_bjhbaidu.py 代码如下：

```
# 导入 Item 数据类 Article
from newsbaidu.article_item import Article
# 导入 scrapy 选择器
from scrapy.selector import Selector
# 导入 BaiduNewsLoader
from newsbaidu.article_itemload import BaiJiaHaoLoader
# 导入 scrapy
import scrapy
from scrapy.linkextractors import LinkExtractor
from scrapy.spiders import CrawlSpider, Rule

class SpiderBjhbaiduSpider(CrawlSpider):
    name = 'spider_bjhbaidu'
    allowed_domains = ['https://news.baidu.com/','baijiahao.baidu.com']
    start_urls = ['https://news.baidu.com/']
    # 定义爬虫内置配置项，覆盖配置文件的配置项
    # 配置爬虫使用的管道类
    custom_settings = {
            'ITEM_PIPELINES':{
                    'newsbaidu.pipelinesbjhcsv.BjhPipeline': 302,
            }
    }
    # 定义爬取规则，仅爬取包含 baijiahao.baidu.com 的链接
    rules = (
        Rule(LinkExtractor(allow=r'.*baijiahao.baidu.com.*'), callback='parse_item',
            follow=True),
    )

    def parse_item(self, response):
        # 获取爬取下来的网页代码
        html = response.text
        # 实例化 BaiJiaHaoLoader 对象
        loader = BaiJiaHaoLoader(item=Article(), selector=Selector(response=response))
        # 获取标题数据项
        loader.add_xpath("title","//div[@class='article-title']/h2/text()")
        # 获取文章作者数据项
```

```
loader.add_xpath("author","//div[@class='author-txt']/p/text()")
# 获取文章发布时间数据项
loader.add_xpath("date","//span[@class='date']/text()")
#获取文章内容
content = response.xpath("//div[@class='article-content']/*").extract()
loader.add_value("content",content)
value = loader.get_collected_values("title")
# 若 value 不为 None，调用 yield 语句返回 Item 数据项
# 过滤掉无内容的链接
if value:
    yield loader.load_item()
```

BjhPipeline 管道类并没有放置在项目的配置文件内，而是在爬虫内使用属性 custom_settings 进行配置，避免了 Scrapy 调用配置文件配置的管道类。

完整项目代码参见图书资源 unit11/ newsbaidu。

11.5　爬取互联网图片

学习目标：通过爬取图片案例，掌握 Scrapy 管道对象，并通过 Scrapy 管道对象存储爬取的数据。

11.5.1　任务描述

百度新闻爬虫项目的 SpiderBjhbaiduSpider 爬虫仅爬取了文章作者、发布时间、标题和文章内容。在某些情况下，我们还需要爬取文章中的图片，把图片下载到本地。

11.5.2　图片管道对象

Scrapy 专门提供了一个用于下载网络图片的管道类 ImagesPipeline，它可以将图片下载到本地，并将图片格式转换为 JPG 格式，也可以生成缩略图，并避免重复下载已有的图片。

图像管道类需要 Pillow 4.0.0 或更高版本，Pillow 是 Python 的图形处理库，图像管道类使用该库将下载的图片生成缩略图和转换为 JPEG 格式。

`ImagesPipeline` 类继承 `FilesPipeline` 类，表 11-11 中列出了 `ImagesPipeline` 类及父类的主要方法。

表 11-11　`ImagesPipeline` 类的主要方法

方法	描述	注释
`file_path(self, request)`	父类方法，该方法仅被调用一次，用于设置文件（图片）下载路径	（1）
`get_media_requests(item,info)`	父类方法，获取下载文件（图片）的 URL 请求	（2）
`item_completed(results,item,info)`	父类方法，文件（图片）下载完成后，该方法被调用	（3）

注释

（1）方法声明如下：

```
file_path(self, request, response=None, info=None, *, item=None)
```

该方法是 `FilesPipeline` 类提供的方法，返回 `request` 请求文件的下载路径。该方法仅被调用一次，使用该方法可以设置文件的下载路径。

若重写该方法，可以设置文件的下载路径。若不重写该方法，Scrapy 会把文件下载到默认路径。

参数 `request` 是请求下载文件的 URL，其他参数都是空值。

案例代码如下：

```
import os
from urllib.parse import urlparse
from scrapy.pipelines.images import ImagesPipeline
class MyImagesPipeline(ImagesPipeline):
    def file_path(self, request, response=None, info=None, *, item=None):
        return 'files/' + os.path.basename(urlparse(request.url).path)
```

案例代码自定义了 `MyImagesPipeline` 管道类，继承于 `ImagesPipeline` 类。它重写了 `file_path()` 方法，返回 `request.url` 的下载路径。

（2）方法声明如下：

```
get_media_requests(item, info)
```

该方法是 `FilesPipeline` 类提供的方法，返回需要下载文件的 `request`，重写该方法，可以确认哪些文件需要下载，并生成 `request` 请求。下载文件的 url 来自 item 数据类。

参数 item 是 Item 数据类。若需要下载网页中的文档、图片、音视频等文件。需要在定义 Item 数据类时，添加 `file_urls` 字段，该字段存储了需要下载文件的 URL。下载不同格式的文件时，存储 URL 的字段名称也不相同，具体命名见表 11-12。

表 11-12 下载不同文件类型的字段名称

文件类型	字段名称
图片文件	image_urls
其他文件（如文档、音视频文件）	file_urls

Item 数据类案例代码如下：

```
import scrapy
# 定义结构化数据 Article 类
# Article 类继承 scrapy.Item 类
class Article(scrapy.Item):
    # 定义 title 数据项，存储文章标题
    title = scrapy.Field()
    # 定义 author 数据项，存储文章作者
    author = scrapy.Field()
    # 定义 content 数据项，存储文章内容
    content = scrapy.Field()
    # 定义 date 数据项，存储文章发布时间
    date = scrapy.Field()
    # 定义 image_urls 数据项，存储图片文件下载路径
```

```
        image_urls = scrapy.Field()
```

get_media_requests 案例代码如下：

```
from itemadapter import ItemAdapter
def get_media_requests(self, item, info):
    adapter = ItemAdapter(item)
    # 遍历 image_urls，返回 request 对象
    for url in adapter[' image_urls ']:
        yield scrapy.Request(url)
```

（3）方法声明如下：

```
item_completed(results, item, info)
```

FilesPipeline 类提供的方法。当文件下载完成后，该方法被调用。该方法主要用于文件下载后的处理。若需要存储下载文件的路径，可以在 Item 类添加一个存储下载路径的字段（如 image_paths），在方法内获取下载文件的路径，并存储到该字段内。

参数 results 是一个二元组，二元组的结构如下：

```
(success, file_info_or_error)
```

success 是一个布尔值，如果文件下载成功，则为 True；若下载失败，则为 False。

file_info_or_error 是一个字典对象，包含下面的键值对：

url 代表下载文件的 URL，这是从 get_media_requests() 方法返回请求的 url。

path 代表下载文件的存储路径。

checksum 代表下载文件内容的 MD5 哈希。

status 代表下载文件的状态。

参数 results 样例：

```
(True,
  {'checksum': '2b00042f7481c7b056c4b410d28f33cf',
   'path': 'full/0a79c461a4062ac383dc4fade7bc09f1384a3910.jpg',
   'url': 'http://www.example.com/files/product1.pdf',
   'status': 'downloaded'}
)
```

参数 item 是传入的 Item 实例对象，可以将下载文件路径存储到该实例对象内。

11.5.3 使用图片管道对象

爬取百家号文章时，同时下载文章内引用的图片。具体开发过程遵循下面的步骤。

（1）在 article_item.py 添加 image_urls、image_paths 数据项，代码如下：

```
import scrapy
# 定义结构化数据 Article 类
# Article 类继承 scrapy.Item 类
class Article(scrapy.Item):
    # 定义 title 数据项，存储文章标题
    title = scrapy.Field()
    # 定义 author 数据项，存储文章作者
```

```
author = scrapy.Field()
# 定义 content 数据项，存储文章内容
content = scrapy.Field()
# 定义 date 数据项，存储文章发布时间
date = scrapy.Field()
# 定义 image_urls 数据项，存储图片文件 URL 路径
image_urls = scrapy.Field()
# 定义 image_paths 数据项，存储图片文件下载路径
image_paths = scrapy.Field()
```

数据项 image_urls 存储百家号文章内所有的图片 URL，爬虫处理函数提取文章内容所有 img 标签的 src 属性值，并赋值给该数据项。数据项 image_paths 存储已下载图片文件的存储路径（包括图片文件名称）。

（2）在项目包目录下建立 **pipelinesbjhimg.py** 文件，创建 BjhImagesPipeline 管道类，用于处理下载的图片，代码如下：

```
# 导入 os 模块
import os
# 导入 scrapy
import scrapy
# 导入适配器
from itemadapter import ItemAdapter
# 导入 urlparse 模块
from urllib.parse import urlparse
# 导入 ImagesPipeline 模块
from scrapy.pipelines.images import ImagesPipeline
# 导入 Scrapy 异常处理模块
from scrapy.exceptions import DropItem

class BjhImagesPipeline(ImagesPipeline):
    # 图片文件重命名(包含后缀名)，若不重写该函数，图片名默认为图片内容的哈希值
    def file_path(self, request, response=None, info=None, *, item=None):
        # 图片文件名称取 URL 中的图片名称
        return os.path.basename(urlparse(request.url).path)

    # 设置需要下载的图片 URL，并返回图片 request
    def get_media_requests(self, item, info):
        # 遍历 image_urls 数据项，为每个图片 URL 生成 request 请求
        for image_url in item['image_urls']:
            yield scrapy.Request(image_url)

    # 存储图片下载路径
    def item_completed(self, results, item, info):
        # result 是一个包含元组的列表
        # 元组包含两个值，第一个代表状态 True/False,
        # 第二个值是一个 dict 对象，若元素状态为 True 则取 dict 中的 path 值
        image_paths = [x['path'] for ok, x in results if ok]
        # 若 image_paths 为空，说明下载失败
        # 抛出 DropItem 异常
        if not image_paths:
            raise DropItem("图片文件下载失败")
        # 获取 Item 的适配器
        adapter = ItemAdapter(item)
        # 存储 image_paths
```

```
        adapter['image_paths'] = image_paths
        return item
```

代码使用的 `DropItem` 是 **Scrapy** 提供的异常类，用于在 `Pipeline` 管道类抛出异常，并停止处理 Item。

`get_media_requests()` 方法从数据项 `image_url` 提取所有的图片 URL，并生成 `Request` 请求。

`file_path()` 方法返回要存储的图片文件名称，若不重写该方法，图片文件名称默认为图片内容的哈希值。

`item_completed()` 方法处理下载完成的图片，利用列表解析表达式从返回 `results` 结构中的字典数据提取 `key` 作为 `path` 的值，`path` 存储了图片的下载路径（包括图片文件名称），若列表解析表达式生成的列表为空，则使用 `raise` 语句抛出 `DropItem` 异常，停止对 Item 数据项的处理。

（3）修改 **pipelinesbjhcsv.py** 文件，添加 `image_urls`、`image_paths` 字段输出。修改后的代码如下：

```
from itemadapter import ItemAdapter
# 导入 csv 模块
import csv
import os

class BjhPipeline:

    # 定义构造方法，打开 CSV 文件
    def __init__(self):

        # 定义 CSV 文件的存储路径
        store_file = os.path.dirname(__file__) + '/bjh.csv'
        # 以 a+模式创建 CSV 文件
        self.file = open(store_file,'a+',newline='')
        # 实例化 writer 对象
        self.writer = csv.writer(self.file)

    def process_item(self, item, spider):

        # 获得 item 数据项适配器
        adapter = ItemAdapter(item)
        if adapter:
            # row 为列表对象
            row = [adapter['title'][0],
                   adapter['author'][0],
                   adapter['content'][0],
                   adapter['image_urls'],
                   adapter['image_paths']]
            # row 写入 CSV 文件
            self.writer.writerow(row)
        return item

    # 爬虫程序关闭时，该方法被调用
    def close_spider(self,spider):
        # 关闭文件
        self.file.close()
```

image_paths 数据项存储了百家号文件内所有已下载的图片存储路径，该结构是一个列表。在后续处理数据时，可以从 CSV 文件中提取文章对应的全部下载图片。

（4）修改 settings.py 配置文件，在配置文件的尾部添加配置项 IMAGES_STORE，该配置项用于存储图片下载存储路径。

```
IMAGES_STORE = os.path.join(os.path.dirname(os.path.dirname(__file__)),"images")
```

上述配置项将下载图片存储到项目目录下的 images 目录，Scrapy 会自动创建 images 目录。

（5）修改 spider_bjhbaidu.py 爬虫文件，添加图片处理管道类，对新添加的 image_urls 字段赋值。修改后完整代码如下：

```
from newsbaidu.article_item import Article
# 导入 scrapy 选择器
from scrapy.selector import Selector
# 导入 BaiduNewsLoader
from newsbaidu.article_itemload import BaiJiaHaoLoader
# 导入 scrapy
import scrapy
from scrapy.linkextractors import LinkExtractor
from scrapy.spiders import CrawlSpider, Rule

class SpiderBjhbaiduSpider(CrawlSpider):
    name = 'spider_bjhbaidu'
    allowed_domains = ['https://news.baidu.com/','baijiahao.baidu.com']
    start_urls = ['https://news.baidu.com/']
    # 定义爬虫内置配置项，覆盖配置文件的配置项
    # 配置爬虫使用的管道类
    custom_settings = {
            'ITEM_PIPELINES':{
                'newsbaidu.pipelinesbjhcsv.BjhPipeline': 310,
                'newsbaidu.pipelinesbjhimg.BjhImagesPipeline': 303,
            }
    }
    # 定义爬取规则，仅爬取包含 baijiahao.baidu.com 的链接
    rules = (
        Rule(LinkExtractor(allow=r'.*baijiahao.baidu.com.*'), callback='parse_item',
            follow=True),
    )

    def parse_item(self, response):
        # 获取爬取下来的网页代码
        html = response.text
        # 实例化 BaiJiaHaoLoader 对象
        loader = BaiJiaHaoLoader(item=Article(), selector=Selector(response=response))
        # 获取标题数据项
        loader.add_xpath("title","//div[@class='article-title']/h2/text()")
        # 获取文章作者数据项
        loader.add_xpath("author","//div[@class='author-txt']/p/text()")
        # 获取文章发布时间数据项
        loader.add_xpath("date","//span[@class='date']/text()")
        #获取文章内容
        content = response.xpath("//div[@class='article-content']/*").extract()
```

```
                loader.add_value("content",content)
                #获取图片路径
                imgurl = response.xpath("//div[@class='article-content']//img/@src").extract()
                loader.add_value("image_urls",imgurl)
                #获取 title 数据项
                value =  loader.get_collected_values("title")
                # 若 value 不为 None, 调用 yield 语句返回 Item 数据项
                # 过滤掉无内容的链接
                if value:
                    yield loader.load_item()
```

custom_settings 属性配置了两个管道类, 处理 Item 数据项的顺序是 BjhImagesPipeline、BjhPipeline。

在 parse_item() 函数内, 提取文章内容所有 img 标签的 src 属性值, 并赋值给 Item 数据项 image_urls。

（6）运行 SpiderBjhbaiduSpider 爬虫。

11.5.4　生成缩略图

可以在下载图像时使 Scrapy 自动生成缩略图, 具体方法是在 settings.py 配置文件中添加缩略图配置项：

```
# 配置缩略图
IMAGES_THUMBS = {
 'small': (32, 32),
    'big': (160, 160),
}
```

IMAGES_THUMBS 配置项是字典对象, small 设置小缩略图的尺寸, big 设置大缩略图的尺寸。

缩略图存储在下载图片目录下的 thumbs 子目录内, thumbs 目录下有 big 和 small 子目录, big 目录存储大缩略图, small 存储小缩略图。

11.5.5　图片最近下载延迟调整

Scrapy 下载某图片后, 在一个时间段内不会重复下载该图片（该时间段也称为过期天数）, 默认过期天数是 90 天。若要调整该时间段, 可以在 settings.py 配置文件中添加配置项 IMAGES_EXPIRES, 该配置项用于设置过期天数。

```
# 配置过期天数为 30 天
IMAGES_EXPIRES = 30
```

项目全部代码见图书资源 unit11\ distribution_newsbaidu。

11.6　爬取互联网文件

学习目标：通过爬取 matplotlib 案例源代码, 掌握开发爬虫项目的开发过程和方法。

11.6.1　任务描述

编写一个爬虫程序，下载 matplotlib 网站的案例源代码。

11.6.2　分析网站

下载 matplotlib 网站的案例源代码，需要了解 matplotlib 网站结构，找到案例源代码网页，然后对案例源代码网页进一步分析，编写 XPath 表达式提取案例源代码的下载链接。

通过对 matplotlib 网站观察分析得知，matplotlib 网站的所有案例网页链接都在 Examples 网页内，读者可以通过搜索引擎找到该网站的首页。

观察网站的 index.html 网页源代码，发现所有案例网页链接标签<a>的 href 属性值都包含子串"-py"，利用子串"-py"可以把所有案例网页链接提取出来，并过滤掉不需要的链接。

某<a>标签代码如下：

```
<a class="reference internal" href="images_contours_and_fields/image_nonuniform.
html#sphx-glr-gallery-images-contours-and-fields-image-nonuniform-py"><span class="std std-ref">
Image Nonuniform</span></a>
```

提取网页内全部<a>标签的 href 属性值的 XPath 表达式如下：

```
//a[contains(@href,'-py')]/@href
```

1．检测 XPath 表达式的正确性

使用 Scrapy shell 命令检测 XPath 表达式的正确性，在 PyCharm 的终端窗口输入下面的命令：

```
scrapy shell https://www.matplotlib.org/gallery/index.html
```

命令执行后，shell 会爬取指定的 url 网页，并返回 response 实例对象。对象变量名称为 response，开发者可以使用 response 来执行内容提取测试任务，如图 11-13 所示。

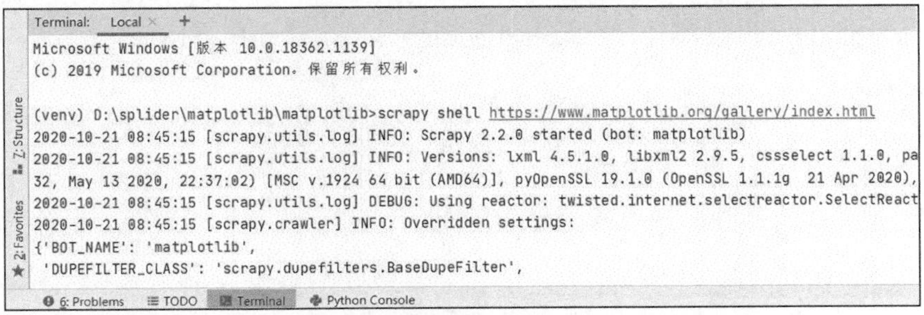

图 11-13　PyCharm 终端窗口执行命令结果

在 PyCharm 终端窗口 shell 环境下，输入下面的命令验证 XPath 表达式的正确性：

```
response.xpath("//a[contains(@href,'-py')]/@href").extract()
```

命令执行后，在 PyCharm 终端窗口会列出提取的网页案例 URL，若提取内容不符合要求，需要进一步分析网页结构，修改 XPath 表达式。

2．分析下载页面

接下来分析下载页面，单击 index.html 网页的案例代码链接即可进入案例代码下载网页，观察下载网页源代码，文件下载链接代码如下（已简化）：

```
<a class="reference download internal" download="" href="../../_downloads/
79cca01aa25ff65b23b051f7e4ca55f5/linestyles.py"></a>
```

编写下面的 XPath 表达式即可提取文件下载 URL：

```
//a[@class='reference download internal']/@href
```

11.6.3　定义数据项

项目目标主要是下载 matplotlib 网站的源代码，不需要存储爬取的数据，因此只需要在 Item 类定义下载文件必须的数据项即可。

在 PyCharm 编辑 items.py 文件，定义 file_urls 和 files 数据项。编辑代码如下：

```
import scrapy
class MatplotlibItem(scrapy.Item):
    # 案例分类
    catalog = scrapy.Field()
    # 定义 file_urls 数据项，存储源代码文件 URL 路径
    file_urls = scrapy.Field()
    # 定义 files 数据项，存储源代码下载路径
    files = scrapy.Field()
```

11.6.4　文件下载管道类

Scrapy 专门提供了一个用于下载文件的管道类 FilesPipeline 类，该管道类提供了 file_path()、get_media_requests()、item_completed()三种重写方法，可以设置源代码文件存储路径、过滤准备要下载的源代码文件 URL、进一步处理下载完成的源代码文件。

在爬虫 matplotlib 包目录下，编辑 pipelines.py 文件，代码如下：

```
# 导入 os 模块
import os
# 导入 scrapy
import scrapy
# 导入适配器
from itemadapter import ItemAdapter
# 导入 urlparse 模块
from urllib.parse import urlparse
# 导入 ImagesPipeline 模块
from scrapy.pipelines.files import FilesPipeline
# 导入 Scrapy 异常处理模块
from scrapy.exceptions import DropItem
class MatplotlibPipeline(FilesPipeline):

    # 设置源代码文件存储路径
    def file_path(self, request, response=None, info=None):
        # 从 request 对象的 meta 字典获取 Item 数据项
        item = request.meta.get('item')
        # 获取 catalog 数据项，该数据项存储了案例类别
        catalog = item['catalog']
```

```
        filename = os.path.basename(urlparse(request.url).path)
        return '%s/%s' % (catalog,filename)

    # 设置需要下载的文件 URL，并返回文件 request
    # def get_media_requests(self, item, info):
        # 遍历 file_urls 数据项，为每个文件 URL 生成 request 请求
        for file_url in item['file_urls']:
            # 设置 meta 字典，传递 Item 数据项
            yield scrapy.Request(file_url,meta={'item': item})

    # 存储文件下载路径
    def item_completed(self, results, item, info):
        # result 是一个包含元组的列表
        # 元组包含两个值，第一个代表状态 True/False
        # 第二个值是一个 dict 对象，若元素状态为 True 则取 dict 中的 path 值
        file_paths = [x['path'] for ok, x in results if ok]
        # 若 file_paths 为空，说明下载失败
        # 抛出 DropItem 异常
        if not file_paths:
            raise DropItem("文件下载失败")
        # 获取 Item 的适配器
        adapter = ItemAdapter(item)
        # 存储 image_paths
        adapter['files'] = file_paths
        return item
```

11.6.5 修改配置文件

修改配置文件，添加管道类配置项和文件存储路径配置项。

（1）添加管道类配置项

```
ITEM_PIPELINES = {
    'matplotlib.pipelines.MatplotlibPipeline': 300,
}
```

在配置文件中该配置项已经存在，只需要删除语句前面的注释符即可启用。

（2）添加文件存储路径配置项

爬虫需要从配置文件读取下载文件的存储路径，在配置文件的尾部添加文件存储路径配置项：

```
# 下载文件存储路径配置项
FILES_STORE = os.path.join(os.path.dirname(os.path.dirname(__file__)),"source")
```

该配置项使用了 os 模块，因此需要在配置文件头部导入 os 模块。下载文件存储路径设置为爬虫项目目录下的 source，爬虫会自动创建 source 目录。

11.6.6 编辑爬虫文件

修改 SpiderMatplotlibSpider 爬虫类，代码如下：

```
import scrapy

from matplotlib.items import MatplotlibItem
```

```
class SpiderMatplotlibSpider(scrapy.Spider):
    name = 'spider_matplotlib'
    allowed_domains = ['www.matplotlib.org']
    start_urls = ['https://www.matplotlib.org/gallery/index.html']

    def parse(self, response):
        # 获取爬取下来的网页代码
        html = response.text
        # 提取案例代码网页链接
        source_link = response.xpath("//a[contains(@href,'-py')]/@href").extract()
        # 处理提取的案例代码网页链接
        for link in source_link:
            # 获取 link 的绝对 URL
            url = response.urljoin(link)
            # 发送 request 请求
            request = scrapy.Request(url, callback=self.parse_source_link, dont_filter=True)
            yield request


    # 处理案例代码网页
    def parse_source_link(self, response):
        # 实例化 MatplotlibItem 对象
        item = MatplotlibItem()
        # 从 URL 提取案例分类
        catalog = response.url.split('/')[-2]
        # 赋值 Item 类的 catalog 数据项
        item["catalog"] = catalog
        # 提取文件下载 URL
        down_link = response.xpath("//a[@class='reference download internal']/@href").
extract()
        # 相对 URL 转换为绝对 URL
        item["file_urls"] = [response.urljoin(link) for link in down_link]
        # 使用 yield 语句返回 item 给 parse 的调用者
        yield item
```

parse()方法用于提取 index.html 所有案例网页 URL，对每个案例网页 URL 发送 request 请求。

parse_source_link()方法解析案例网页，提取案例分类和文件下载 URL，并创建 Item 实例对象进行后续处理。

11.6.7 运行爬虫

在 PyCharm 环境中，若编写 py 文件来运行爬虫程序，PyCharm 可能不识别 Scrapy 命令。具体运行方法如下：

（1）在 PyCharm 环境中打开终端窗口，在终端窗口将当前工作目录切换到爬虫项目目录（课程案例是在图书资源 unit11\matplotlib\matplotlib 目录下）。

```
D: \unit11\matplotlib\matplotlib>
```

（2）输入 Scrapy 运行爬虫命令：

```
scrapy crawl spider_matplotlib -o items.json
```

　　爬虫运行完成后，会将下载文件存储到爬虫项目目录下的 source 目录，在 source 目录内建立分类目录，分类目录内为下载的文件。

　　项目全部代码见图书资源 unit11\matplotlib。

11.7　编程练习

需求描述

（1）从介绍图书信息的网站爬取图书的名称、作者、页数、价格和目录信息；

（2）把爬取的图书信息存储到 CSV 文件，将每本图书的信息作为一条记录；

（3）对爬取的图书信息进行分析，生成基于 Excel 的用户信息透视表，透视表的列数据根据爬取的图书信息定义。

第 12 章
PDF 文档处理自动化

12.1 批量合并 PDF 文档

学习目标：掌握合并多个 PDF 文档的程序设计方法，初步使用 PyPDF2 库处理 PDF 文件。

批量合并 PDF 文档

12.1.1 安装 PyPDF2

PyPDF2 是一个用于处理 PDF 文件的第三方库，它提供了读写、拆分、合并 PDF 文件的功能。进入操作系统的命令行窗口，在命令行窗口输入并执行下面的命令：

```
pip3 install pypdf2
```

即可安装 PyPDF2。

12.1.2 读取 PDF

PyPDF2 库的 `PdfFileReader` 对象用于读取 PDF 文件，`PdfFileReader` 对象的构造方法声明如下：

```
PdfFileReader(stream, strict=True)
```

参数 `stream` 可以是 PDF 文件路径，也可以是已打开的文件对象，文件对象必须用二进制模式打开。参数 `strict` 用于设置在读取 PDF 文档的过程中，是否输出警告信息，默认为 `True`，输出警告信息。

`PdfFileReader` 对象的主要属性参见表 12-1。

表 12-1 **`PdfFileReader`** 对象的主要属性

属性	描述
isEncrypted	PDF 文件是否为加密文件的属性，若为 `True`，PDF 为加密文件

PdfFileReader 对象的主要方法参见表 12-2。

表 12-2 **PdfFileReader** 对象的主要方法

方法	描述
getDocumentInfo()	返回 PDF 文档信息
getNumPages()	返回 PDF 文档的页数
getPage(pageNumber)	返回 pageNumber 页面的 PageObject 对象

PageObject 是操作 PDF 页面数据的对象，PageObject 对象的主要方法参见表 12-3。

表 12-3 **PageObject** 对象的主要方法

方法	描述
createBlankPage()	创建一个新的空白页面
extractText()	提取页面的文本内容
getContents()	返回页面的 Content 对象

【例 12-1】 读取 PDF 文档

```python
# 导入 PdfFileReader 模块
from PyPDF2 import PdfFileReader

# PDF 文件路径
pdf_path = "../data/pdf/程序与算法测试题.pdf"

if __name__ == '__main__':

    # 实例化 PdfFileReader 对象
    pdfreader = PdfFileReader(pdf_path,strict=False)
    # 获取 PDF 文档信息
    documentInfo = pdfreader.getDocumentInfo()
    print('PDF 文档 = %s' % documentInfo)
    # 获取 PDF 文档页数
    pageNumber = pdfreader.getNumPages()
    # 读取 PDF 文档所有页面
    for index in range(pageNumber):
        # 读取 PDF 文档页面数据
        pageData = pdfreader.getPage(index)
        print(pageData)
```

12.1.3 写入 PDF

PdfFileWriter 对象用于在打开的 PDF 文档中写入页面内容，PdfFileWriter 对象写入页面内容的主要方法见表 12-4。

表 12-4 **PdfFileWriter** 对象的主要方法

方法	描述
addPage(page)	添加 PageObject 对象到 PDF 文档
insertPage(page,index=0)	在 index 位置插入 PageObject 对象
write(stream)	将添加到 PdfFileWriter 对象的页面集合写入 PDF 文档，参数 stream 是已打开的二进制可写入文件对象

【例 12-2】　读取 PDF 页面对象到新的 PDF 文档

```
# 导入 PdfFileReader、PdfFileWriter 模块
from PyPDF2 import PdfFileReader,PdfFileWriter

# PDF 文件路径
pdf_read_path = "../data/pdf/p/01.pdf"
pdf_out_path = "../data/pdf/p/new.pdf"

if __name__ == '__main__':

    # 实例化 PdfFileWriter()对象
    pdfwriter = PdfFileWriter()
    # 实例化 PdfFileReader 对象
    pdfreader = PdfFileReader(pdf_read_path,strict=False)
    # 获取 PDF 文档页数
    pageNumber = pdfreader.getNumPages()
    # 读取 PDF 文档所有页面
    for index in range(pageNumber):
        # 读取 PDF 文档页面数据
        pageData = pdfreader.getPage(index)
        # 页面数据写入新 PDF 文档
        pdfwriter.addPage(pageData)
    # 保存 PDF 文档
    with open (pdf_out_path,"wb") as fp:
        pdfwriter.write(fp)
```

12.1.4　合并 PDF 示例

【例 12-3】　图书资源 data/pdf/p 目录下有多个 pdf 文件，编写一个程序，将这些 PDF 文件按照命名顺序合并为一个 PDF 文件。

编程提示：

（1）遍历并排序指定目录下的文件；

（2）创建 PDF 文件；

（3）读取 PDF 文件；

（4）把数据写入 PDF 文件；

（5）保存 PDF 文件。

程序清单如下。

```
'''
案例：批量合并 PDF 文档
'''
# 导入 PdfFileReader、PdfFileWriter 模块
from PyPDF2 import PdfFileReader,PdfFileWriter
#导入 OS 模块
import os
```

```python
# 合并 PDF 文件目录
pdf_dir_path = "../data/pdf/p/"
# 输出 PDF 文档
pdf_out_path = "../data/pdf/p/out.pdf"

# 遍历并排序 path 目录下的 PDF 文件
# 返回文件列表
def get_pdffile(path):

    # 定义存储 PDF 文件路径的列表
    file_list = []
    #调用 listdir 方法遍历 path 目录
    dirs = os.listdir(path)
    # 遍历 PDF 文件
    for file in dirs:
        # 拼接目录和文件名称为文件路径
        filepath = os.path.join(pdf_dir_path, file)
        if is_pdf(os.path.splitext(file)[1]):
            file_list.append(filepath)
    # 按字典顺序排序并返回列表
    file_list.sort()
    return file_list

# 根据扩展名判断 PDF 文件
def is_pdf(ext):
    ext = ext.lower()
    if ext == '.pdf':
        return True
    return False

# 程序入口
if __name__ == '__main__':

    # 实例化 PdfFileWriter() 对象
    pdfwriter = PdfFileWriter()
    # 获取待合并的 PDF 文件列表
    files = get_pdffile(pdf_dir_path)
    for item in files:
        pdfreader = PdfFileReader(item, strict=False)
        # 获取 PDF 文档页数
        pageNumber = pdfreader.getNumPages()
        # 读取 PDF 文档所有页面
        for index in range(pageNumber):
            # 读取 PDF 文档页面数据
            pageData = pdfreader.getPage(index)
            # 页面数据写入新 PDF 文档
            pdfwriter.addPage(pageData)
    # 保存 PDF 文档
```

```
with open (pdf_out_path,"wb") as fp:
    pdfwriter.write(fp)
```

12.2 拆分 PDF 文档

学习目标：掌握拆分 PDF 文档的程序设计方法。

12.2.1 章节提取

PdfFileReader 对象可以读取 PDF 文档指定页面的数据，PdfFileWriter 对象可以添加由 PdfFileReader 对象读取的页面数据到新的 PDF 文档。

利用 PdfFileReader 对象和 PdfFileWriter 对象可以提取 PDF 文档指定的章节，并将章节所有内容写入一个新 PDF 文档。具体过程为：

（1）确定提取章节的起始和终止页码；

（2）PdfFileReader 对象读取起始和终止页码范围内的所有页面数据；

（3）PdfFileWriter 对象将读取的页面数据写入 PDF 文档。

【例 12-4】 提取 "PDF 阅读器开发手记.pdf" 第 2 章内容

```python
from PyPDF2 import PdfFileReader,PdfFileWriter

# PDF 文件路径
pdf_path = "../data/pdf/ PDF 阅读器开发手记.pdf"
# 输出 PDF 文件路径
pdf_out_path = "../data/pdf/2.pdf"

# 设置第 2 章起始和终止页码
page_no = (8,19)

# 程序入口
if __name__ == '__main__':

    # 实例化 PdfFileWriter()对象
    pdfwriter = PdfFileWriter()
    # 实例化 PdfFileReader 对象
    pdfreader = PdfFileReader(pdf_path,strict=False)
    start_page = page_no[0]
    end_page = page_no[1]
    # 提取 start_page 和 end_page 范围内页面数据
    for index in range(start_page,end_page+1):
        if index > 0 and index < pdfreader.getNumPages():
            pageData = pdfreader.getPage(index)
            pdfwriter.addPage(pageData)
    # 保存 PDF 文档
    with open (pdf_out_path,"wb") as fp:
        pdfwriter.write(fp)
```

12.2.2 设置页码

"PDF 阅读器开发手记.pdf"文档共有 5 个章节，需要在程序中分别设置这 5 个章节的起始页码和终止页码，可以使用下面的结构来存储每个章节的页码范围：

```
pageno = [(0,7),(8,19),(20,24),(25,31),(32,32)]
```

12.2.3 拆分 PDF 示例

【例 12-5】 在实际工作中，有时需要将一个较大的 PDF 文档拆分为多个较小的 PDF 文档，或者从 PDF 文档提取特定的页面。图书资源 data/pdf 目录下存储了"PDF 阅读器开发手记.pdf"文档，编写一个程序，提取该 PDF 文档的所有章节，每个章节作为一个 PDF 文档。

程序清单如下。

```
'''
案例：拆分 PDF 文档
'''
from PyPDF2 import PdfFileReader,PdfFileWriter

# PDF 文件路径
pdf_path = "../data/pdf/ PDF 阅读器开发手记.pdf"

# 设置每个章节的起始和终止页码
pageno = [(0,7),(8,19),(20,24),(25,31),(32,32)]

# 程序入口
if __name__ == '__main__':

    # 实例化 PdfFileReader 对象
    pdfreader = PdfFileReader(pdf_path,strict=False)
    for index,item in enumerate(pageno):
        # 实例化 PdfFileWriter()对象
        pdfwriter = PdfFileWriter()
        start_page = item[0]
        end_page = item[1]
        # 提取 start_page 和 end_page 范围内页面数据
        for pagenum in range(start_page,end_page+1):
            if pagenum > 0 and pagenum < pdfreader.getNumPages():
                pageData = pdfreader.getPage(pagenum)
                pdfwriter.addPage(pageData)
        # 生成 PDF 文档名称
        out_path = "../data/pdf/{:0>2}.pdf".format(index)
        # 保存 PDF 文档
        with open (out_path,"wb") as fp:
            pdfwriter.write(fp)
```

12.3 输出图片

学习目标：掌握 PDF 文档页面输出为图片的程序设计方法。

输出图片

12.3.1　安装 PyMuPDF

PyPDF2 库不支持页面转换为图片功能，需要使用 PyMuPDF 库将 PDF 页面转换为图片。PyMuPDF 也是处理 PDF 文件的第三方库，它可以将 PDF 文档页面转换为图片。

进入操作系统的命令行窗口，在命令行窗口输入并执行下面的命令：

```
pip3 install PyMuPDF
```

即可安装 PyMuPDF。

12.3.2　使用 PyMuPDF

在 Python 程序中使用 PyMuPDF 库，需要先使用 import 语句导入 PyMuPDF 库，PyMuPDF 库的名称是 fitz：

```
import fitz
```

使用 PyMuPDF 库的 open 函数可以打开 PDF 文档：

```
doc = fitz.open(filename)
```

参数 filename 是 PDF 文档路径。函数返回 Document 对象。Document 对象的主要属性参见表 12-5。

表 12-5　Document 对象的主要属性

属性	描述
page_count	PDF 文档的页数，整数类型
metadata	PDF 文档信息，数据类型为字典

Document 对象的主要方法参见表 12-6。

表 12-6　Document 对象的主要方法

方法	描述
load_page(pno)	读取 pno 指定的页面数据，返回 Page 对象
doc[pno]	使用访问运算符读取 pno 指定的页面数据，返回 Page 对象

Page 对象提供了一些方法用于处理页面数据，Page 对象的主要方法参见表 12-7。

表 12-7　Page 对象的主要方法

方法	描述
get_pixmap()	创建页面的像素图，并返回 Pixmap 对象
get_text()	返回页面文本内容

Pixmap 对象为像素图对象，该对象提供了一些处理像素图和保存像素图到图像文件的方法，保存方法声明如下：

```
save(filename, output=None)
```

save 方法将像素图保存为图像文件，可以支持 JGP、PNG 等图片格式。参数 filename 是保存的图像文件名称或已打开的文件对象，文件名称的扩展名决定了图像的保存格式。

12.3.3 图片输出示例

【例 12-6】 在实际工作中，有时需要把 PDF 文档的所有页面都转换为图片，每个页面转换为一幅图片。图书资源 data\pdf 目录下存储了"Python 数学库.pdf"文档，编写一个程序，提取该 PDF 文档的所有页面，并将页面转换为图片。

程序清单如下。

```
'''
案例：PDF 页面输出为图片
'''
# 导入 fitz 库
import fitz


# PDF 文件路径
pdf_path = "../data/pdf/Python 数学库.pdf"


# 程序入口
if __name__ == '__main__':

    # 打开 PDF 文档
    doc = fitz.open(pdf_path)
    for index in range(doc.page_count):
        # 读取页面数据
        page = doc.load_page(index)
        # 创建页面贴图对象
        pm = page.get_pixmap()
        # 生成图片名称
        out_img_path = "../data/pdf/{:0>2}.jpg".format(index)
        # 保存图像文件
        pm.save(out_img_path)
```

12.4 提取文本

提取文本

学习目标：掌握从 PDF 文档提取文本内容的程序设计方法。

12.4.1 内容提取

PyMuPDF 库 Page 对象的 get_text() 方法用于提取页面的文本内容。

【例 12-7】 提取页面文本内容

```
# 导入 fitz 库
import fitz


# PDF 文件路径
```

```
pdf_path = "../data/pdf/程序与算法测试题.pdf"


# 程序入口
if __name__ == '__main__':

    # 存储提取的文本内容
    content = ""
    # 打开 PDF 文档
    doc = fitz.open(pdf_path)
    for index in range(doc.page_count):
        # 读取页面数据
        page = doc.load_page(index)
        # 获取页面文本内容
        content += page.get_text()
    print(content)
```

12.4.2　软换行和空行处理

　　PDF 在对页面文本内容进行排版时，会根据版面宽度对段落文字进行换行处理，当文本内容不能撑满一个版面时，它会自动添加一些空行。

　　因此当从 PDF 页面提取文本时，提取的文本内容会包含一些软换行和空行，下面的代码段可以实现删除软换行和空行的功能：

```
def process_text(content):
    # 按照换行符分隔字符串
    contents = content.splitlines(True)
    newcontent = ""
    # 遍历所有行
    for item in contents:
        # 若仅包含换行符，忽略该行
        if item == " \n":
            continue
        # 若仅包含"\n"，删除"\n"
        # 删除软换行
        if item.find("\n") == -1:
            item = item.replace("\n","")
        newcontent += item
    return newcontent
```

12.4.3　文本提取示例

　　【例 12-8】　在实际工作中，我们经常需要从 PDF 文档中提取文本内容存储到数据库、文本文件等。图书资源 data\pdf\t 目录下存储了多个 PDF 文档，编写一个程序，分别提取 PDF 文档的文本内容，并将提取的文本内容存储到文本文件。

　　程序清单如下。

```
'''
案例：提取 PDF 文档的文本内容
```

```python
'''
# 导入 fitz 库
import fitz

#导入 OS 模块
import os


# PDF 文档目录
pdf_dir = "../data/pdf/t/"

# 根据扩展名判断 PDF 文件
def is_pdf(ext):
    ext = ext.lower()
    if ext == '.pdf':
        return True
    else:
        return False


def process_text(content):
    # 按照换行符分隔字符串
    contents = content.splitlines(True)
    newcontent = ""
    # 遍历所有行
    for item in contents:
        # 若仅包含换行符，忽略该行
        if item == " \n":
            continue
        # 若仅包含"\n"，删除"\n"
        # 删除软换行
        if item.find(" \n") == -1:
            item = item.replace("\n","")
        newcontent += item
    return newcontent


# 程序入口
if __name__ == '__main__':

    #调用 listdir 方法遍历 pdf_dir 目录
    dirs = os.listdir(pdf_dir)
    for file in dirs:
        # 拼接目录和文件名称为文件路径
        filepath = os.path.join(pdf_dir,file)
        # 目录和文件的判断
        if os.path.isfile(filepath):
            # 判断是否是 PDF 文件
            if is_pdf(os.path.splitext(file)[1]):
                content = ""
                # 打开 PDF 文档
                doc = fitz.open(filepath)
```

```
                        for index in range(doc.page_count):
                            # 读取页面数据
                            page = doc.load_page(index)
                            # 获取页面文本内容
                            content += page.get_text()
                        content = process_text(content)
                        # 输出文本文件
                        # 生成文本文件名称
                        out_txt_path = "../data/pdf/t/{}.txt".format(os.path.splitext(file)[0])
                        # 文本内容写入文本文件
                        with open (out_txt_path,"w") as fp:
                            fp.write(content)
                            fp.flush()
```

12.5　编程练习

需求描述

（1）对指定目录下的 PDF 文件进行批处理操作，把处理结果存储到一个新建目录，待处理文件目录和新建目录由使用者输入；

（2）文本提取功能：按文件遍历顺序提取 PDF 文件文本内容，将提取的文本内容存储到一个文本文件，文本文件的命名与 PDF 文件名称要保持一致；

（3）文件合并功能：按文件遍历顺序将所有的 PDF 文档合并为一个新的 PDF 文档；

（4）添加水印功能：为所有的 PDF 文件添加水印。